BEIRA-MAR

BEIRA-MAR

Tradução Antonio Salatino
Professor titular do Instituto de Biociências da USP
Introdução Bob Hines

São Paulo
2010

Ilustração Sue Hubbell

1ª Edição, Editora Gaia, São Paulo 2010

Diretor-Editorial
Jefferson L. Alves

Diretor de Marketing
Richard A. Alves

Gerente de Produção
Flávio Samuel

Coordenadora-Editorial
Dida Bessana

Assistente de Produção
Jefferson Campos

Assistentes-Editoriais
Iara Arakaki
Tatiana F. Souza

Tradução
Antonio Salatino

Preparação de Texto
Luciana Chagas

Revisão
Ana Carolina G. Ribeiro

Foto de Capa
Sara Johnson/Shutterstock

Capa
Eduardo Okuno
Mauricio Negro

Projeto Gráfico e Editoração Eletrônica
Tathiana A. Inocêncio

Dados Internacionais de Catalogação na Publicação (CIP)
(Câmara Brasileira do Livro, SP, Brasil)

Carson, Rachel, 1907-1964.
Beira-mar / Rachel Carson ; [tradução de Antonio Salatino]. — São Paulo: Gaia, 2010.

Título original : The edge of the sea
ISBN 978-85-7555-242-1

1. Biologia costeira. 2. Meio ambiente. I. Título.

10-10405 CDD-578.7699

Índices para catálogo sistemático:
1. Biologia costeira 578.7699

EDITORA GAIA LTDA.
(pertence ao grupo Global Editora e Distribuidora Ltda.)

Rua Pirapitingui, 111-A — Liberdade
CEP 01508-020 — São Paulo — SP
Tel.: (11) 3277-7999 — Fax: (11) 3277-8141
e-mail: gaia@editoragaia.com.br
www.editoragaia.com.br

Obra atualizada conforme o **Novo Acordo Ortográfico da Língua Portuguesa**

Nº de Catálogo: **3126**

Para Dorothy e Stanley Freeman

que mergulharam comigo no mundo da maré baixa
e sentiram a sua beleza e mistério.

Sumário

Agradecimentos

NOSSA COMPREENSÃO SOBRE a natureza do mar costeiro e a vida dos animais marinhos vem sendo adquirida por meio do trabalho de muitas centenas de pessoas, algumas das quais dedicaram toda a sua vida ao estudo de um único grupo de animais. Em minhas pesquisas para este livro, mantive-me profundamente cônscia da dívida de gratidão que devemos a esses homens e mulheres, cujo árduo trabalho nos permite compreender a plenitude da vida a partir da observação do modo como vive a maioria das criaturas que habitam a costa marinha. Sinto-me ainda mais consciente de minha dívida para com as pessoas que consultei pessoalmente, ao comparar observações e buscar conselhos e informações, que sempre me foram dados graciosa e generosamente. É impossível expressar meus agradecimentos a todas essas pessoas nominalmente, mas a algumas é necessário fazer menção especial. Vários funcionários do Museu Nacional dos Estados Unidos não apenas esclareceram muitas das minhas questões, como também deram conselhos e assistência a Bob Hines na elaboração de suas ilustrações. Por essa ajuda, estamos especialmente agradecidos a R. Tucker Abbott, Frederick M. Bayer, Fenner Chace, o falecido Austin H. Clark, Harald Rehder e Leonard Schultz. O doutor W. N. Bradley, da United States Geological Survey gentilmente me orientou nas questões geológicas, respondendo a muitas de minhas dúvidas e lendo criticamente partes do manuscrito. O professor William Randolph Taylor, da Universidade de Michigan, respondeu imediatamente e de modo carinhoso aos meus telefonemas de solicitação de auxílio na identificação de algas marinhas. Do professor T. A. Stephenson e de sua esposa, ambos da University College of Wales, e cujo trabalho sobre a ecologia na costa marinha é particularmente estimulante, recebi conselhos e encorajamento. Sinto-me eternamente endividada com o professor Henry B. Bigelow, da Universidade de Harvard, pelo incentivo e pelas cordiais orientações ao longo de muitos anos. O apoio financeiro da Guggenheim Fellowship contribuiu para financiar o primeiro ano de estudos durante o qual as bases desse livro foram estabelecidas, e também algumas das pesquisas de campo que me levaram pelas linhas de marés entre o Maine e a Flórida.

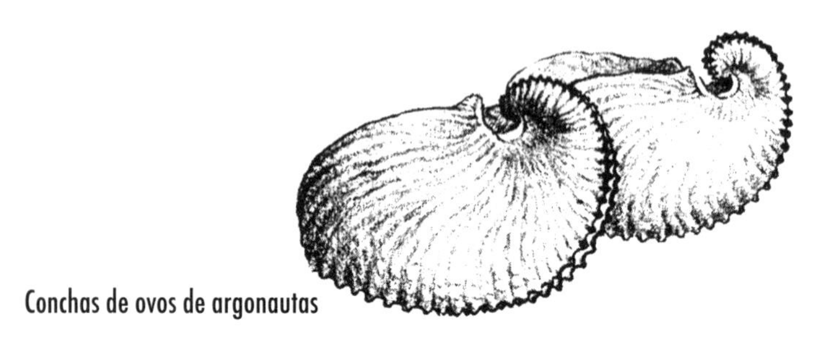

Conchas de ovos de argonautas

Prefácio

ASSIM COMO O oceano propriamente dito, a costa marinha nos encanta sempre que retornamos a ela, que é o lugar de nossa remota origem ancestral. Nos ritmos recorrentes das marés e da arrebentação, e na variedade de formas de vida que ocorre nas linhas de maré, existe o evidente feitiço do movimento, da mudança e da beleza. Estou convencida de que há também um fascínio mais profundo advindo de motivos e propósitos subconscientes.

Quando descemos até a linha da maré baixa, deparamos com um mundo tão antigo como o próprio planeta – o ponto de encontro primevo dos elementos da terra e da água, um local de relações harmoniosas e de conflitos, e também de mudança eterna. Para nós, criaturas vivas, trata-se de um lugar com significado especial por ser uma área na qual, ou perto da qual, possivelmente o primeiro ser dotado de vida navegou em águas rasas – reproduzindo-se, evoluindo e gerando aquele infinitamente diversificado fluxo de seres vivos que se dispersaram ao longo do tempo e do espaço, até ocupar toda a Terra.

Para compreender o litoral, não é suficiente catalogar suas formas de vida. A compreensão vem somente quando, em pé numa praia, podemos notar as infindáveis oscilações da terra e do mar que esculpiram os contornos do continente e produziram as rochas e a areia que compõem a região costeira; quando podemos perceber, com os olhos e os ouvidos da mente, o ímpeto da vida pulsando na praia – cega e inexoravelmente, buscando onde se apoiar. Para compreender a vida na orla marítima, não é suficiente pegar uma concha vazia e dizer "isto é um múrice" ou "isto é uma asa-de-anjo".[1] O verdadeiro entendimento exige compreensão intuitiva de toda a vida da criatura que um dia viveu nessa concha vazia; como ela sobreviveu em meio ao mar agitado e às tempestades, quais eram os seus inimigos, como ela encontrava alimento e se reproduzia, quais eram as suas relações com a região do mundo marinho em que ela vivia.

As áreas costeiras de todo o mundo podem ser divididas em três tipos básicos: as costas rochosas escarpadas, as praias arenosas e os recifes de corais, com todas as suas respectivas características. Cada um deles tem sua comunidade típica de algas e animais. A costa atlântica dos Estados Unidos é uma das poucas no mundo que fornecem exemplos claros de cada um desses tipos. E eu a escolhi como cenário para meus quadros da vida costeira; os amplos contornos desses quadros poderem representar muitas áreas litorâneas de todo o planeta, pois universalidade é uma das características da vida marinha.

Tentei interpretar o mar costeiro sob a perspectiva daquele consenso elementar que vincula a vida à Terra. No Capítulo I, recordando locais que mexeram comigo profundamente, expressei alguns dos pensamentos e sentimentos que tornam a beira-mar, para mim, um lugar de fascínio e beleza exuberante. O Capítulo II introduz, como temas básicos, os agentes marinhos que serão recorrentemente citados ao longo de todo o livro, como elementos que moldam e determinam a vida à beira-mar: as ondas, as correntes marinhas, as marés e as próprias águas dos mares. Os Capítulos III, IV e V são interpretações das costas rochosas, das praias arenosas e o mundo dos recifes de corais, respectivamente.

Os desenhos de Bob Hines são abundantes, para que o leitor possa se familiarizar com os seres que frequentam estas páginas e ter um auxílio para reconhecer as criaturas que vier a encontrar em suas próprias explorações da costa marítima. Para facilitar a vida daqueles que gostam de classificar suas descobertas ordenadamente, segundo as categorias que a mente humana delineou, o Apêndice apresenta, com exemplos típicos, os grupos convencionais, ou filos, de organismos fotossintetizantes e animais. Cada organismo mencionado no livro teve sua identificação latina e seu nome popular listados no Índice Remissivo.

1 *Cyrtopleura costata*, molusco bivalve. (NT)

Introdução

RACHEL CARSON FALECEU na primavera de 1964; era uma mulher de apenas 56 anos de idade, com reputação literária e fama bem estabelecidas. Até então, ela tinha escrito quatro livros, todos excelentes sob diversos aspectos e cada um deles um *best-seller*.

Primavera silenciosa,[1] com revelações sobre pesticidas e seus respectivos efeitos sobre a natureza, era o mais recente, publicado menos de dois anos antes que o câncer e suas complicações ceifassem a vida de Carson. A popularidade dela entre o público leitor em geral – o livro certo no momento certo – tornou-a uma pioneira do que agora chamamos ambientalismo. Essa reputação fez que muitas pessoas esquecessem que Rachel Carson foi, primeiramente e acima de tudo, uma escritora com notável estilo literário, cuja verdadeira paixão era o mar.

Ela era, por formação, uma zoóloga marinha e todos os seus livros anteriores a *Primavera silenciosa* abordavam um ou outro aspecto dos oceanos. Parte do motivo pelo qual *Primavera silenciosa* obteve tamanho sucesso foi o fato de os livros anteriores terem rendido a Carson grande notoriedade. Entretanto, hoje em dia, seus livros sobre o mar parecem ter caído no esquecimento, o que é lamentável, uma vez que um livro como *Beira-mar* é mais acessível, mais bem escrito e mais relevante atualmente do que o monumental, mas agora um tanto ultrapassado, *Primavera silenciosa*.

1 São Paulo: Global Editora, 2010. (NE)

Em outubro de 1955, logo depois que a versão original de *Beira-mar* foi publicada, John Leonard, já então um homem que sabia lidar com as palavras, embora ainda não fosse o excêntrico crítico que viria a se tornar, estimulava "os habitantes das cidades modernas que vão para o mar em roupas de banho [... e] ficam entediados com tanta ociosidade" a comprar o livro e lê-lo. Ele disse que a obra era "primorosamente escrita e tecnicamente correta". Quarenta anos depois, esse comentário ainda é um valioso conselho e uma interpretação nada mal, embora, diante do ininterrupto processo de descobertas da Ciência, o conteúdo do trabalho de Rachel Carson esteja hoje um pouco desatualizado.

No entanto, uma avaliação a partir do ambiente intelectual de hoje indicaria que *Beira-mar* também foi uma obra pioneira do ponto de vista ecológico, uma perspectiva embrionária nos anos 1950, a qual Carson, assim como outras pessoas, trouxe à atenção do público leitor enquanto ela estava às voltas com a redação deste livro.

Foi de fato uma batalha, porque sua intenção original havia sido a de escrever uma espécie de guia de campo, mas rapidamente ela percebeu que seria mais interessante escrever sobre os relacionamentos entre as algas costeiras e os animais e sobre como as marés, o clima e as forças geológicas os afetavam.

A leitura do livro que ela acabou por escrever era, e ainda é, prazerosa. Sentimo-nos como se um amigo muito bem informado nos conduzisse pelo braço ao longo da margem do oceano e explicasse cada detalhe do mundo que víssemos ao redor, fazendo-nos compreender como eles se ajustam mutuamente e chamando nossa atenção para outros detalhes que antes não havíamos notado, mas que, agora conhecendo-os, observaremos sempre.

Antes da virada do século,[2] o grande zoólogo alemão Ernst Haeckel usou o termo *oecologia* para se referir ao estudo da "economia de animais e plantas". Mas passaram-se algumas décadas do atual século[3] até que o estudo de organismos como membros de uma comunidade, sujeitos a um mundo em alteração – no contexto biológico – lograsse ampla aceitação científica e entrasse para o léxico biológico como *ecologia*. E levou meio século para que o público em geral, ao ler livros como os de Rachel Carson, começasse a compreender esse modo de encarar o mundo, um modo contrastante com as antigas apresentações de séries de histórias da vida biológica, isoladas e intocadas por forças externas.

De acordo com Paul Brooks, o editor do original de *Beira-mar*, o plano inicial de Rachel Carson era escrever uma série de verbetes sobre o que se pode encontrar

2 Refere-se aqui ao fim do século XIX. (NT)

3 Trata-se do século XX. (NT)

ao longo da costa. O livro que se publicaria a partir deles seria chamado de *Um guia da vida marinha na costa atlântica*. Seria um livro menos integrado, menos "ecológico" em todos os sentidos. Mas à medida que escrevia, Carson ficava cada vez mais desconfortável com a ideia por trás do livro, uma ideia que tinha dois pais – um editor e uma escritora; no final, a escritora conseguiu a custódia do bebê.

A gestação da ideia começou quando Rosalind Wilson, uma editora da Houghton Mifflin Publishing, convidou uma turma da área literária que "carecia de sofisticação biológica" para passar um fim de semana em sua casa no cabo Cod. Enquanto caminhavam pela praia, encontraram caranguejos-ferraduras, que eles acreditavam terem sido carregados para a praia pela tempestade da noite anterior. Sentiram pena e, em seu desconhecimento, levaram todos de volta ao mar. Os caranguejos-ferraduras devem ter encarado o incidente como um terrível contratempo para seus planos de vida, pois os animais haviam se arrastado até a praia para depositar seus ovos.

Ao retornar ao seu escritório em Boston na manhã da segunda-feira, Rosalind Wilson sentou-se e datilografou um memorando, sugerindo que a Houghton Mifflin encontrasse um autor capaz de escrever um livro-guia que "pudesse dissipar tal ignorância". Logo depois, enquanto Rachel Carson ainda escrevia o livro que viria a se tornar seu primeiro *best-seller*, *O mar que nos cerca*, a proposta para escrever o manual lhe foi apresentada, e ela aceitou.

A sugestão deve ter-lhe soado como a oportunidade de se dedicar ao livro que ela vinha querendo escrever havia anos. Já em 1948 ela havia escrito para sua agente literária, Marie Rodell: "Entre meus projetos literários mais antigos, consta um livro sobre a vida dos animais da beira-mar, que uma vez o sr. Teatle me pediu para escrever, pois lhe seria útil."

Em 1950, ela escreveu para Paul Brooks dizendo que, para cada forma de vida importante, o livro teria "um esboço biológico [...] que, apesar de curto, dá a entender que se trata de uma *criatura viva* e enfoca suas condições básicas de vida: por que vive naquele local, como adaptou suas estruturas e seu hábitat ao ambiente, como obtém comida, qual é seu ciclo de vida, quem são seus inimigos, competidores, aliados". Ela queria "tirar o litoral da categoria dos cenários e torná-lo uma realidade viva [...] Um conceito ecológico [dominaria] o livro". Na Houghton Mifflin, renomada devido a seus excelentes guias de campo, esses "esboços biológicos" devem ter sido interpretados como um tiro certeiro na mosca. Mas para um escritor nada é assim tão direto, e, para uma pensadora da ecologia – esta era a verdadeira essência científica de Rachel Carson –, os esboços biológicos se transformaram em algo mais complicado.

Carson trabalhava com empenho no livro quando, em 1953, escreveu para Brooks em um tom de lamúria: "Por que é tão angustiante colocar as coisas no papel?" Logo depois ela lhe escreveu de novo: "Concluí que há muito tempo venho tentando escrever um tipo inadequado de livro. [...] Acho que poderíamos dizer que o livro se transformou em uma interpretação de [...] tipos de litorais. [...] Conforme vou escrevendo agora, a rotina, [...] os fatos, que a princípio foram para mim tão difíceis de incorporar ao texto, agora estão sendo reservados para as legendas [...] ou para um resumo em forma de tabela que eu gostaria de encaixar no final do livro. Essa solução libera meu estilo para que seja mais pessoal. A tentativa de escrever um capítulo sem estrutura, que se parecesse somente com uma série de biografias resumidas, uma após outra, estava me enlouquecendo. Não sei por que um dia pensei que deveria fazê-lo dessa forma, mas fiz."

Paul Brooks me contou que ela já estava na metade do livro quando resolveu jogar tudo fora e recomeçou a escrever o que se tornaria *Beira-mar*. Ainda bem que ela fez isso, pois o livro é muito melhor e mais atemporal do que *Um guia da vida marinha* teria sido, e livros-guia atualizados podem nos colocar a par das descobertas recentes para complementá-lo.

Apesar da fama como autora de *Primavera silenciosa*, o que realmente atraía Carson era o oceano. Isso pode ser confirmado não somente por seus três livros sobre o mar e as regiões costeiras e por sua educação formal em zoologia marinha, como também pelo fato de ter comprado, tão logo conseguiu suficiente condição econômica, uma propriedade na costa do Maine, onde construiu um lar no qual vivia boa parte do ano. Nesses períodos, ela produziu grande porção de sua obra literária. A seu pedido, após sua morte parte de suas cinzas foram espalhadas no cabo Newagen, perto daquela casa.

Somente depois de Carson ter completado 46 anos a vendagem de seu segundo livro, *O mar que nos cerca*, permitiu-lhe mudar-se para a beira-mar. Quando ainda era uma jovem universitária na Johns Hopkins, ela teve de assumir a responsabilidade financeira por sua família, uma responsabilidade que só aumentou ao longo dos anos, já que, primeiro sua mãe e, depois, uma sobrinha doente com um filho foram viver com ela. Quando a sobrinha faleceu, Carson adotou o menino. Mais tarde, ela foi trabalhar na U. S. Fish and Wildlife Service como bióloga marinha e editora. Ela vendia artigos independentes sempre que podia, pelo preço que conseguisse negociar. Não era fácil.

Ela nunca se casou.

Rachel Carson nasceu em 1907 e cresceu na zona rural de Springdale, na Pennsylvania, ligeiramente ao nordeste de Pittsburgh. Sendo Rachel ávida leitora de livros, sua mãe estimulou seu interesse pelo mundo da natureza. Assim, Rachel ficou fascinada pelos oceanos de todo o mundo e lia tudo que podia sobre eles. Posso testemunhar o apelo que o mar representa para alguém que vem do meio-oeste, pois também cresci naquela região e, para mim, o oceano acabou por representar força, poder, mistério e grande beleza, um contraste vívido com o meu mundo cotidiano, e eu sempre imaginei que um dia viveria perto do mar. Mas foi só quando eu já estava bem adiantada em minha sétima década de vida que acabei fazendo algo a respeito. Agora, porém, enquanto escrevo esta introdução em uma casa não muito distante da de Rachel Carson, posso observar a maré puxando o mar para longe da praia e devolvendo-o algum tempo depois.

Quando era ainda uma jovem mulher, Carson acreditava que precisaria direcionar sua carreira e optar entre o interesse científico pelo oceano e sua habilidade já desenvolvida como escritora, atividade que amava. Foi somente na década de 1930 que ela encontrou uma maneira de combinar as duas possibilidades, ao lembrar-se de um trecho de Tennyson: "Certa noite, quando a chuva e o vento batiam na janela do meu quarto de estudante universitário, uma frase de *Locksley Hall*[4] incandesceu-se em minha mente:

Pois o vento poderoso se eleva, troando em direção ao mar, e eu prossigo."

Agora Paul Brooks está aposentado, mas um dia liguei para sua casa e perguntei-lhe se ele achava que Carson retomaria o mar como tema de outros livros, caso ainda estivesse viva, ou se o sucesso de *Primavera silenciosa* teria redirecionado sua produção literária. "Bem, não tenho certeza", ele me disse. "Por anos, ela falou sobre fazer um livro que fosse amplo e sem um enfoque específico, que fosse sobre a Própria Vida. Estou contente que ela nunca o tenha escrito, pois isso sempre me soava como algo vago demais, extenso demais. E, apesar de *Primavera silenciosa* ter sido um tremendo sucesso, ela nunca vislumbrou a si própria à frente de uma cruzada. Ela simplesmente se sentiu compelida a escrever aquele livro. Mas não, não acho que ela teria abandonado o mar como tema."

Hoje precisamos de uma Rachel Carson para escrever sobre as "zonas mortas" do oceano, a degradação de hábitats marinhos, os recifes de corais agonizantes, os efeitos do aquecimento global sobre as águas oceânicas. Sobre estes últimos, o leitor notará nas primeiras páginas de *Beira-mar* que Carson já estava

4 Poema de Alfred Tennyson, do livro *Poems* (1842). (Tradução livre, NT)

escrevendo, no início dos anos 1950, sobre a modificação da vida marinha, motivada pelo aquecimento das águas.

Brooks acrescentou que achava significativo o fato de o texto que Rachel pediu para ser lido em seu próprio funeral ter sido extraído de seus escritos sobre o mar, e não de *Primavera silenciosa*, obra mais recente. Seu pedido não foi honrado, apesar de que seria mais adequado, pois o tom da passagem é elegíaco. Começa assim: "Agora ouço os sons do mar ao meu redor; a maré alta noturna está subindo, rodopiando em seu ímpeto de águas confusas contra as rochas abaixo das janelas do meu escritório..." O excerto é parte do epílogo de *Beira-mar*, e apesar de estas palavras estarem no final do livro, elas podem ser um ótimo trecho para que uma pessoa inicie a leitura da obra hoje.

Sue Hubbell
Maine
Fevereiro de 1998

Paul Brooks, editor e amigo de Rachel Carson, é autor de *The House of Life: Rachel Carson at Work.*[5] Tanto o livro do sr. Brooks como suas lembranças sobre Carson foram muito úteis para eu escrever esta introdução. Uma nova edição da excelente biografia feita por ele está para ser publicada pela Sierra Club Books. Também consultei Linda Lear, professora-pesquisadora de história ambiental da Universidade George Washington e a maior autoridade sobre a vida e a obra de Carson. Ela é autora de *Rachel Carson: Witness for Nature,*[6] publicado em 1997 pela Henry Holt & Cia.

5 *A casa da vida*: Rachel Carson em ação, livro de 1972, não traduzido para o português. (NT)
6 *Rachel Carson*: uma testemunha a favor da natureza. O livro, não traduzido para o português, rendeu a Lear um prêmio na categoria biografia. (NT)

O mundo do mar costeiro

A BEIRA-MAR é um lugar estranho e belo. Em todo o curso da longa história do planeta, ela tem sido uma área de intranquilidade, na qual as ondas batem com ímpeto contra a terra, com as marés exercendo pressão sobre os continentes, para depois recuarem e, em seguida, pressionarem outra vez. A linha da margem costeira não é exatamente a mesma ao longo de dois dias sucessivos. Não apenas as marés avançam e recuam em seus ritmos infindáveis, mas o nível do mar propriamente dito nunca se estabiliza. Ele se ergue e se aprofunda quando os glaciares derretem ou se expandem, quando o chão das profundas bacias oceânicas altera-se sob os crescentes depósitos de sedimentos, ou quando a crosta terrestre se deforma, erguendo-se ou aprofundando-se ao longo das margens continentais, em resposta a processos de compressão ou perturbação. Hoje, um pouco mais de terra pode pertencer ao mar, amanhã, um pouco menos. A beira-mar se mantém sempre com limites incertos e com uma fronteira indefinível.

A costa marítima tem uma natureza dupla que se altera com o balanço das marés, pertencendo ora ao continente, ora ao mar. Na maré baixa, ela conhece os ásperos extremos do mundo continental, enquanto fica exposta ao calor e ao frio, ao vento, à chuva e ao sol dessecante. Na maré cheia, ela é um mundo aquático que desfruta rapidamente da relativa estabilidade do mar aberto.

Apenas os seres mais resistentes e adaptáveis podem sobreviver numa região tão mutável; no entanto, a área entre as linhas de maré é repleta de algas e animais. Nesse difícil mundo costeiro, a vida exibe sua vigorosa robustez e vitalidade ao ocupar quase todos os nichos concebíveis. Ela atapeta visivelmente as rochas na região entremarés ou, semioculta, desce para o interior de fissuras e fendas; pode, também, esconder-se sob blocos de rocha ou emboscar-se nas trevas úmidas das cavernas. Aparentemente ausente, em locais onde um observador desatento julgaria não haver vida, ela existe bem abaixo da superfície da areia, em refúgios, buracos e corredores. Ela forma túneis em rígidas rochas e se difunde por entre a turfa e o barro; incrusta-se em algas, em materiais à deriva e até mesmo nas duras couraças quitinosas das lagostas; apresenta-se sob formas diminutas, como em camadas de bactérias que se espalham sobre a superfície de rochas ou nos pilares dos cais, como esferas de protozoários, tão diminutas quanto picadas de agulha, cintilando na superfície do mar, e também como seres liliputianos, nadando através de escuras poças que se depositam entre grãos de areia.

O mar costeiro é um mundo antigo, uma vez que a presença de terra e de mar pressupõe a existência de uma região de contato entre um e outro. No entanto, esse é um mundo que mantém vivas noções da criação contínua e do incansável curso da vida. Cada vez que entro em contato com ele, ganho uma nova percepção de sua beleza e de seus significados mais profundos, e me torno cônscia da intrincada teia da vida, por meio da qual uma criatura é ligada a outra, e cada uma delas com o meio circundante.

Em minhas reflexões sobre o mar costeiro, um local se destaca por revelar beleza extraordinária. Trata-se de uma piscina natural oculta numa caverna que raramente pode ser visitada e, ainda assim, por um curto período, quando as mais baixas marés do ano caem para um nível abaixo do nível da pequena lagoa; talvez seja essa a razão pela qual ela adquire um toque de beleza todo especial. Depois de escolher uma dessas marés, esperei conseguir um vislumbre da piscina natural. A maré estava para baixar de manhã bem cedo. Eu sabia que se o vento se mantivesse soprando do nordeste e não houvesse a interferência de alguma forte onda, talvez originada em uma distante tempestade, o nível do mar deveria descer abaixo da entrada para a piscina natural. Ocorreram agourentos aguaceiros durante a noite, com chuvas que mais pareciam com pedregulhos lançados sobre o teto. Quando olhei para fora, nos primeiros momentos da manhã, o céu estava pleno de luz cinzenta da alvorada, mas o sol ainda não havia nascido. A água e o ar eram pálidos. Do outro lado da baía, a lua era um disco luminoso no céu ocidental, suspensa sobre a escura linha de uma praia distante – era a lua cheia de agosto, puxando a maré para os níveis mais baixos dos limites do mundo marinho. Enquanto eu olhava, uma gaivota passou voando sobre os abetos. Seu peito estava róseo com a luz do sol prestes a nascer. Parecia que o tempo seria favorável.

Mais tarde, enquanto eu permaneci acima do nível da maré na entrada para a piscina natural, o prenúncio daquela luz rósea se manteve. Da base do íngreme costão rochoso sobre o qual eu estava, uma saliência coberta de musgos projetava--se profundamente na água. Nas ondulações da água ao redor da protuberância rochosa, escuras e brilhantes frondes de algas laminárias oscilavam suavemente. A saliência dava acesso à pequena e recôndita caverna e à piscina ali abrigada. Ocasionalmente, uma elevada onda, mais forte que as ondas comuns, avançava suavemente sobre o limite da saliência e quebrava em abundantes espumas contra o rochedo. Mas os intervalos entre tais ondas eram longos o suficiente para que eu conseguisse chegar até a saliência e desse uma espiada naquele pequeno lago encantador, exposto tão raramente e por tempo tão breve.

Então, ajoelhei-me sobre o úmido tapete de musgos e olhei para o interior da escura caverna que abrigava a piscina numa rasa bacia. O chão da caverna estava a apenas uns poucos centímetros abaixo do teto, criando um espelho no qual tudo o que crescia no teto era refletido na serena água abaixo.

Sob a água, que era mais clara que cristal, a lagoa estava acarpetada de esponjas verdes. Manchas cinzentas de seringas-do-mar cintilavam no teto, e colônias de macios corais exibiam uma pálida coloração adamascada. No momento em que olhei para o interior da caverna, uma minúscula estrela-do-mar pendia do teto, suspensa por um fio, talvez um único pé tubular. Ela foi descendo até tocar seu próprio reflexo, tão perfeitamente delineado que parecia haver não uma, mas duas estrelas-do-mar. A beleza das imagens refletidas e a da própria piscina natural, tão límpida, tinham o encanto das coisas efêmeras, que desapareceriam tão logo o mar retornasse para preencher a pequena caverna.

Sempre que desço até essa mágica zona de águas baixas das marés grandes, busco o mais minuciosamente belo de todos os habitantes locais – as flores que não são plantas, mas animais que se abrem como buquês nos confins do mar profundo. Não me decepcionei naquela caverna encantada. Pendentes do teto, havia flores da hidroide *Tubularia*, de coloração rosa pálida, franjadas e delicadas como anêmonas. Havia ali criaturas moldadas com tanto esmero que pareciam irreais, seres cuja beleza era frágil demais para um mundo em que predominam forças esmagadoras. No entanto, cada detalhe era funcionalmente útil, cada pedúnculo, cada hidrante e cada tentáculo em forma de pétala era modelado para lidar com as realidades da existência. Eu sabia que elas estavam, naquele momento da maré baixa, simplesmente aguardando o retorno do mar. Então, com o movimento das águas, o ímpeto das ondas e a pressão da maré que chegava, as singelas coroas das flores vibrariam vividamente. Elas oscilariam sobre seus delgados pedúnculos, e seus longos tentáculos esmiuçariam as águas vindouras, buscando nelas tudo de que necessitam para viver.

E assim, naquele local mágico nos limites do mundo marinho, as realidades que se apossaram de minha mente estavam muito distantes das do mundo terrestre que eu havia deixado uma hora antes. Por outro lado, a mesma sensação de distanciamento e o vislumbre de um mundo singular me ocorreram num dado momento durante o crepúsculo, numa extensa praia na costa da Geórgia. Cheguei ali depois do pôr do sol e caminhei muito sobre areias úmidas e cintilantes, até o limite do mar que baixava. Olhei para trás, para aquela imensa planura atravessada por sinuosos canalículos cheios de água e por poças rasas deixadas aqui e ali pela maré vazante. Então, dei-me conta de que embora essa zona entremarés seja breve e ciclicamente abandonada pelo mar, ela é sempre reivindicada pela maré crescente. Ali, no limite das águas baixas, a praia que continha sinais do mundo terrestre parecia muito distante. Os únicos sons eram aqueles do vento, do mar e dos pássaros. Havia um som de vento movendo-se sobre a água e outro de águas deslizando sobre a areia e desfazendo suas formas ondulantes. A orla agitava-se com as aves em movimento, e a voz dos maçaricos-de-asa-branca tinia insistentemente. Um deles chegou até a margem da água e emitiu seu estridente e imperativo clamor; uma resposta veio de um distante local da praia, e as duas aves alçaram voo para um encontro.

A praia assumiu um aspecto misterioso com a aproximação da noite, e a última luz do ocaso era refletida em poças d'água e regatos esparsos. As aves tornaram-se sombras escuras, sem cor discernível. Pilritos saíram em debandada como pequenos fantasmas; aqui e ali sobressaíam os vultos mais escuros dos maçaricos. Várias vezes consegui aproximar-me das aves antes que elas fugissem alarmadas – os pilritos correndo, os maçaricos bradando e levantando voo. Alguns talha-mares voavam ao longo da margem da água de modo que suas silhuetas contrastavam com o brilho opaco e metálico do mar; outros se elevavam sobre a areia como grandes mariposas, havendo certa dificuldade para vê-los. Durante o voo, às vezes eles roçavam o bico nos pequenos regatos deixados pela maré baixa, nos quais o movimento da água superficial denunciava a presença de pequenos peixes.

À noite, a praia é um mundo distinto, no qual a própria escuridão que oculta coisas observáveis sob a luz diurna acaba por enfocar com mais nitidez algumas realidades elementares. Certa vez, ao explorar a praia noturna, surpreendi, com o facho de luz de minha lanterna, um pequeno caranguejo-fantasma (maria-farinha). Ele estava no interior de um pequeno fosso que fizera logo acima da zona da arrebentação, como que olhando para o mar e esperando. O negrume da noite envolvia a água, o ar e a praia. Era a escuridão de um mundo antigo, que antecedeu o ser humano. Não havia outro som além dos envolventes e primevos silvos do vento soprando sobre a água e a areia, e o rebentar das ondas contra a praia. Não havia outra forma vivente visível – apenas um pequeno caranguejo perto do mar. Já vira centenas de caranguejos-fantasmas em outros cenários, mas subitamente fui preenchida pela estranha sensação de, pela primeira vez, conhecer a criatura em seu próprio mundo – e de conseguir entender, como nunca antes, a essência de seu ser. Naquele momento, o tempo ficou congelado; o mundo ao qual eu pertencia não existia, e eu poderia ser um alienígena vindo do espaço. O pequeno e solitário caranguejo junto ao mar tornou-se um símbolo que valia por si só, devido à delicada e destrutível, apesar de vital, força que de algum modo permite-lhe sustentar-se, mesmo em meio às rudes realidades do mundo inorgânico.

O sentimento de criação vem com as memórias de um mar costeiro meridional, onde o oceano e os mangues, num trabalho conjunto, estão criando uma imensidão composta de milhares de pequenas ilhas ao largo da costa sudoeste da Flórida, separadas umas das outras por um padrão sinuoso de baías, lagoas e estreitos canais. Lembro-me de um dia de inverno em que o céu estava bem azul e pleno de luz solar; embora não houvesse vento, percebia-se um fluxo de ar frio. Eu acabara de chegar à margem lavada pela arrebentação, em uma dessas ilhas, e dirigi-me para o lado mais protegido da baía. Lá deparei com a maré distante, que expunha a ampla planície de lama de uma enseada margeada por mangues, com seus ramos retorcidos, suas folhas lustrosas e suas raízes-escora dirigindo-se para baixo, agarrando-se à lama e retendo-a, ampliando progressivamente a área de terra.

As planícies de lama estavam repletas de conchas de telina, um molusco pequeno e maravilhosamente colorido. As conchas pareciam pétalas de rosa, dispersas sobre a lama. Deveria haver uma colônia nas redondezas, os animais vivendo logo abaixo da superfície. De início, a única criatura visível era uma pequena garça com plumagem cinza e ferrugínea – uma ave avermelhada, que caminhava no mangue com movimentos dissimulados e hesitantes, próprios de sua espécie. Mas outros animais terrestres tinham passado por ali, pois uma linha de marcas recentes serpenteava entre as raízes do mangue, denunciando a passagem de um guaxinim que se alimentara de ostras aderidas às raízes-escora com as projeções de suas conchas. Logo encontrei as marcas de uma ave litorânea, provavelmente um pilrito, e as segui por um curto trecho; elas dirigiam-se para a água, mas desapareceram antes de lá chegar, pois a maré provavelmente as apagou, fazendo parecer que nunca existiram.

Olhando para além da enseada, eu tive uma forte impressão da permutabilidade entre a terra e o mar nesse mundo fronteiriço da zona costeira, e dos laços que unem a vida dos dois. Havia também uma percepção do passado e do contínuo fluxo do tempo, obliterando muito do que aconteceu antes, a exemplo do que ocorrera naquela manhã, quando o mar desfez as pegadas do pássaro.

A sequência e o significado da passagem do tempo estavam silenciosamente resumidos na existência de centenas de pequenos caramujos-do-mangue, que se alimentam dos ramos e raízes das árvores. Houve uma época em que seus ancestrais habitavam o mar, presos às águas salgadas por todos os vínculos de seus processos vitais. Aos poucos, ao longo de milhares e milhões de anos, esses vínculos romperam-se, e os caramujos ajustaram-se à vida fora da água; atualmente, eles vivem vários metros acima da linha de maré, à qual eles ocasionalmente retornam. Quem sabe, daqui a vários períodos geológicos, talvez nem mesmo essa tênue reminiscência do mar existirá em seus descendentes.

As conchas espiraladas de outros caramujos – nesse caso, bem diminutos – deixaram traços sinuosos sobre a lama ao moverem-se para lá e para cá em busca de alimento. Eram conchas de espírula. Experimentei um momento de nostalgia ao vê-las, pois desejava encontrar o que Audubon presenciara mais de um século antes. Isso porque as espírulas em pequenas conchas eram o alimento dos flamingos, os quais, em certa época, eram numerosos nessa costa. Ao semicerrar os olhos, quase pude ver um bando dessas magníficas aves ígneas naquela enseada, enchendo-a com sua cor. Comparando o tempo de vida da Terra com o de um ser humano, é como se os flamingos estivessem ali ontem, e hoje já tivesssem partido. Na natureza, tempo e espaço são assuntos relativos, talvez mais verdadeiramente percebidos subjetivamente em lampejos de compreensão, com o estímulo de algum momento ou local mágicos.

Há um fio comum ligando essas cenas e memórias – o espetáculo da vida em todas as suas variadas manifestações, tal como ela apareceu, evoluiu e, algumas vezes, desapareceu. Subjacente à beleza do espetáculo, há sentido e importância. É a ocultação desse significado que nos assombra, que nos remete repetidas vezes ao mundo natural onde está a chave para o enigma. Ela nos envia de volta à beira-mar, onde o drama da vida – talvez até mesmo seu prelúdio – foi encenado pela primeira vez na Terra; onde as forças da evolução ainda agem atualmente, como têm atuado desde o aparecimento do que hoje é conhecido como vida; e onde o espetáculo dos seres vivos diante das realidades cósmicas de seu mundo é cristalinamente claro.

A vida à beira-mar

O INÍCIO DA história da vida, tal como foi registrado nas rochas, é extremamente obscuro e fragmentado. Por isso, não é possível dizer quando os seres vivos colonizaram a costa, nem mesmo indicar a época exata em que a vida surgiu. Os sedimentos de rochas erodidas durante a primeira metade da história da Terra, na era Arqueozoica, vêm desde então sendo alterados química e fisicamente pela pressão de milhares de metros de camadas sobrepostas e pelo intenso calor das regiões profundas, nas quais ficaram confinados durante boa parte de sua existência. Apenas em alguns locais, como no leste do Canadá, eles estão expostos e acessíveis para estudos, mas se essas páginas da história das rochas alguma vez contiveram um claro registro de vida, há muito tempo ele foi apagado.

Os estágios seguintes – as rochas dos vários milhões de anos posteriores, conhecidos como era Proterozoica – são quase igualmente decepcionantes. Há imensos depósitos de ferro, que podem ter sido depositados com a ajuda de certas algas e bactérias. Outros depósitos – estranhas massas globulares de carbonato de cálcio – aparentemente foram formados por algas secretoras de calcário. Supostos fósseis ou impressões pouco perceptíveis nessas antigas rochas foram experimentalmente identificados como esponjas, medusas (caravelas ou águas-vivas) ou criaturas chamadas artrópodes, invertebrados dotados de apêndices articulados e de esqueleto externo rígido. Porém, os cientistas mais céticos e conservadores consideram que esses traços têm origem inorgânica.

Seguindo os estágios mais antigos e o quadro geral de seus registros, subitamente um capítulo inteiro da história parece ter sido destruído. Rochas sedimentares representando incontáveis milhões de anos de história pré-cambriana desapareceram – por erosão ou, possivelmente, devido a violentas mudanças na superfície da Terra – levadas para regiões que correspondem hoje ao chão do mar profundo. Por causa dessa perda, há na história da vida um fosso aparentemente intransponível.

A escassez de registros fósseis nas antigas rochas e a perda de blocos inteiros de sedimentos podem estar ligadas à natureza química da atmosfera e do mar antigos. Alguns especialistas acreditam que o oceano pré-cambriano era deficiente em cálcio, pelo menos em quantidade que garantisse condições favoráveis para a formação de conchas e esqueletos a partir desse elemento. Se assim foi, a maioria de seus habitantes deve ter tido corpos moles e, portanto, de difícil fossilização. Uma grande quantidade de dióxido de carbono na atmosfera e a relativa carência desse gás no mar teriam também afetado o desgaste de rochas, de acordo com a teoria geológica, de modo que as rochas sedimentares do período Pré-Cambriano devem ter sido erodidas repetidamente, com os sedimentos sendo lavados pelas ondas, e depositados novamente em seguida, o que resultou na destruição dos fósseis.

Quando se retoma o registro nas rochas do Período Cambriano, que ocorreu há aproximadamente meio bilhão de anos, todos os mais importantes grupos de animais invertebrados (incluindo os principais habitantes do mar costeiro) subitamente aparecem, plenamente formados e em franca expansão. Há esponjas e medusas, vermes de todos os tipos, alguns moluscos simples, parecidos com os caramujos, e artrópodes. As algas são também abundantes, embora não haja plantas vasculares. Mas o projeto básico de cada grande grupo de animais e organismos fotossintetizantes que agora habita o mar costeiro já tinha sido pelo menos esboçado naqueles mares antigos. Podemos supor, com boa dose de evidência que, há 500 milhões de anos, a faixa entre as linhas de maré tinha alguma semelhança com a área entremarés do presente período da história da Terra.

Podemos supor também que, ao menos durante o último meio bilhão de anos, aqueles grupos de invertebrados, tão bem desenvolvidos no Cambriano, estiveram em fase de evolução a partir de formas mais simples, embora talvez nunca saibamos como teriam sido essas formas primitivas. Possivelmente as fases larvais de algumas dessas espécies que hoje existem sejam parecidas com aqueles ancestrais, cujos remanescentes a Terra parece ter destruído ou não ter conseguido preservar.

Durante as centenas de milhões de anos desde o início do Cambriano, a vida marinha continuou a evoluir. Subdivisões dos grupos originais básicos surgiram, novas espécies foram criadas e muitas das primeiras formas desapareceram à medida que a evolução ia desenvolvendo outras espécies com melhores características para satisfazer as exigências de seu mundo. Algumas criaturas atuais têm ancestrais no Cambriano, dos quais diferem muito pouco, mas esses casos são excepcionais. O mar costeiro, com suas condições difíceis e inconstantes, tem sido um campo de teste no qual uma precisa e perfeita adaptação ao ambiente é requisito indispensável para a sobrevivência.

Pelo simples fato de existir, toda a vida do mar costeiro, tanto a passada quanto a presente, fornece evidência de que vem obtendo êxito ao lidar com as realidades de seu mundo – as brutais realidades do próprio mar e as sutis relações vitais que ligam cada ser vivente a sua comunidade. Os padrões da vida, criados e moldados por essas realidades, entretecem-se e sobrepõem-se, de modo que o quadro geral é extremamente complexo.

O padrão de vida visível depende de características ligadas à natureza das águas rasas e da área entremarés, ou seja, varia conforme o caso: se elas compreendem costões rochosos e grandes blocos de pedra, ou amplas planícies arenosas, ou recifes de corais, ou simplesmente bancos de areia. Um costão rochoso, embora seja varrido pelas ondas, permite a existência de vida, graças a adaptações para fixação à superfície das rochas e por características estruturais que podem dissipar a força das ondas. A manifestação visível de seres vivos está em todo o redor – um atapetado colorido de algas, cracas, mexilhões e caramujos cobrindo as rochas – enquanto seres mais delicados encontram refúgio em fissuras e fendas ou sob grandes blocos de pedra. A areia, por sua vez, forma um substrato moldável, inconstante, de natureza instável, cujas partículas são incessantemente agitadas pelas ondas, de modo que poucos seres vivos podem estabelecer-se ou encontrar abrigo em sua superfície ou até mesmo nas camadas arenosas superiores. Todos vão mais para o fundo; portanto, é em tocas, tubos e câmaras subterrâneas que

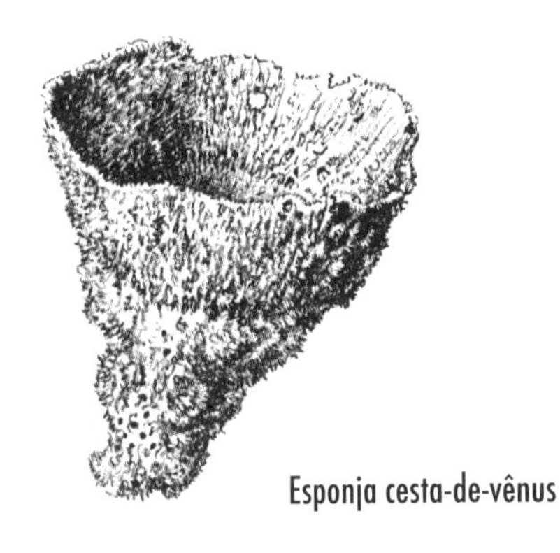
Esponja cesta-de-vênus

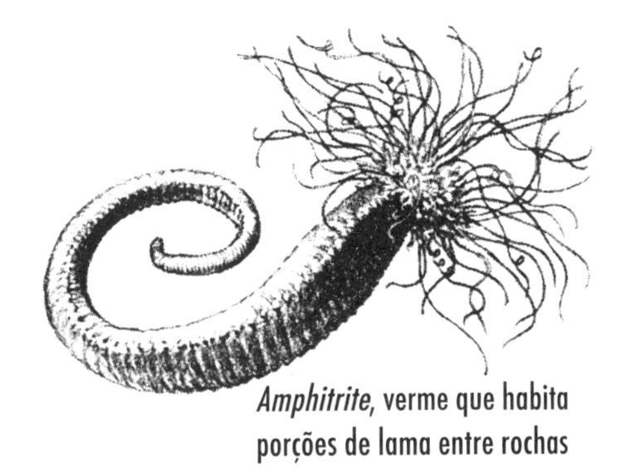
Amphitrite, verme que habita porções de lama entre rochas

se encontra vida na areia. Um litoral dominado por recifes de corais existe, necessariamente, numa zona costeira morna. A existência dos corais torna-se possível por influência de correntes marítimas tépidas, que proporcionam o clima no qual os animais do coral podem desenvolver-se. Os recifes, vivos ou mortos, fornecem uma superfície rígida à qual os seres vivos podem fixar-se. Uma costa como essa se parece com aquela margeada por escarpas rochosas, com a diferença de que nos recifes há camadas impenetráveis de sedimentos calcários. A fauna tropical tão variada das costas coralinas desenvolveu, assim, adaptações especiais que a tornam distinta da vida em ambientes de substrato mineral, como rocha ou areia puras. Uma vez que a costa atlântica dos Estados Unidos abriga exemplos dos três tipos de mares costeiros, as várias formas de vida relacionadas à natureza da costa propriamente dita exibem-se ali com admirável naturalidade.

Há ainda outras características que se sobrepõem aos padrões geológicos básicos. Os seres que habitam as ondas ou zonas de arrebentação são diferentes dos que vivem em águas tranquilas, ainda que sejam da mesma espécie. Numa região de marés fortes, a vida existe em faixas ou zonas sucessivas, desde o nível mais alto da água até a linha das marés mais baixas; esse zoneamento é pouco distinguível onde há pequena ação das marés ou em praias arenosas nas quais a vida se concentra no subsolo. As correntes, por modificarem a temperatura e a distribuição das fases larvais das criaturas marinhas, criam outro tipo de mundo.

As circunstâncias físicas da costa atlântica dos Estados Unidos são tais que o observador da vida local depara-se, tão claramente como acontece em experimentos científicos bem planejados, com uma demonstração dos efeitos modificadores provocados pelas marés, ondas e correntes. Ocorre que as rochas ao norte, onde a vida se manifesta sem reservas, ficam na região de algumas das mais fortes marés do mundo, aquelas da área da baía de Fundy. Ali, as zonas de vida criadas pelas marés têm impacto gráfico tão simples como o de um diagrama, permitindo que se observe facilmente os efeitos das ondas, diferentemente do que acontece nas praias arenosas, em que as zonas de maré são indistintas. Nem marés fortes, nem ondas pesadas visitam o extremo meridional da Flórida, onde existe uma costa coralina típica, construída pelos animais do coral e pelos mangues, que se multiplicam e se expandem nas águas mornas e calmas. É um mundo cujos habitantes vieram do Caribe carregados por correntes oceânicas, duplicando a estranha fauna tropical da região.

Sobrepondo-se a todos esses padrões, há outros, criados pela própria água do mar – que traz ou retém alimento e carrega substâncias de natureza química poderosa, as quais, para o bem ou para o mal, afetam a vida de tudo o que tocam.

Em nenhum local do mar costeiro o relacionamento de uma criatura com o meio em que vive é uma questão de causa e efeito únicos; cada ser vivo é atado ao seu mundo por fios que formam uma intrincada trama da vida.

Os habitantes do mar aberto não precisam enfrentar o problema das arrebentações, pois podem descer até as águas profundas e, assim, evitar o mar bravio. Uma alga ou animal da praia não tem meios de escape como esse. A arrebentação libera toda sua enorme carga de energia ao atingir a praia, às vezes chocando-se com incrível violência. As costas expostas da Grã-Bretanha e outras ilhas do Atlântico Oriental recebem algumas das mais violentas ondas do mundo, criadas por ventos que varrem toda a extensão do oceano. Às vezes, elas incidem com uma força de 20 toneladas por metro quadrado. Por ser protegida, a costa atlântica americana não recebe ondas como essas; no entanto, as ondas de tempestade de inverno ou de tufões de verão têm dimensões imensas, além de enorme poder destrutivo. A ilha de Monhegan, na costa do Maine, fica desprotegida na passagem dessas tempestades e recebe as ondas em seus íngremes desfiladeiros, voltados para o mar. Nas tempestades mais fortes, o borrifo das ondas em arrebentação é lançado sobre a margem de White Head, a uma altura de 30 metros acima do nível do mar. Em algumas tormentas, as águas verdes das ondas cobrem um costão mais baixo, chamado Gull Rock. Ele tem cerca de 20 metros de altura em relação ao mar.

O efeito das ondas é sentido no fundo do mar a uma considerável distância da costa. Armadilhas para captura de lagosta colocadas em profundidades de aproximadamente 60 metros são deslocadas ou ocupadas por pedras. Mas o mais crítico, obviamente, ocorre na costa ou bem próximo dela, onde as ondas arrebentam. Pouquíssimas regiões costeiras conseguiram derrotar completamente as tentativas de seres vivos ali se fixarem. Algumas praias podem se tornar inóspitas se forem formadas por areia muito grossa e solta, que é agitada na arrebentação e, então, seca rapidamente quando a maré baixa. Outras praias, de areia firme, po-

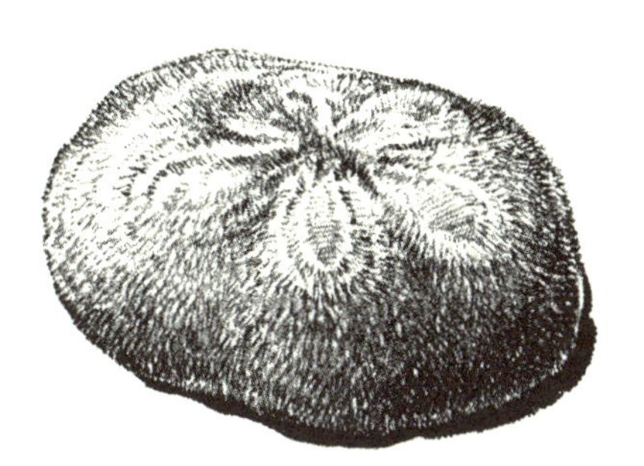

Ouriço-do-mar, um habitante da areia

dem parecer desertas, mas de fato mantêm uma fauna rica em suas camadas mais profundas. Uma praia composta de grandes cascalhos que se chocam uns contra os outros na arrebentação é um lar improvável para a maioria dos animais praianos. Mas o litoral formado por costões rochosos e penhascos é hábitat de flora e fauna diversas e abundantes, a não ser que as ondas tenham força de magnitude extraordinária.

Talvez, o melhor exemplo de habitantes bem-sucedidos da zona de arrebentação sejam as cracas. As lapas[1] têm quase o mesmo sucesso, assim como os pequenos caramujos que vivem nas rochas. As grandes algas pardas chamadas sargaços têm espécies que crescem em locais com ondas razoavelmente fortes, enquanto outras requerem algum grau de proteção. Quando se tem alguma experiência, é possível avaliar as condições da orla pela identificação de sua fauna e flora. Por exemplo, se há uma grande área coberta pelo sargaço *Ascophyllum*[2] – sabemos que se trata de uma praia moderadamente protegida, raramente visitada por ondas fortes. Se, pelo contrário, há poucas algas desse tipo, ou se elas não estão presentes, e existe uma área coberta por bodelhas (algas muito menores, indefinidamente ramificadas, com talos achatados e de pontas finas), então é bem provável que se trate de uma região de mar aberto, com ondas avassaladoras. Isso porque as laminariáceas e outros membros de uma comunidade de algas menores cujos tecidos sejam fortes e maleáveis caracterizam um litoral exposto e conseguem sobreviver em mares que as bodelhas não suportam. E se, em outra praia, a vegetação de qualquer tipo for escassa e houver apenas uma paisagem rochosa, coberta como que por neve, em virtude das cracas que ali se espalham – milhares e milhares delas, apontando seus afiados cones em direção às fortes ondas –, podemos estar certos de que a região é consideravelmente desprotegida da força do mar.

As cracas têm duas vantagens que lhes garantem sucesso em locais em que quase todas as outras formas não conseguem sobreviver. Sua forma achatada e cônica desvia a força das ondas e deixa que a água escoe sem causar grandes danos. Mais importante ainda é o fato de toda a base do cone ser fixada à rocha com um cimento natural de poder adesivo extraordinário: para removê-la, é preciso usar uma faca com lâmina afiada. Assim, os perigos da zona de arrebentação – a ameaça de ser levado pela onda e o risco de ser esmagado – têm pequeno significado para as cracas. No entanto, sua existência em tal local assume uma aura de

1 Espécie de molusco gastrópode com concha cônica que vive aderido às rochas. (NT)
2 Uma alga com filoides longos que ficam sobre a areia como uma massa emaranhada de cordas quando desce a maré. (NT)

milagre se nos lembrarmos de que foi em sua forma larval, e não em sua fase adulta, que a craca conseguiu a fixação na rocha por possuir forma e base firmemente aderida (adaptações diante da arrebentação). Na turbulência dos mares pesados, a delicada larva teve que escolher seu local nas rochas lavadas pelas ondas; em seguida, estabeleceu-se ali e, de algum modo, livrou-se do perigo de ser levada pelo mar durante as horas críticas em que seus tecidos estavam sendo reorganizados, no processo de transformação para a forma adulta. Enquanto isso, o cimento era secretado, endurecia, e placas rígidas cresciam em torno do tenro corpo do animal. Conseguir tudo isso sob a enorme pressão das ondas me parece façanha muito mais árdua do que a missão de um esporo de sargaço destinado a crescer sobre a rocha; no entanto, é fato que as cracas podem colonizar rochas expostas nas quais o sargaço é incapaz de se estabelecer.

Formas que opõem pouca resistência ao fluxo da água foram adotadas e até melhoradas por outros animais, alguns dos quais não abriram mão da adesão permanente a rochas. Um deles é a lapa – um caramujo simples e primitivo que tem sobre seus tecidos uma concha parecida com um chapéu chinês. As ondas passam em torno desse cone de inclinação suave sem causar-lhe danos; na verdade, o golpe da água apenas pressiona mais firmemente para baixo a ventosa de tecido carnoso sob a concha, reforçando a adesão à rocha.

Além de manter contornos suavemente arredondados, outras espécies acrescentam linhas de ancoragem para garantir fixação sobre as rochas. Esse recurso é usado pelos mexilhões, cuja concentração, mesmo numa limitada área, pode ser representada por números quase astronômicos. As conchas de cada animal são presas à rocha por uma série de fios rígidos, todos com aparência sedosa. Os fios são uma espécie de seda natural, secretada por uma glândula que fica no pé do animal. Essas linhas de ancoragem estendem-se em todas as direções; se algumas são quebradas, as outras mantêm a fixação enquanto as danificadas são substituídas. A maioria dos fios, porém, é direcionada para a frente. Com os golpes das ondas de tempestade, os mexilhões tendem a girar o corpo e mergulhar no mar, fazendo que os fios se encaixem na estreita "proa", minimizando a força da onda.

Mesmo os ouriços-do-mar podem ancorar-se firmemente durante ondas consideravelmente fortes. Seus delgados pés tubulares, cada um equipado com um disco de sucção na extremidade, prolongam-se em todas as direções. Fico maravilhada com os ouriços verdes da costa do Maine, que se fixam a rochas expostas na época das marés baixas da primavera, de modo que as belas algas coralinas espalham uma camada de coloração rósea sob o verde brilhante de seus corpos.

Nesse local, o piso do mar aprofunda-se com forte inclinação, e as ondas de maré baixa, ao arrebentarem na margem inclinada, são lançadas para trás com o forte ímpeto das águas. Contudo, a cada movimento de recuo da água, os ouriços permanecem em seus locais de costume, incólumes.

Quanto às grandes algas, dotadas de longos pedúnculos que balançam em florestas marinhas sombrias logo abaixo do nível das marés grandes, a sobrevivência na zona das ondas é, na maior parte dos casos, uma questão química. Seus tecidos contêm grande quantidade de ácido algínico e respectivos sais, que criam uma força tênsil e uma elasticidade capazes de suportar o empuxo e os golpes das ondas.

Outras espécies, tanto de animais quanto de plantas, têm sido capazes de invadir a zona das ondas reduzindo a dimensão de seu corpo a uma delgada aglomeração de células. Com esse formato, muitos briozoários, esponjas, seringas-do-mar e algas podem suportar a força das ondas. No entanto, uma vez livres dos efeitos condicionantes das ondas, as mesmas espécies podem assumir formas completamente diferentes. A *Halichondria*, de tom verde pálido, estende-se sobre as rochas lavadas pelo mar como uma lâmina da espessura de uma folha de papel. Entretanto, quando ela retorna às rochas submersas, seus tecidos crescem e convertem-se em massas espessas, ornadas com a estrutura do tipo "cone-e-cratera", que é uma das marcas da espécie. O tunicado *Botryllus*, por sua vez, pode apresentar-se às ondas como uma mera folha de gelatina, embora em águas tranquilas ele fique suspenso em lobos pêndulos compostos por seres em forma de estrela.

De modo semelhante ao que acontece nas praias, onde todas as espécies sabem que podem escapar das ondas enterrando-se na areia, algumas espécies encontram abrigo perfurando as rochas. Nas regiões da costa da Carolina em que há margas[3] antigas, estas são crivadas de mexilhões. Ali, massas de turfa contêm conchas delicadamente esculpidas de moluscos chamados asas-de-anjo, aparentemente tão delicados quanto porcelana e, no entanto, capazes de perfurar argila ou rocha. Existem, ainda, cais de concreto perfurados por mariscos escavadores e grossas estruturas de madeira penetradas por outros mariscos e isópodes. Todas essas criaturas trocaram sua liberdade por um santuário isento de ondas e ficaram aprisionados para sempre dentro de câmaras que eles próprios cavaram.

Em sua maior parte, os vastos sistemas de correntes que fluem como rios através dos oceanos ficam distantes da costa. Alguém poderia supor que a influência

3 Rocha sedimentar calcária em que a proporção de argila situa-se entre 35 e 50%. (NT)

desses sistemas seria muito pequena na zona entremarés. No entanto, os efeitos das correntes têm alcance bem maior porque elas transportam imensos volumes de água por longas distâncias – água cuja temperatura original é mantida por milhares de quilômetros durante sua jornada. Desse modo, o calor tropical é carregado para o norte, enquanto o frio ártico é levado na direção sul até o equador. As correntes, provavelmente mais do que qualquer outro elemento considerado individualmente, são as criadoras do clima marinho.

A importância do clima reside no fato de que a vida, mesmo na ampla concepção que inclui os seres vivos de todos os grupos, existe dentro de uma faixa relativamente estreita de temperatura, grosso modo, entre 0 e 98 °C. O planeta Terra é particularmente favorável à vida por apresentar uma temperatura bastante estável. Principalmente no mar, as mudanças de temperatura são moderadas e graduais, e os animais são tão delicadamente ajustados ao clima da água a que estão adaptados que uma mudança abrupta ou drástica é fatal. Os animais que vivem na costa e estão expostos às temperaturas do ar na maré baixa são necessariamente um pouco mais resistentes, mas mesmo eles têm uma faixa preferida de calor e frio, além da qual raramente se aventuram.

A maioria dos animais tropicais é mais sensível a mudanças – especialmente em relação a temperaturas mais altas – do que os animais de latitudes mais elevadas do Hemisfério Norte. Isso talvez se deva ao fato de a temperatura da água em que eles vivem normalmente variar apenas uns poucos graus ao longo do ano. Alguns ouriços-do-mar tropicais, as lapas *Diodora* e as estrelas-serpente morrem quando as águas rasas se aquecem e chegam perto dos 37 °C. A medusa ártica *Cyanea*, ao contrário, é tão tolerante que continua a pulsar quando metade de seu sino é aprisionada no gelo, podendo reviver mesmo após ficar congelada durante horas. O caranguejo-ferradura é outro exemplo de animal muito tolerante a mudanças de temperatura. Sua espécie é amplamente diversificada e suas variedades setentrionais podem sobreviver se ficarem presas dentro de gelo na Nova Inglaterra,[4] enquanto seus representantes meridionais proliferam nas águas tropicais da Flórida e mais ao sul, na direção de Yucatán.

Em sua maioria, os animais do mar costeiro suportam mudanças sazonais ocorridas no litoral de áreas temperadas, mas, para alguns, é necessário fugir do frio extremo trazido pelo inverno. Acredita-se que os caranguejos-fantasmas e as pulgas-da-praia escavam buracos profundos na areia e entram em hibernação. Os

4 Região do nordeste dos Estados Unidos que abrange vários estados, inclusive Nova York e Maine. (NT)

caranguejos *Emerita*, que se alimentam nas ondas durante grande parte do ano, afastam-se para o fundo do mar distante da praia nas épocas mais frias. Muitos hidroides, bastante parecidos com flores, encolhem-se ao máximo durante o inverno, recolhendo todos os seus tecidos vivos no interior do pedúnculo basal. Outros animais do mar costeiro, a exemplo das plantas anuais, morrem no final do verão. Todas as medusas brancas, tão comuns nas águas costeiras durante o verão, terão morrrido quando a última grande onda outonal arrebentar; contudo, a próxima geração já estará presente sob a forma de pequenas plantas aderidas às rochas abaixo da linha de maré.

Para a grande maioria dos habitantes do mar costeiro que se mantêm nos locais costumeiros durante todo o ano, o elemento mais perigoso não é o frio, mas sim o gelo. Em anos em que se forma muito gelo na orla, as rochas podem ficar totalmente desprovidas de cracas, mexilhões e algas, simplesmente pela ação mecânica triturante do gelo lançado pelas ondas. Depois que isso acontece, várias estações de crescimento, separadas por invernos moderados, podem ser necessárias para restabelecer toda a comunidade de seres vivos.

Uma vez que a maior parte dos animais marinhos tem preferências definidas quanto ao clima aquático, é possível dividir as águas costeiras da América do Norte oriental em zonas de vida. Conquanto a variação na temperatura da água dentro dessas zonas seja em parte uma questão de transição de latitudes meridionais para as setentrionais, ela é também fortemente influenciada pelo padrão das correntes oceânicas – um fluxo de águas mornas tropicais conduzidas para o norte na corrente do Golfo, e a fria corrente do Labrador, arrastando-se para o sul ao longo da corrente do Golfo, em sua margem voltada para o continente. Complexos intercâmbios de água fria e morna ocorrem nos limites entre as correntes.

A partir do ponto em que a corrente do Golfo passa através dos estreitos da Flórida e alcança o cabo Hatteras, ela segue a margem externa da plataforma

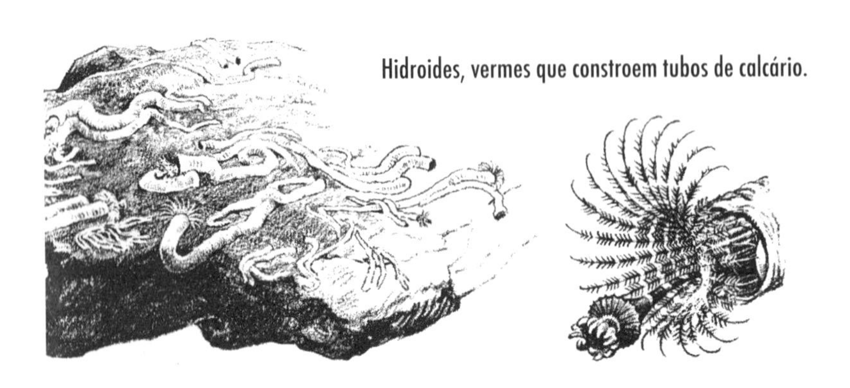

Hidroides, vermes que constroem tubos de calcário.

continental, que varia muito em largura. Em Jupiter Inlet,[5] na costa oriental da Flórida, a plataforma é tão estreita que se pode ficar em pé na praia e estender o olhar desde os baixios de cor verde-esmeralda até o local em que a água subitamente assume o azul intenso da corrente do Golfo. Mais ou menos a partir desse ponto parece haver uma barreira de temperatura, separando a fauna tropical, do sul da Flórida e das Keys,[6] da fauna de temperatura morna da área situada entre os cabos Canaveral e Hatteras. Em Hatteras, novamente a plataforma torna-se estreita, a corrente do Golfo dobra-se para mais perto da costa e as águas que vão em direção ao norte passam por um confuso padrão de bancos de areia, colinas e vales arenosos submersos. Existe outra fronteira entre zonas de vida, embora seja um limite inconstante, longe de caracterizar uma região absoluta. Durante o inverno, as temperaturas em Hatteras provavelmente impedem a passagem para o norte de seres migratórios de águas mornas, mas, no verão, as barreiras de temperatura são rompidas, os portões invisíveis são abertos, e essas mesmas espécies podem aventurar-se para regiões tão distantes quanto o cabo Cod.

A partir do norte de Hatteras, a plataforma alarga-se, a corrente do Golfo move-se cada vez mais para o alto-mar e recebe uma forte infiltração de água fria vinda do norte, com a qual se mistura, de modo que o progressivo esfriamento é acelerado. A diferença de temperatura entre Hatteras e o cabo Cod é tão grande quanto a que se encontra no lado oposto do Atlântico, entre as Ilhas Canárias e o sul da Noruega – uma distância cinco vezes maior. Para a fauna marinha migratória, a área delimitada por Hatteras e Cod é uma região intermediária, ocupada, no inverno, por espécies de águas frias e, no verão, por espécies de águas mornas. Mesmo a fauna residente tem um caráter misto e indeterminado, pois a área parece receber espécies mais tolerantes às temperaturas vindas tanto do norte quanto do sul e aparenta possuir poucas espécies que pertencem exclusivamente a ela.

O cabo Cod há muito é reconhecido em zoologia como um marco do limite de transição para milhares de criaturas. Bem avançado mar adentro, ele interfere na passagem de águas mornas oriundas do sul e retém as águas frias do norte no interior da longa curva de sua orla. Ele é também um ponto de transição para um diferente tipo de costa: as longas faixas de areia do sul são substituídas por rochas, que vão gradualmente dominando mais e mais a paisagem litorânea. Essas rochas formam tanto o fundo do mar quanto as zonas costeiras; os mesmos contornos escarpados que aparecem no cenário terrestre da região subsistem, imer-

5 Cidade litorânea do condado de Palm Beach, a cerca de 120 quilômetros de Miami. (NT)
6 Arquipélago na região da Flórida, com aproximadamente 1.700 ilhas. (NT)

sos e ocultos, no mar aberto. Ali, zonas de águas profundas, com temperaturas baixas, ficam geralmente mais próximas da costa do que em áreas mais ao sul, e apresentam interessantes efeitos locais sobre as populações de animais costeiros. Apesar das profundas águas litorâneas, as numerosas ilhas, bem como a escarpada e serrilhada costa, geram uma grande área entremarés, propiciando, assim, abrigo para uma rica fauna costeira. Essa é a região de baixas temperaturas, habitada por muitas espécies incapazes de tolerar a água morna ao sul do cabo. Em parte por causa das baixas temperaturas e em parte por causa da natureza rochosa da costa, enormes populações de algas cobrem as rochas no nível da maré baixa com um manto de coloração multivariada; multidões de caramujos fazem dali o seu pasto, e a praia, quando não é embranquecida por milhões de cracas, mostra-se escurecida por imensa quantidade de mexilhões.

Mais além, nas águas que banham o Labrador, o sul da Groenlândia e partes de Newfoundland, a temperatura do mar e a natureza de sua flora e fauna são subárticas. Ainda mais para o norte, está a província ártica, cujos limites ainda não foram precisamente definidos.

Apesar de essas zonas básicas serem ainda convenientes e representarem divisões precisas da costa americana, tornou-se claro, por volta da terceira década do século XX, que o cabo Cod não era mais a barreira absoluta que um dia havia sido para as espécies de águas mornas que tentam contorná-lo pelo sul. Mudanças curiosas ocorreram e muitos animais invadiram essa zona frio-temperada pelo sul, avançando por todo o Maine e chegando até o Canadá. Essa nova distribuição está, obviamente, relacionada com a ampla mudança de clima que parece ter se estabelecido mais ou menos no começo do século XX e agora é notória – um aquecimento generalizado, notado primeiramente nas regiões árticas, depois nas subárticas e agora nas áreas temperadas dos estados do norte. Com as águas oceânicas mais mornas no norte do cabo Cod, não apenas as formas adultas, mas também as fases mais jovens e criticamente importantes de vários animais do sul têm conseguido sobreviver.

Um dos exemplos mais impressionantes de movimento em direção ao norte é o realizado pelo caranguejo-verde, outrora desconhecido ao norte do cabo, mas agora familiar a qualquer pescador de mariscos do Maine, por causa do hábito predador desse crustáceo, que se alimenta de fases jovens de moluscos. Em torno da virada do século [XIX para o XX], constava nos manuais zoológicos que a dispersão do caranguejo-verde partia da região de Nova Jersey em direção ao cabo Cod. Em 1905, ele foi encontrado próximo a Portland e, em 1930, alguns espécimes foram coletados em Hancock County, na região central da costa do Maine.

Durante a década seguinte, ele moveu-se ao longo de Winter Harbor; em 1951, foi encontrado em Lubec. Daí em diante, o caranguejo-verde espalhou-se pelas costas da baía Passamaquoddy e chegou até à Nova Escócia.

Em virtude das temperaturas mais altas, o arenque do mar está se tornando escasso no Maine. As águas mais mornas podem não ser a única causa, mas sem dúvida elas são parcialmente responsáveis. Com o declínio do arenque, outras espécies de peixe estão chegando do sul. A savelha, um peixe de grande porte da família do arenque, é usada em quantidades enormes para produzir fertilizante, óleos e outros produtos industriais. Na década de 1880, houve uma pesca intensiva de savelhas no Maine, com o que elas desapareceram e, por muitos anos, ficaram quase inteiramente confinadas a áreas ao sul de Nova Jersey. Contudo, aproximadamente em 1950, elas começaram a retornar às águas do Maine, seguidas por barcos de pescadores da Virgínia. Outro peixe da mesma família, chamado arenque-redondo, também está se deslocando mais para o norte. Nos anos 1920, o professor Henry Bigelow, da Universidade de Harvard, relatou a ocorrência desse peixe desde o golfo do México até o cabo Cod e assinalou que ele era raro em qualquer região do cabo. (Dois indivíduos coletados em Provincetown foram preservados no Museu de Zoologia Comparada, em Harvard.) Na década de 1950, no entanto, imensos cardumes de arenque-redondo apareceram nas águas do Maine, fato que levou a indústria da pesca a iniciar experimentos para a produção de enlatados.

Muitos outros relatos esparsos seguem a mesma tendência. O camarão mantis, anteriormente confinado pelo cabo, conseguiu contorná-lo e espalhou-se na parte meridional do golfo do Maine. Aqui e ali, o marisco-de-concha-mole mostra sinais de estar sendo adversamente afetado pelas temperaturas mais altas do verão, e espécies com concha mais dura estão tomando o seu lugar nas águas de Nova York. O abadejo, outrora o único peixe de verão ao norte do cabo, agora é pescado ali durante todo o ano; outros peixes antes admitidos como típicos de regiões meridionais já são capazes de desovar ao longo da costa de Nova York, onde, antigamente, suas fases juvenis mais delicadas eram mortas pelos invernos frios.

Apesar das exceções, a região que liga o cabo Cod à costa de Newfoundland é tipicamente uma zona de águas frias, habitada por flora e fauna boreais. Ela exibe fortes e fascinantes afinidades com locais distantes do mundo setentrional e, pela força unificadora do mar, tem vínculos com as águas árticas e com as costas das ilhas britânicas e a Escandinávia. São tantas as espécies do norte da Europa que ocorrem também no Atlântico Oriental que um manual para as ilhas britânicas serviria razoavelmente bem para a Nova Inglaterra, dando conta de provavelmente

80% das algas e 60% dos animais marinhos. Por outro lado, a zona boreal americana tem laços mais fortes com o ártico do que a costa britânica. Uma das grandes algas laminárias do ártico chega até a costa do Maine, mas não ocorre no Atlântico Oriental. Por sua vez, uma anêmona ártica ocorre abundantemente no Atlântico Norte Ocidental até a Nova Escócia [Canadá] e em menor número no Maine; porém, do outro lado do oceano, não é vista na Grã-Bretanha, de modo que fica confinada a águas mais frias de latitudes maiores. A ocorrência de muitas espécies, tais como o grande ouriço-do-mar-verde, a estrela-vermelha, o bacalhau e o arenque, são exemplos de uma distribuição circumboreal, que se estende amplamente em torno do topo da Terra e é promovida pela atuação de correntes frias originadas de glaciares em fusão e de gelo à deriva, as quais carregam representantes da fauna setentrional mais para o sul, chegando ao Atlântico Norte e ao Pacífico Norte.

A existência de um elemento comum tão forte entre a fauna e a flora de duas costas do Atlântico Norte sugere que os meios para fazer a travessia são relativamente fáceis. A corrente do Golfo transporta muitos migrantes que deixam as costas marítimas dos Estados Unidos. Porém, a distância até o lado oposto é grande, e a situação se complica se levarmos em conta a curta duração da fase larval da maioria das espécies e a necessidade de se alcançar águas rasas assim que chega a época de assumir a vida de adulto. Nessa parte setentrional do Atlântico, há estações intermediárias no caminho, representadas por cordilheiras submersas, bancos de areia e ilhas, de modo que a longa travessia pode ser dividida em etapas menos árduas. Em períodos geológicos antigos, esses bancos de areia eram ainda mais extensos, de tal sorte que durante longos intervalos de tempo foram possíveis migrações ativas e involuntárias através do Atlântico Norte.

Em latitudes menores, a profunda bacia do Atlântico deve ser cruzada, uma vez que há poucas ilhas e bancos de areia. Mas ali também há alguma transferência de larvas e adultos. Após o soerguimento das ilhas Bermudas por ação vulcânica, toda sua fauna chegou como imigrante, saindo do Caribe, transportada pela corrente do Golfo. Em menor escala, o longo percurso transatlântico também foi levado a efeito. Levando-se em conta as dificuldades, há um número impressionante de espécies do Caribe, idênticas ou estreitamente relacionadas a espécies africanas, tendo chegado à África aparentemente por meio da corrente Equatorial. Entre as variedades envolvidas, incluem-se estrelas-do-mar, camarões, lagostins e moluscos. É lógico assumir que esses casos de longa travessia tenham sido feitos por migrantes adultos, sobre madeira flutuante ou algas à deriva. Nos últimos tempos, tem-se relatado que vários moluscos africanos e estrelas-do-mar chegaram à ilha de Santa Helena por esses meios.

Os registros de paleontologia fornecem evidências de alterações na forma dos continentes e mudanças de fluxo de correntes oceânicas, e os padrões antigos explicam alguns mistérios da atual distribuição de muitas plantas e animais. Em certa época, por exemplo, a região do Caribe tinha comunicação direta, por meio de correntes marítimas, com as águas distantes dos oceanos Pacífico e Índico. Então, uma ponte terrestre foi erguida entre as Américas, a corrente Equatorial redirecionou-se para o leste e criou-se uma barreira à dispersão de seres marinhos. Mas, entre as espécies atuais, encontramos indícios do que tais seres foram no passado. Uma vez, descobri um pequeno e curioso molusco que vivia numa região dominada pela gramínea *Thalassia*, em uma baía tranquila, entre as Ten Thousand Islands da Flórida. Ele tinha o mesmo verde brilhante da gramínea e, embora pequeno, seu corpo era grande demais para a delgada concha, fora da qual ele parecia inchado e desproporcional. Era um caramujo do gênero *Scaphander*, cujos parentes mais próximos habitam o oceano Índico. Nas praias das Carolinas, encontrei aglomerados de tubos calcários secretados por colônias de um pequeno verme de corpo escuro quase desconhecido no Atlântico. Seus parentes também são espécies dos oceanos Pacífico e Índico.

Assim, o transporte e a dispersão a longas distâncias constituem um processo universal, uma expressão da necessidade que a vida tem de alcançar e ocupar todas as partes habitáveis da Terra. Em todas as épocas, esses movimentos são estabelecidos pela forma dos continentes e pelo fluxo das correntes; mas eles nunca são definitivos ou completos.[7]

Numa costa marítima onde a amplitude das marés é grande e sua ação, poderosa, as pessoas conhecem os períodos de elevação e de descida da água com grande precisão de datas e horários. Cada evento recorrente de maré cheia é uma encenação dramática do avanço do mar contra a terra, pressionando o continente até o limite, enquanto as marés baixas expõem à vista um mundo estranho e bizarro. Talvez seja uma ampla planície barrenta, na qual estranhos orifícios, montículos e sulcos fornecem evidência de uma vida oculta alheia ao mundo terrestre; ou en-

7 Na época em que Carson redigiu seu texto, a Teoria da Tectônica de Placas (ou Deriva Continental) não havia adquirido plena aceitação na comunidade científica. Sabe-se atualmente, por exemplo, que a América do Sul e a África compunham um único território que sofreu fragmentação, de modo que as partes resultantes distanciaram-se gradualmente. Essa teoria provavelmente explica algumas distribuições disjuntas comentadas pela autora no presente texto. Comentários detalhados sobre a Teoria da Tectônica de Placas e suas consequências no contexto da obra de Carson encontram-se no Posfácio, escrito por Jeffrey S. Levinton, de *O mar que nos cerca* (São Paulo: Global, 2010), da mesma autora. (NT)

tão pode ser uma planície de algas presas a rochas, prostradas e encharcadas após o mar tê-las abandonado, espalhando uma cobertura protetora sobre toda vida animal que sob elas se refugiam. As marés estimulam ainda mais diretamente o sentido da audição, expressando-se numa linguagem toda sua, distinta da voz das ondas. O som de uma maré ascendente é percebido mais claramente nas costas distantes das fortes ondas do mar aberto. Na quietude da noite, o poderoso ímpeto (embora sem ondas) da maré em elevação cria um confuso tumulto de sons aquáticos – violentos e giratórios, num contínuo golpear contra a margem rochosa da costa. Às vezes, há meias-vozes de murmúrios e sussurros; então, subitamente, todos os sons mais suaves são calados por uma torrencial investida de água.

Nessa margem costeira, as marés moldam a natureza e o comportamento da vida. Duas vezes ao dia, suas subidas e descidas dão a cada criatura que vive entre as linhas alta e baixa da maré uma experiência da vida terrestre. Para os que vivem próximo da linha de maré baixa, a exposição ao sol e ao ar é breve; para aqueles que ficam em locais mais altos na costa, o intervalo de tempo em um ambiente estranho é mais prolongado e exige maior capacidade de resistência. Mas, em toda a área entremarés, o pulso da vida é ajustado ao ritmo do mar. Num mundo que pertence alternadamente ao mar e à terra, os animais marinhos que necessitam de oxigênio dissolvido na água devem encontrar meios de se manter úmidos; os poucos que respiram oxigênio aéreo e que cruzaram a linha da maré alta vindos da terra precisam proteger-se do afogamento, trazendo consigo seu próprio suprimento de oxigênio. Quando a maré é baixa, há pouco ou nenhum alimento para a maioria dos animais da zona entremarés. De fato, os processos vitais essenciais precisam ser conduzidos enquanto a água cobre a região costeira. O ritmo da maré, portanto, reflete-se no ritmo biológico alternante entre atividade e quiescência.

Numa maré cheia, os animais que vivem afundados na areia podem vir à superfície, ou elevar os longos tubos ou sifões respiratórios, ou ainda começar a

Caranguejos-da-lama

Caranguejos-decoradores

bombear água de seus abrigos. Os animais fixados a rochas abrem suas conchas ou estendem seus tentáculos para alimentar-se. Os predadores e os que pastejam movem-se ativamente. Quando a maré desce e leva embora a água, os habitantes da areia recolhem-se para as úmidas camadas profundas, e a fauna das rochas utiliza todos os variados meios de que dispõe para evitar a dessecação. Os vermes que constroem tubos calcários recolhem-se para o interior desses refúgios, obstruindo a entrada com um filamento modificado da brânquia, o qual se ajusta como rolha numa garrafa. As cracas fecham suas conchas, retendo a umidade em torno das brânquias. Os caramujos também se protegem no interior das conchas, fechando o opérculo (semelhante a uma porta) e, assim, evitando a entrada de ar e mantendo na parte interna um pouco da umidade do mar. O anfípode *Gammarus* e a pulga-da-praia protegem-se sob rochas e algas, esperando pela vinda da maré para liberá-los.

Durante todo o mês lunar, do mesmo modo que a lua cresce e míngua, também as marés controladas pela lua têm sua força aumentada ou diminuída, e as linhas das águas altas e baixas alteram-se dia a dia. Após a lua cheia (e, da mesma forma, após a lua nova) as forças que atuam sobre o mar, promovendo as marés, são mais fortes do que em qualquer outro período do mês. Isso se deve ao fato de o sol e a lua estarem perfeitamente alinhados com a Terra, de modo que suas forças de atração se somam. Por razões astronômicas complexas, o maior efeito sobre a maré é exercido num período de vários dias imediatamente após as luas cheia e nova, e não na época que coincide precisamente com essas fases lunares. Durante esses períodos, a maré cheia eleva-se mais alto e a maré baixa cai para um nível mais baixo do que em qualquer outra época. Essas são as chamadas "grandes marés" ou "marés vivas". A expressão[8] não se refere a uma estação específica, mas à abundância de água que jorra num movimento forte, intenso. Ninguém que tenha visto alguma vez uma maré de lua nova lançando-se contra um costão rochoso discordará do termo. Nas fases crescente e minguante, a lua exerce atração em ângulos retos relativamente à atração do sol, de modo que as duas forças interferem-se entre si e os movimentos da maré são mais suaves. A água nem sobe nem desce tanto quanto nas marés vivas. Essas marés mais tranquilas são chamadas de "marés mortas" – uma expressão[9] que remonta a origens escandinavas, cujo significado pode ser traduzido como "pouco perceptíveis" ou "quase insuficientes".

8 A palavra inglesa *spring* coincide com o nome da estação primaveril e também nomeia as nascentes de água. (NE)

9 Em inglês, *neaps*. (NE)

Caranguejos *Paractaea rufopunctata*
"Knobbed crab"

Na costa atlântica da América do Norte, as marés movem-se no chamado ritmo semidiurno, com dois níveis altos e dois baixos em cada período de maré de aproximadamente 24 horas e 50 minutos. Cada descida segue a maré baixa que veio aproximadamente 12 horas e 25 minutos antes, embora ligeiras variações locais sejam possíveis. Um intervalo semelhante, é claro, separa as marés cheias.

A amplitude de marés mostra enormes diferenças ao redor da Terra, e até mesmo na costa atlântica dos Estados Unidos há variações importantes. Há uma subida e uma descida de 30 a 60 centímetros em torno das Florida Keys.[10] Na longa costa atlântica da Flórida, as marés grandes têm uma amplitude de 90 a 120 centímetros, mas, um pouco mais ao norte, entre as Sea Islands da Geórgia, a amplitude é de 2,4 metros. Nas Carolinas e mais para o norte, até a Nova Inglaterra, as marés movem-se com menos força, com altura de 1,8 metro em Charleston (Carolina do Sul), 90 centímetros em Beaufort (Carolina do Norte) e 1,5 metro no cabo May (Nova Jersey). Nantucket Island tem pouca maré, mas na região costeira da baía do cabo Cod, a menos de 45 quilômetros de distância, as marés grandes vão até 3 metros ou mais. A maior parte da costa rochosa da Nova Inglaterra enquadra-se na zona das grandes marés da baía de Fundy. Do cabo Cod até a baía Passamaquoddy, a amplitude das marés varia, mas é sempre expressiva: 3 metros em Provincetown, 3,6 metros em Bar Harbor, 6 metros em Eastport, 6,6 metros em Calais. A combinação de marés fortes e costa rochosa, onde grande parte da vida fica exposta, cria nessa área uma linda demonstração do poder das marés sobre os seres vivos.

Dia após dia essas grandes marés vão e vêm sobre a margem rochosa da Nova Inglaterra e seu progresso através da costa é visivelmente marcado por listras coloridas que correm paralelamente à margem do mar. Essas listras, ou zonas,

10 Arquipélago com mais de 1.500 ilhas, no sudeste dos Estados Unidos. (NT)

são compostas de seres vivos e refletem estágios da maré, pois a duração de tempo em que um nível particular da costa fica descoberto determina, em grande medida, o que pode viver ali. As espécies mais tolerantes vivem nas zonas superiores. Alguns dos mais antigos seres fotossintetizantes da Terra – as algas azul-esverdeadas – embora tenham se originado no mar há muitas eras geológicas, emergiram desse meio líquido para formar marcas escuras nas rochas acima da linha de maré alta, uma zona negra visível nas costas rochosas de todas as partes do mundo. Abaixo dessa região, caramujos em evolução para uma existência terrestre forrageiam na camada de algas ou protegem-se em frestas ou fendas nas rochas. Mas a zona mais nítida começa na linha superior das marés. Numa costa aberta, com ondas razoavelmente fortes, as rochas são embranquecidas por aglomerados de milhões de cracas, imediatamente abaixo da linha de maré alta. Aqui e ali, o branco dá lugar ao azul profundo que marca a presença de mexilhões. Abaixo deles, aparecem as algas – as planícies pardas de vegetação sobre rochas. Em direção à linha de maré baixa, o musgo-irlandês espalha lentamente sua cobertura acolchoada – uma faixa larga, de rica coloração, que não é plenamente exposta pelos morosos movimentos de algumas das marés mortas, mas aparece em todas as grandes marés. Às vezes, o marrom-avermelhado do musgo[11] é manchado pelos emaranhados verdes e brilhantes de outra alga, com populações semelhantes a uma grossa cabeleira. A mais baixa das marés vivas revela outra zona durante a última hora de sua descida: aquele mundo da submaré, onde toda a rocha é ornada com um tom róseo profundo, fornecido por algas secretoras de calcário que a revestem, e as faixas marrons cintilantes das grandes algas laminárias ficam expostas nas rochas.

Esse padrão de comunidade entremarés existe em todas as partes do mundo, com ligeiras variações. As diferenças de um local para outro são relacionadas geralmente à força das ondas e ao fato de uma zona poder ser em grande parte suprimida enquanto outra é passível de se tornar enormemente ampliada. A zona das cracas, por exemplo, alastra seus brancos lençóis por toda a área superior dos locais banhados por ondas pesadas, enquanto a zona das algas que cobrem as rochas nessas regiões é muito reduzida. Se houver proteção contra as ondas, as algas não apenas ocuparão abundantemente as rochas da zona intermediária como invadirão as rochas mais acima, dificultando o crescimento da população de cracas.

Em certo sentido, a verdadeira zona entremarés talvez seja aquela faixa entre as águas altas e as baixas das marés mortas, uma área completamente coberta

11 Na realidade, não se trata de um musgo, mas sim de uma alga vermelha. (NT)

e descoberta durante cada ciclo de maré, ou duas vezes ao dia. Seus habitantes são as algas e os animais costeiros típicos, que requerem algum contato diário com o mar, mas são capazes de suportar uma limitada exposição a condições terrestres.

Acima das águas altas da maré morta, há uma faixa que parece mais terra do que mar. Ela é habitada principalmente por espécies pioneiras, que progrediram bastante no percurso em direção à vida terrestre e podem suportar uma separação do mar por muitas horas ou até muitos dias. Uma espécie de craca coloniza rochas no nível da cheia das marés grandes, alcançado pelo mar em apenas uns poucos dias e noites do mês, durante as maiores marés. Quando o mar retorna, ele traz alimento e oxigênio, e, a seu tempo, carrega as formas jovens para o berçário das águas superficiais; durante esses breves períodos, a craca é capaz de conduzir

todos os processos necessários para sua existência. Porém, ela é novamente abandonada em um estranho mundo terrestre quando a última dessas marés mais altas da quinzena decresce; então, sua única defesa é o firme fechamento das placas de sua concha para reter algo da umidade do mar em seu corpo. Em sua vida, uma atividade intensa e breve alterna-se com longos períodos de um estado quiescente, que se assemelha à hibernação. Do mesmo modo que as plantas do Ártico (que precisam acelerar a produção e o armazenamento de alimento, o desabrochar das flores e a formação de sementes, tudo isso durante um período de poucas semanas durante o verão), essa craca ajustou drasticamente seu modo de vida, conseguindo, assim, sobreviver sob condições extremamente severas.

Uns poucos animais avançaram para cima da linha de águas altas das marés grandes, chegando à zona onde a única forma de umidade salgada é o borrifo resultante da arrebentação. Entre esses pioneiros incluem-se os caramujos litorinídeos. Uma das espécies caribenhas desse animal é capaz de viver meses fora do mar. Outra espécie, nativa da Europa, aguarda pelas ondas das marés grandes para depositar ovos no mar; todas as suas atividades são independentes da água, exceto a reprodução.

Abaixo do nível das águas baixas das marés mortas está a área que fica exposta apenas quando a oscilação das marés desce mais e mais, aproximando-se do nível baixo das marés grandes. De todas as zonas entremarés, essa é a que tem ligação mais estreita com o mar. Muitos de seus habitantes vêm de regiões distantes da costa e são capazes de viver nessa região apenas por causa da brevidade e da infrequência da exposição ao ar.

A relação entre as marés e as zonas de vida é clara, mas os animais adaptaram suas atividades ao ritmo das marés de muitas outras maneiras menos óbvias, algumas das quais parecem estar ligadas à utilização mecânica do movimento da água. A larva da ostra, por exemplo, usa o fluxo das marés para ser carregada a áreas favoráveis à adesão. Ostras adultas vivem em baías, canais ou estuários de rios, em vez de habitarem locais com a plena salinidade do oceano. Dessa forma, é vantajoso para as fases jovens da espécie que elas não se dispersem na direção do mar aberto. Assim que ocorre a eclosão dos ovos, as larvas vagueiam passivamente, carregadas pelas correntes de maré, ora em direção ao mar, ora para as águas de estuários ou baías. Em muitos estuários, a maré baixa atua por mais tempo do que a cheia, de modo que sua força é intensificada pelo impulso e pelo volume das águas do rio, do que resulta um forte empuxo em direção ao mar durante o período de duas semanas de vida da larva, empuxo esse que pode carregar as formas larvais muitos quilômetros mar adentro. No entanto, uma drástica mudança de comportamento se instala quando as larvas crescem. Nesse período, enquanto a maré está baixando, elas migram para o fundo, evitando o empuxo da água em direção ao mar. Com o retorno da maré cheia, elas sobem até as correntes que se lançam rio acima e as carregam para regiões de menor salinidade, mais propícias para a vida adulta.

Outras espécies ajustam o ritmo de desova a fim de proteger as formas jovens do risco de serem carregadas para águas desfavoráveis. Um dos vermes formadores de tubos que vivem na zona da maré, ou próximo a ela, evita os fortes movimentos das marés grandes. As larvas são liberadas no mar nas quinzenas de maré morta, quando os movimentos da água são relativamente morosos; os vermes jovens, que possuem uma fase natante muito breve, têm, então, boas chances de permanecer dentro da zona costeira mais favorável.

Há outros efeitos das marés, alguns misteriosos e intangíveis. Às vezes, a desova é sincronizada com as marés de um modo que sugere uma resposta a mudanças de pressão ou à diferença entre água parada e água fluente. Um molusco muito simples, chamado quíton, desova em Bermudas quando a maré baixa ocorre de manhã bem cedo, o que significa que o retorno do mar se dará logo após o nascer do sol. Tão logo os quítons se acham cobertos de água, eles desovam. Uma das nereidas do Japão desova apenas durante as marés mais fortes do ano, perto da lua nova ou cheia de outubro ou novembro, provavelmente estimulada de algum modo pela amplitude dos movimentos da água.

Muitos outros animais pertencentes a grupos muito distantes, dentro da diversidade da vida marinha, desovam de acordo com um ritmo definitivamente fixado, que pode coincidir com a lua cheia, a lua nova ou qualquer um de seus quartos intermediários. Mas não se sabe se o efeito é produzido pela alteração na pressão das marés ou pela mudança de luminosidade da lua. Por exemplo, há um ouriço-do-mar das Tortugas que desova na noite de lua cheia e aparentemente só

Ostras

nesse período. Qualquer que seja o estímulo para tanto, todos os indivíduos da espécie respondem a ele, garantindo a liberação simultânea de um imenso número de células reprodutivas. Na costa da Inglaterra, um hidroide com aparência de planta, produtor de pequenas medusas, libera-as durante o terceiro quarto lunar. Em Woods Hole, na costa de Massachusetts, uma espécie de marisco desova abundantemente entre a lua cheia e a lua nova, mas evita o primeiro quarto lunar. Em Naples, um verme do grupo das nereidas reúne-se em enxames nupciais durante os quartos lunares, mas nunca quando a lua é cheia ou nova; um verme próximo, habitante de Woods Hole, não mostra tal correlação, embora seja exposto à mesma lua e a marés mais fortes.

Em nenhum desses exemplos podemos nos assegurar de que o animal está respondendo às marés ou, como fazem estas, à influência da lua. Com as algas, no entanto, a situação é diferente; aqui e ali, encontramos confirmação científica da antiga e mundialmente dispersa crença do efeito lunar sobre a vegetação. Várias evidências sugerem que a rápida multiplicação das diatomáceas e de outros grupos de algas planctônicas está relacionada às fases da lua. Certas algas no plâncton de rios atingem o pico de sua abundância na lua cheia; uma das algas pardas da costa da Carolina do Norte libera suas células reprodutivas apenas durante essa mesma lua. Comportamento semelhante tem sido observado em outras algas marinhas no Japão e outras partes do mundo. Essas reações têm sido explicadas geralmente como efeito da variação na intensidade da luz polarizada sobre o protoplasma.

Outras observações sugerem alguma conexão entre as algas e a reprodução e o crescimento de animais. Arenques em rápida maturação reúnem-se em torno de concentrações de algas planctônicas, embora seus adultos plenamente desenvolvidos possam evitá-las. Adultos em fase de desova, ovos e formas jovens de várias outras criaturas marinhas ocorrem mais frequentemente em meio a denso fitoplâncton do que em partes esparsas. Durante importantes experimentos, um cientista japonês descobriu que poderia induzir ostras a desovar com um extrato obtido de alface-do-mar. Além de esta alga produzir uma substância que influencia o crescimento e a multiplicação de diatomáceas, ela própria é estimulada a reproduzir-se pelo efeito de água recolhida da vizinhança composta por densas populações de algas sobre rochas.

Por se tratar de um assunto que só muito recentemente se caracterizou como uma das fronteiras da Ciência, as informações sobre o tema da presença das chamadas "substâncias exócrinas" (secreções externas ou produtos do metabolismo) na água do mar são incoerentes e muito especulativas. Parece, no entanto, que estamos próximos da resolução de alguns dos enigmas que têm perturbado a mente humana durante séculos. Embora o assunto resida nas margens nebulosas do conhecimento progressivo, quase tudo o que no passado se aceitava sem contestação, assim como problemas considerados insolúveis, merecem agora reflexão à luz da descoberta dessas substâncias.

No mar, há muitas idas e vindas misteriosas, tanto no tempo quanto no espaço. Exemplos são os movimentos das espécies migratórias e o estranho fenômeno da sucessão (por meio do qual, em uma única área, uma espécie aparece em profusão, expande-se por certo tempo e então desaparece, apenas para ter seu território tomado por outra espécie, e depois por outra, como atores num espetáculo que se desenrola diante de nossos olhos. Há ainda outros mistérios. O fenômeno das "marés vermelhas" (em que o mar muda de cor em virtude da extraordinária multiplicação de diminutos seres, frequentemente dinoflagelados) é conhecido desde os tempos remotos, repetindo-se sucessivamente até a época atual. Essas marés têm efeitos colaterais desastrosos, como a mortalidade em massa de peixes e invertebrados. Existe também o problema dos movimentos curiosos e aparentemente erráticos de peixes que se dirigem para determinadas áreas e se afastam de outras, fato que amiúde tem nítidas consequências econômicas. Quando a chamada "água atlântica" invade a costa ao sul da Inglaterra, o arenque torna-se abundante na região dos pesqueiros de Plymouth, certos animais planctônicos característicos ocorrem em profusão e populações de algumas espécies de invertebrados expandem-se na zona entremarés. Quando, no entanto, essa água é substituída por água do canal da Mancha, o elenco de personagens sofre muitas mudanças.

Com a descoberta do papel biológico desempenhado pela água do mar e por tudo o que ela contém, podemos chegar perto do entendimento desses velhos mistérios. Com efeito, agora está claro que nada no mar vive isoladamente. A própria água é alterada – em sua natureza química e em sua capacidade de influenciar os processos vitais – pelo fato de certas espécies viverem nela e para ela transferirem novas substâncias capazes de provocar efeitos a grandes distâncias. Assim, o presente está ligado ao passado e ao futuro, e cada ser vivo conecta-se com tudo o que está ao seu redor.

As margens rochosas

NOS MOMENTOS EM que a maré está alta numa costa rochosa e sua plenitude transbordante avança até quase as murtas e os zimbros mais próximos do mar, pode-se facilmente supor que absolutamente nada viveu nessas águas da costa marinha ou sob elas. Afinal, nada se vê ali, exceto um pequeno grupo de gaivotas nas redondezas, pois nas marés altas essas aves ficam sobre as saliências das rochas, livres das ondas e dos borrifos. Ali, elas enfiam seus bicos amarelos sob as penas e cochilam durante as horas da maré crescente. Nesse período, todas as criaturas das rochas na zona das marés estão ocultas, mas as gaivotas sabem que aqueles seres estão ali e que a água irá baixar, permitindo acesso à faixa entre as linhas das marés.

Quando a maré está se erguendo, a costa é um local de agitação, com o ímpeto das águas golpeando até acima das rochas protuberantes e, às vezes, empurrando caprichosas cascatas de espuma sobre as grandes pedras fixadas em terra firme. Mas, na maré baixa, a costa é mais tranquila, pois as ondas não trazem consigo a pressão da maré invasora. Não há nenhuma perturbação particular quando do regresso da maré; apenas uma zona de umidade aparece sobre as cinzentas escarpas rochosas, e, longe da costa, as grandes ondas começam a agitar-se e a arrebentar sobre as ocultas elevações do fundo do mar. Em breve, as rochas que a maré alta tinha escondido ficarão visíveis e cintilarão com a umidade deixada sobre elas pelas águas retirantes.

Esquálidos caramujos movem-se sobre rochas tornadas escorregadias pela presença maciça de pequeníssimas algas; eles batalham sem parar para encontrar alimento antes que as ondas retornem.

Semelhantes a porções antigas de neve que deixaram de ser brancas, as cracas tornam-se visíveis; elas recobrem as rochas e os pilares de madeira e seus afiados cones espalham-se sobre conchas vazias de mexilhões, boias de armadilhas para lagosta e pedúnculos de grandes algas submersas. Agora todos eles são resíduos que se misturam entre os destroços da maré.

Planícies de algas pardas aparecem sobre suaves colinas de rochas costeiras quando a maré imperceptivelmente começa a baixar. Pequenas manchas verdes de algas, filamentosas como cabeleira de sereia, começam a tornar-se esbranquiçadas e de aspecto enrugado quando secas pelo sol.

Agora, as gaivotas que descansavam sobre as rochas mais altas caminham com ar de muita seriedade acompanhando as paredes rochosas. As aves fazem minuciosas sondagens sob as cortinas pendentes de algas, em busca de caranguejos e ouriços-do-mar.

Nos locais mais baixos, pequenas poças e valas são deixadas onde a água goteja ou precipita-se em pequenas cascatas. Em muitas das sombrias cavernas situadas entre as rochas, e sob elas, veem-se pisos espelhados refletindo delicadas criaturas que evitam a luz do sol e o choque das ondas: são flores de coloração bege-clara de pequenas anêmonas e róseos dedos de corais, pendentes do teto rochoso.

Na placidez do mundo das piscinas naturais sob as rochas mais abaixo, intocadas pelo tumulto das ondas que avançam sobre a costa, caranguejos caminham de lado, seguindo as paredes e mantendo suas quelas ocupadas em tocar, sentir e explorar o local em busca de pequenas porções de alimento.

As piscinas são jardins de cores que percorrem o delicado verde e o amarelo-ocre das esponjas incrustadas, o rosa pálido dos hidroides que parecem feixes de flores primaveris, o bronze e o brilhante azul-neon dos musgos-irlandeses e a beleza do rosa envelhecido das algas coralinas.

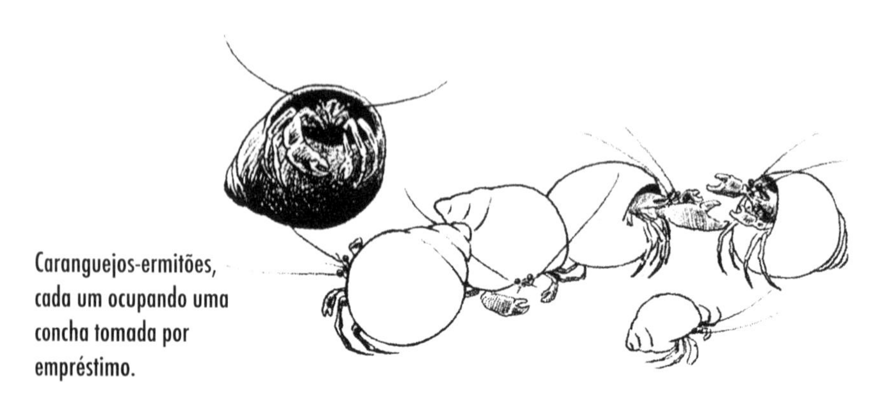

Caranguejos-ermitões, cada um ocupando uma concha tomada por empréstimo.

E, pairando sobre tudo, há o aroma da maré baixa, composto pelo débil e penetrante cheiro de vermes, caramujos, medusas e caranguejos, o aroma sulfurino das esponjas, o cheiro iodado das algas que se instalam nas rochas e o odor salino da geada que cintila sobre as pedras atingidas pelo sol.

Uma de minhas formas favoritas de chegar a uma costa litorânea rochosa é por um acidentado caminho através de uma floresta sempre-verde que tem seu encanto peculiar. Geralmente, é uma maré madrugadora que me motiva a seguir pela trilha na floresta, num cenário em que a luz ainda está pálida e um nevoeiro chega do mar um pouco além. É quase uma floresta fantasma, pois, entre os abetos e bálsamos, há muitas árvores mortas – algumas ainda eretas, outras inclinadas para o leste, outras caídas sobre o chão. Todas as árvores, as vivas e as mortas, são revestidas com crostas verdes e prateadas de liquens. Tufos de barba-de-velho pendem dos ramos, como se pedacinhos de nevoeiro do mar tivessem sido ali aprisionados. Musgos verdes da floresta e um espesso tapete de musgo-de-rena forram o chão. Na quietude daquele local, até a voz das ondas é reduzida a um eco sussurrante; os barulhos da floresta são apenas fantasmas de sons – a fraca respiração das coníferas perenes, que acompanha a movimentação do ar; os rangidos e pesados gemidos de árvores semitombadas apoiadas em suas vizinhas, com a casca de uma atritando-se à de outra; o leve crepitar de um ramo morto, que se parte sob os pés de um esquilo e em seguida despenca, ricocheteando no solo.

Então, finalmente, o caminho emerge da obscuridade da floresta fechada e chega a um local onde o som das ondas eleva-se acima dos sons da floresta – o profundo estrondo do mar, rítmico e insistente, que se choca contra as rochas, ora afastando-se, ora aproximando-se.

Ao longo da costa, a linha irregular da floresta destaca-se nítida e clara, em contraste com a paisagem de ondas marinhas, céu e rochas. A suavidade do nevoeiro marinho embaça os contornos das rochas; água e neblina cinzentas mesclam-se no mar distante da orla, num opaco e brumoso ambiente que poderia ser o mundo da criação, agitado pela vida recém-formada.

A sensação de novidade é mais do que uma ilusão originada da luz do alvorecer e da neblina, pois esta é, incontestavelmente, uma jovem região costeira. Considerando-se o tempo de vida da Terra, é como se o mar tivesse chegado ontem, invadindo a costa, preenchendo os vales e elevando-se sobre as colinas das montanhas, criando, assim, esses litorais escarpados, onde rochas emergem do mar e florestas perenes chegam até a margem rochosa. Um dia, essa orla fora muito parecida com a antiga terra mais ao sul, onde a natureza da costa pouco mudou durante os milhões de anos que se passaram desde que o mar, o vento e a chuva criaram suas areias, moldando-as em dunas e praias e, mar adentro, em barras e bancos de areia. A costa setentrional também tinha sua planície costeira envolta por amplas praias de areia. Atrás destas, havia uma paisagem de montanhas rochosas, alternada com vales desgastados por cursos d'água, aprofundados e esculpidos por glaciares. As montanhas eram formadas de gnaisse e outras rochas cristalinas resistentes à erosão; as planícies se estabeleceram em leitos de rochas mais frágeis, como arenito, xisto e marga.

Então, o cenário mudou. Em algum local perto de Long Island, a flexível crosta da Terra dobrou-se para baixo, sob o peso de um imenso glaciar. As regiões que conhecemos como Maine oriental e Nova Escócia foram pressionadas para dentro da terra; algumas áreas afundaram até 3.600 metros abaixo do nível do mar. Toda a planície costeira setentrional foi alagada. Algumas de suas partes mais elevadas são agora baixios distantes da costa, bancos pesqueiros ao largo da Nova Inglaterra e das costas canadenses – Georges, Browns, Quereau, Grand Bank. Nenhum permanece sobre o mar, exceto aqui e ali uma montanha alta e solitária, como a atual ilha de Monhegan, que em épocas antigas provavelmente sobressaía na planície costeira como uma colina isolada.

Nas regiões em que as escarpas montanhosas e os vales ficavam em ângulo em relação à costa, o mar avançou, cobriu parte das colinas e ocupou os vales. Essa foi a origem da costa profundamente indentada e extremamente irregular que caracteriza grande parte do Maine. Os longos e estreitos estuários dos rios Kennebec, Sheepscot e Damariscotta – e de muitos outros – fluem dentro do continente por muitos quilômetros. Esses rios de água salgada, agora braços de mar, são os vales inundados nos quais gramíneas e árvores cresciam durante o "ontem" geológico. As escarpas florestadas entre esses vales provavelmente se pareciam muito com o que elas são hoje. No mar aberto, cadeias de ilhas avançam obliquamente mar adentro, uma após outra – são elevações semissubmersas de antigas massas continentais.

Por outro lado, nos locais onde o litoral é paralelo às grandes escarpas rochosas, a linha costeira é mais suave, com poucos entalhes. As chuvas de séculos passados abriram apenas curtos vales nos flancos das montanhas graníticas; quando o mar se elevou, criaram-se umas poucas baías, curtas e largas, em vez de longas e sinuosas. Uma costa como essa ocorre tipicamente no sul da Nova Escócia e também pode ser vista na região do cabo Ann, em Massachusetts, onde os cinturões de rocha resistente curvam-se para o leste ao longo da orla. Em um litoral assim, as ilhas, onde ocorrem, ficam paralelas à linha costeira, em vez de avançarem ousadamente no mar aberto.

Avaliando-se os eventos geológicos, conclui-se que tudo isso ocorreu de modo relativamente rápido e súbito, sem tempo para um ajuste gradual da paisagem; e aconteceu bem recentemente, de modo que a atual relação entre a terra e o mar talvez tenha sido atingida há não mais de dez mil anos. Na cronologia da Terra, uns poucos milhares de anos nada representam, e, em um período tão breve, as ondas prevaleceram pouco contra as rígidas rochas, de cuja cobertura o lençol de gelo do período glacial removeu o antigo solo e as pequenas pedras soltas. Por esse motivo, são bem poucos os entalhes profundos que as ondas deixaram nas rochas; contudo, é certo que, com o tempo, essas marcas surgirão nos costões.

Em sua maior parte, a aspereza dessa costa é a mesma das próprias montanhas. Nada há nas formações entalhadas pelas ondas que permita distinguir os costões antigos das encostas constituídas de rochas mais brandas. Em uns poucos e excepcionais lugares, o trabalho das ondas pode ser visto. A costa meridional de Mount Desert Island é exposta ao choque pesado das ondas; ali, elas cortaram a Anemone Cave e estão trabalhando no Thunder Hole, golpeando o teto da pequena caverna, no interior da qual rugem durante a maré alta.

Em alguns locais, o mar lava a base de um íngreme costão produzido pelo efeito cortante da pressão da terra ao longo de linhas de falha. Encostas em Mount Desert – Schooner Head, Great Head e Otter – alçam-se 30 metros ou mais acima do nível do mar. Seria possível assumir que tais estruturas tão imponentes fossem resultantes do trabalho de entalhe feito por ondas, caso não conhecêssemos a história geológica da região.

Nas regiões costeiras do cabo Breton Island e de New Brunswick, a situação é muito diferente, e exemplos de avançada erosão marinha ocorrem em abundância. Ali, o mar está em contato com planícies de rochas mais frágeis, formadas no Período Carbonífero. Essas costas têm pequena resistência ao poder erosivo das ondas. O quebradiço arenito e as rochas conglomeradas estão sendo desgastados a um ritmo médio anual de 12 a 15 centímetros ou, em alguns locais, de até 1 metro. Colunas marinhas, cavernas, chaminés e arcos são formações comuns em litorais desse tipo.

Na margem predominantemente rochosa da Nova Inglaterra, aqui e ali se encontram pequenas praias de areia, seixos e cascalhos, todos eles com origem diversa. Alguns proveem de detritos glaciais que cobriam a superfície rochosa quando a terra dobrou-se e o mar avançou. Cascalhos e seixos frequentemente são trazidos de locais profundos do mar por algas que neles se fixam firmemente com seus apressórios. Então, ondas de tempestade então deslocam algas e pedras e lançam-nas na margem costeira. Mesmo sem a ajuda das algas, as ondas carregam um volume considerável de areia, pedregulhos, fragmentos de conchas e pedras maiores. Essas praias ocasionais de areia e seixos estão quase sempre em costas protegidas, geralmente em enseadas, onde as ondas podem depositar detritos, mas são incapazes de removê-los dali.

Nas costas rochosas entre a linha escarpada de abetos e as ondas, quando o nevoeiro matutino encobre as luzes dos faróis, os barcos pesqueiros e todos os sinais de presença humana, ele confunde também a sensação do tempo; então, pode-se facilmente imaginar ter sido ontem que o mar chegou ali para criar essa particular linha litorânea. No entanto, as criaturas que habitam as rochas entremarés tiveram tempo para ali estabelecerem-se, substituindo a fauna das praias de areia e lama que provavelmente margeavam a antiga orla. Oriundas do mesmo mar que se ergueu sobre a costa setentrional da Nova Inglaterra, alagando a planície costeira e avançando até os rígidos planaltos, vieram as larvas dos habitantes das rochas – larvas que cegamente vagueavam nas correntes oceânicas, prontas para colonizar qualquer local terrestre adequado que estivesse em seu trajeto, ou então morrer, se tal local não existisse.

Embora ninguém tenha registrado a chegada do primeiro colonizador, nem acompanhado a posterior sucessão de seres vivos, podemos fazer uma conjetura confiável sobre os pioneiros da ocupação dessas rochas e as espécies que vieram depois. O mar invasor deve ter trazido larvas e indivíduos jovens de muitos animais costeiros, mas apenas aqueles capazes de encontrar alimento puderam sobreviver no novo local. No início, o único alimento disponível era o plâncton, o qual vinha em aglomerados renovados a cada maré que lavava as rochas costeiras. Os primeiros habitantes permanentes devem ter sido filtradores de plâncton, como as cracas e os mexilhões, que requerem pouco mais que um substrato firme a que possam aderir-se. Ao redor dos brancos cones das cracas e das escuras conchas dos mexilhões, ou mesmo em meio a esses cones e conchas, é provável que os esporos de algas tenham se estabelecido, de modo que uma viva camada verde tenha começado a se espalhar sobre as rochas superiores. Então, poderiam vir os seres que pastejam – pequenas multidões de caramujos que laboriosamente raspam as rochas com suas afiadas línguas, removendo a cobertura quase invisível formada por minúsculas células de algas. Apenas após o estabelecimento dos filtradores de plâncton e dos caramujos que pastam sobre as rochas é que os carnívoros poderiam estabelecer-se e sobreviver. Predadores como o *Nucella lapillus*, as estrelas-do-mar e muitos caranguejos e vermes devem, então, ter chegado relativamente tarde a essa costa rochosa. Mas todos estão lá agora, vivendo em zonas horizontais criadas pelas marés, ou em pequenos abrigos ou comunidades estabelecidas pela necessidade de se proteger contra as ondas, encontrar alimento ou esconder-se de inimigos.

O padrão de vida exposto diante de mim quando concluo o caminho que passa pela floresta é característico das costas expostas. Da margem da floresta de abetos até as escuras comunidades de sargaços, a vida terrestre gradualmente converte-se em vida marinha, talvez de modo menos abrupto do que se esperaria, visto que a unidade primordial é evidente nos vários laços que unem as duas formas de vida.

Os liquens vivem na floresta acima do mar, na silenciosa e intensa tarefa de fragmentar as rochas, como todos os representantes de sua espécie vêm fazendo há milhões de anos. Alguns deixam a floresta e avançam sobre as rochas nuas, em direção à linha de maré; uns poucos vão mais adiante, tolerando uma submersão periódica pelo mar, de modo que podem operar sua singular magia nas rochas da zona entremarés. Em meio à umidade das manhãs nevoentas, os liquens papulosos que cobrem as colinas rochosas voltadas para o mar são como mantos feitos de um couro delgado, maleável e verde. Mas, ao meio-dia, sob o sol dessecante, ele se torna escuro e quebradiço, fazendo que as rochas pareçam estar soltando uma delgada camada externa. Crescendo sob o borrifo salino, os liquens no costão espalham a sua cor laranja sobre os paredões e até sobre a face continental das grandes pedras que são visitadas pelas marés mais altas de cada lua. Escamas de outros liquens, de cor esverdeada, enroladas e torcidas em formas bizarras, elevam-se na superfície das rochas mais abaixo. De sua base, saem formações filamentosas que pressionam os minúsculos espaços entre partículas de pedra, liberando uma secreção ácida que vai desfazendo a rocha. À medida que os filamentos absorvem umidade e incham, finos grãos de pedra se desprendem, contribuindo para a criação de solo a partir de rochas.

Abaixo da margem da floresta, a rocha é branca, cinzenta ou acastanhada, de acordo com sua natureza mineral. Ela é seca, instala-se na terra e, exceto por uns poucos insetos e outros animais terrestres que a percorrem em direção ao mar, mostra-se carente de vida. Mas logo acima da área que claramente pertence ao mar, a rocha exibe uma estranha mudança de cor, sendo fortemente marcada com negras listras, manchas ou faixas contínuas. Nada sugere que essa zona negra contenha vida; alguém diria que se trata de uma mancha escura ou, no máximo, uma rugosidade aveludada na superfície da rocha. No entanto, trata-se, de fato, de uma densa população de algas. As espécies que a compõem às vezes incluem os pequenos liquens, outras vezes, uma ou mais algas verdes; mas o que predomina numericamente são as algas azul-esverdeadas, que estão entre os mais antigos seres fotossintetizantes da Terra. Alguns desses organismos ficam sob coberturas viscosas que os protegem da dessecação e permitem-lhes suportar longas exposições ao sol e ao ar. Todos são tão diminutos que não se consegue vê-los individualmente. Seus revestimentos gelatinosos e o fato de toda a área receber o borrifo das ondas em arrebentação tornam essa entrada para o mundo marinho tão escorregadia quanto o mais liso gelo.

A zona negra da costa marinha tem um significado que sobrepõe seu monótono e inóspito aspecto – um significado obscuro, elusivo e infinitamente estimulante. Em qualquer local em que as rochas encontram o mar, as microalgas registraram ali sua escura inscrição, uma mensagem apenas parcialmente legível, embora pareça de algum modo estar relacionada com a universalidade das marés e dos oceanos. Embora outros elementos do mundo entremarés possam chegar e partir, essa mancha negra é onipresente. As algas que se instalam em rochas, as cracas, os caramujos e os mexilhões aparecem e desaparecem na zona delimitada pelas marés alta e baixa, de acordo com a natureza mutável de seu mundo, mas as inscrições negras das microalgas estão sempre lá. Vendo-as nas costa do Maine, lembro-me de como elas enegreceram também a costa de corais de Key Largo, tingiram a suave plataforma de mexilhões *Donax* em St. Augustine e deixaram marcas nos píeres de concreto em Beaufort. É assim em todo o mundo – da África do Sul até a Noruega, das Aleutianas até a Austrália. Esse é o símbolo do encontro entre a terra e o mar.

Uma vez abaixo da escura camada, começo a procurar a primeira das criaturas marinhas que avançam em direção à terra e a encontro em fissuras e fendas nas altas rochas: ali está o menor dos caramujos litorinídeos, o caracol-bravo. Os mais jovens são tão pequenos que preciso de minha lupa de mão para vê-los com clareza. Entre as centenas de indivíduos que lotam essas fendas e depressões, percebo uma gradação de tamanhos, desde os menores até os de 13 milímetros. Se fossem seres marinhos com hábitos comuns, eu imaginaria que esses pequenos caramujos constituem formas jovens provenientes de alguma colônia distante, que teriam chegado vagueando como larvas, após passarem um período no mar. Mas o caracol-bravo não manda seus indivíduos jovens para o oceano; em vez disso, ele é uma espécie vivípara, e seus ovos, cada um dentro de um envoltório protetor, são retidos pela mãe enquanto se desenvolvem. O conteúdo do envoltório alimenta o jovem caracol até que ele finalmente eclode através da cápsula do ovo e emerge do corpo da mãe, já como uma criatura completa, com concha formada, no tamanho aproximado de um grão de café finamente moído. Um animal com dimensões tão reduzidas poderia facilmente ser levado pelas ondas para o mar aberto; desse risco resulta, sem dúvida, o hábito de ocultar-se em fendas e em conchas vazias de cracas, onde frequentemente os encontro em grande número.

Porém, no nível em que a maioria dos caracóis-bravos vive, o mar chega apenas nas quinzenas de marés grandes. Nos intervalos entre essas marés, o borrifo que se dispersa pelo ar após a arrebentação das ondas é o único contato desses animais com a água. Enquanto as rochas estão totalmente úmidas com o borrifo, os caracóis podem passar grande parte do tempo expostos, alimentando-se e frequentemente explorando as regiões bem acima, na zona negra. As microalgas que criam a camada escorregadia sobre as rochas são o seu alimento; como todos os caramujos de seu grupo, os caracóis-bravos são herbívoros. Eles alimentam-se raspando as rochas com um órgão peculiar, provido de muitas fileiras de afiados dentes calcários. Esse órgão, a rádula, é uma fita contínua que se situa na base da faringe. Ao ser desenrolada, ela atinge várias vezes o comprimento do animal; entretanto, em geral fica estreitamente enrolada como uma mola de relógio. A rádula propriamente dita consiste de quitina, substância que compõe as asas dos insetos e a carapaça das lagostas. Os dentes presos na fita são arranjados em várias centenas de fileiras (em outra espécie, o borrelho, o total de dentes pode chegar a 3.500). Durante a raspagem das rochas os dentes se desgastam, e, quando já estão bem curtos, um suprimento praticamente infinito de outros deles pode ser disponibilizado ao se desenrolar a rádula.

Há desgaste também das rochas. Durante décadas e séculos, uma grande população de litorinídeos raspando as rochas em busca de alimento tem um efeito erosivo considerável, removendo a superfície, grão após grão, e aprofundando as piscinas naturais deixadas pelas marés baixas. Numa piscina natural observada durante dezesseis anos por um biólogo da Califórnia, litorinídeos rebaixaram o chão em cerca de 9 milímetros. A chuva, a geada e as inundações – principais forças erosivas da terra – operam aproximadamente nessa escala.

Littorina obtusata

Além de alimentarem-se nas rochas entremarés enquanto aguardam o retorno das ondas, os litorinídeos dependem do decurso do tempo para avançarem no processo de transição para a vida terrestre. Todos os caramujos que agora vivem na terra vieram de uma ancestralidade marinha; seus antecedentes passaram, em alguma época, por uma transição da costa marinha para o continente. Os caramujos litorinídeos estão agora em meio a essa transição. Nas estruturas e nos hábitos das três espécies encontradas na costa da Nova Inglaterra, pode-se ver claramente as fases evolutivas pelas quais uma criatura marinha é convertida num habitante da terra. A *Littorina obtusata* é um caramujo ainda preso ao mar que suporta apenas um curto período de exposição ao ar. Na maré baixa, ela permanece junto aos úmidos filamentos de sargaços. O borrelho costuma viver nos locais em que é apenas brevemente submerso pela maré cheia. Ele ainda desova no mar e, por isso, não está pronto para a vida terrestre. O caracol-bravo, porém, rompeu a maioria dos laços que tendem a confiná-lo ao mar e já é quase um animal da terra. Ao tornar-se vivíparo, ele abandonou a dependência do mar para reproduzir-se. É agora capaz de crescer e multiplicar-se no nível das águas altas das marés grandes porque, diferentemente dos outros litorinídeos dos níveis inferiores, possui uma cavidade branquial bem suprida de vasos sanguíneos e que funciona quase como um pulmão, permitindo-lhe respirar o oxigênio do ar. A submersão constante lhe é, na verdade, fatal, e, na presente fase de sua evolução, ele pode suportar até 31 dias de exposição ao ar seco.

Um pesquisador francês verificou que o caracol-bravo apresenta o ritmo das marés impresso em seu padrão de comportamento, de modo que ele "se lembra" da alternância de subidas e descidas da água mesmo quando não está exposto a ela. O caracol é mais ativo durante as visitas quinzenais das marés grandes às rochas que habita; mas, nos intervalos sem água, ele se torna progressivamente mais indolente e seus tecidos sofrem certa dessecação. Com o retorno das marés grandes, o ciclo é invertido. Quando levado a um laboratório, o caracol reproduz por muitos meses o comportamento que adota em seu ambiente natural, diante dos avanços e retiradas do mar.

Nessa margem exposta da Nova Inglaterra, os animais mais visíveis da zona de maré alta são as bolotas-do-mar, que só não suportam as ondas mais violentas. Nesta região, as algas das rochas são tão solapadas pela ação das ondas que nem competem por espaço, de modo que as bolotas ocuparam quase toda a parte mais alta da costa, exceto os espaços em que os mexilhões conseguem se fixar.

Na maré baixa, as rochas cobertas por cracas parecem uma paisagem mineral, entalhada e esculpida de forma a criar milhões de pequenos cones pontiagudos. Não há movimento, nenhum sinal ou sugestão de vida. As conchas pétreas, como as dos moluscos, são de calcário, secretadas pelos invisíveis animais em seu interior. Cada concha em forma de cone consiste em seis placas perfeitamente ajustadas, formando um anel circundante. Uma porta de cobertura, constituída por quatro placas, fecha-se para proteger o animal contra a dessecação quando da maré baixa, ou abre-se para permitir que ele se alimente. As primeiras ondas da maré trazem os petrificados campos de volta à vida. Então, quem ficar em pé ali, com água até o tornozelo, e observar atentamente perceberá pequenas sombras agitando-se sobre as rochas submersas. Sobre cada um dos cones, algo semelhante a uma pluma é regularmente alçado para cima e recolhido para dentro da porta ligeiramente aberta no centro da concha: são os movimentos rítmicos que possibilitam à craca recolher diatomáceas e outras formas de vida microscópica trazidas pelo mar que retorna.

A criatura no interior de cada concha é algo como um camarãozinho róseo que fica com a cabeça para baixo, firmemente preso à base de sua câmara, que ele não pode abandonar. Apenas os apêndices são expostos – seis pares de finos filamentos ramificados, unidos e munidos de cerdas. Atuando em conjunto, eles formam uma rede de grande eficiência.

A craca pertence ao grupo dos artrópodes conhecidos como crustáceos, que são numerosos e bem diversificados; o grupo inclui camarões, lagostas, caranguejos, pulgas-d'água (*Daphnia*), artêmias e pulgas-da-areia (*Talitrus*). Porém, as cracas diferem dos demais por viverem fixadas ao substrato e serem sedentárias. Quando e como elas assumiram tal modo de vida é um dos enigmas da zoologia. As formas de transição foram perdidas em algum período nebuloso do passado. Pálidas sugestões de um modo de vida similar, como a espera em lugar fixo pela vinda do mar com o alimento, são encontradas entre os anfípodes, outro grupo de

Cracas

crustáceos. Alguns deles tecem pequenas teias ou casulos de seda natural e fibras de algas; embora sejam livres para ir e vir, eles despendem boa parte de seu tempo abrigados ali, recolhendo o alimento que vem com as correntes. Um anfípode da costa do Pacífico penetra em colônias do tunicado *Aplidium stellatum*, escavando para si uma câmara no rígido e translúcido material de seu hospedeiro. No interior dessa escavação, ele orienta as correntes de água do mar sobre o seu corpo e extrai o alimento.

Apesar de as cracas terem se tornado o que são hoje, seus estágios larvais claramente proclamam sua ancestralidade crustácea, embora os antigos zoólogos as classificassem como moluscos, em virtude de suas duras conchas. Os ovos desenvolvem-se no interior da concha dos pais e eclodem no mar como leitosas nuvens de larvas. (A zoóloga inglesa Hilary Moore, após estudar as cracas na ilha de Man, estimou em um trilhão de larvas a produção anual em uma área de um pouco mais do que 1,6 quilômetro de mar costeiro.) A vida da larva estende-se por aproximadamente três meses no desenvolvimento da craca, com várias mudas e transformações em sua forma. De início, a larva é um pequeno ser natante chamado *náuplio*, indistinguível das formas larvais de todos os outros crustáceos. Nesse estágio ela é alimentada por grandes glóbulos de gordura, que não apenas a nutrem, mas também a mantêm próximo à superfície. Quando a gordura começa a faltar, a larva passa a nadar em níveis inferiores da água. Ela acaba por mudar de forma, adquire um par de conchas, seis pares de pernas natantes e um par de antenas com apressores nas extremidades. A larva, nessa fase chamada *cípris*, parece-se muito com os adultos de outro grupo de crustáceos, os ostracódeos. Finalmente, guiada por um instinto de ceder à gravidade e evitar a luz, a larva desce ao fundo do mar, pronta para tornar-se uma craca adulta.

Ninguém sabe quantos dos indivíduos jovens de cracas que se movem nas ondas fazem uma aterrissagem segura e quantos fracassam na busca por um subs-

Larvas de craca: fase de náuplio (esquerda, acima), fase decípris (direita, abaixo)

trato rígido e limpo. O estabelecimento de uma larva de craca que desce ao fundo não é um processo aleatório, mas levado a efeito apenas após um período de aparente deliberação. Os biólogos que observaram o ato em laboratório dizem que a larva "anda" pelo substrato por aproximadamente uma hora, movendo-se com auxílio das extremidades adesivas das antenas, testando e rejeitando muitas moradias potenciais antes de fazer a escolha final. Na natureza, elas provavelmente vagueiam ao longo de correntes por muitos dias, descendo, examinando o fundo disponível e então migrando para outro local.

Quais seriam as condições requeridas por esses jovens indivíduos? Provavelmente, eles consideram as superfícies de rochas ásperas e esburacadas melhores do que as muito lisas. Talvez sejam repelidos por uma camada gelatinosa de algas microscópicas, ou às vezes pela presença de hidroides ou grandes algas. Há razões para acreditar que elas sejam atraídas por colônias já estabelecidas de cracas, possivelmente estimuladas por uma misteriosa atração química, baseada na detecção de substâncias liberadas por adultos e no rastreamento até a colônia. De algum modo, súbita e definitivamente, a escolha é feita, e a jovem craca fixa-se à superfície eleita. Seus tecidos passam por uma reorganização completa e drástica, comparável à metamorfose de uma larva de borboleta. Então, de uma massa quase disforme, aparecem os rudimentos da concha: a cabeça e os apêndices são moldados. Depois de doze horas, o cone da concha está completamente formado, com todas as placas delineadas.

Dentro de sua taça de calcário, a craca enfrenta um duplo problema de crescimento. De modo semelhante a um crustáceo encerrado em uma carapaça quitinosa, o próprio animal deve desprender-se periodicamente do rígido envoltório, de modo que seu corpo possa crescer. Embora aparentemente difícil, tal objetivo é conseguido com sucesso, como verifiquei muitas vezes todo verão. Quase todo recipiente de água do mar que trago da região costeira vem repleto de objetos brancos semitransparentes, delicados e finos, como vestes descartadas por uma minúscula fada. Visto ao microscópio, cada detalhe da estrutura está perfeitamente representado, e é evidente que a craca conseguiu sair de modo incrivelmente fácil e seguro. Nas pequenas réplicas, que se parecem de celofane, posso contar as articulações dos apêndices; até mesmo as cerdas, que crescem nas bases das articulações, parecem ter saído intactas.

O segundo problema se refere à ampliação do rígido cone para acomodar o corpo em crescimento. Como isso se dá exatamente, ninguém parece saber ao certo, mas, provavelmente, há secreção de alguma substância para dissolver as camadas internas da concha, à medida que novo material é adicionado externamente.

A não ser que sua vida seja interrompida prematuramente por um inimigo, uma craca-das-rochas provavelmente viverá cerca de três anos no centro das zonas entremarés ou abaixo delas, ou cinco anos próximo à parte de cima dessas áreas. Ela pode suportar as altas temperaturas das rochas quando estas absorvem o calor do sol de verão. O frio do inverno, em si, não é prejudicial, mas o gelo pode remover a cobertura das rochas. O golpear das ondas faz parte da vida normal da craca; o mar não é seu inimigo.

Quando a vida das cracas chega ao fim pelo ataque de peixes, vermes e caramujos predadores, ou por razões de natureza física, suas conchas permanecem aderidas às rochas. Esses envoltórios tornam-se abrigo para muitos dos minúsculos seres do mar costeiro. Além dos jovens litorinídeos que vivem ali regularmente, pequenos insetos das piscinas naturais frequentemente correm até esses abrigos quando surpreendidos pela maré ascendente. Nas partes baixas da costa, ou nas piscinas naturais, as conchas vazias provavelmente protegerão indivíduos jovens de anêmonas, de vermes formadores de tubos ou até mesmo de novas gerações de cracas.

O principal inimigo das cracas nessas regiões costeiras é um caramujo carnívoro de coloração brilhante, chamado *Nucella lapillus*. Embora também se alimente de mexilhões e, ocasionalmente, de caramujos litorinídeos, o *Nucella* parece preferir as cracas a todos os outros alimentos, provavelmente porque elas são mais facilmente ingeríveis. Como todos os caramujos, o *Nucella* possui uma rádula. Ela não é usada para raspar as rochas, como fazem os litorinídeos, mas sim para abrir um orifício em qualquer presa de concha dura. Feito isso, a rádula pode então ser empurrada para o interior da concha, alcançar as partes tenras de dentro e consumi-las. Para devorar uma craca, porém, o *Nucella* precisa apenas envolver o cone com seu pé carnoso e forçar as valvas para abri-las. Ele também produz uma secreção que provavelmente tem efeito narcótico; a substância é chamada *purpurina*. Em épocas antigas, a secreção de um caramujo da mesma família, o qual habitava o Mar Mediterrâneo, era a fonte do corante denominado *púrpura de Tiro*. O pigmento é um composto orgânico que contém bromo e altera-se na presença de ar, convertendo-se em uma substância de cor púrpura.

Embora ondas violentas afastem indivíduos do *Nucella*, eles aparecem em grandes números na maioria das regiões costeiras abertas, atuando intensamente nas zonas altas das cracas e dos mexilhões. Mas sua voracidade pode, de fato, alterar o equilíbrio da vida no mar costeiro. Por exemplo, há uma história sobre uma área onde os *Nucella* tinham reduzido o número de cracas tão drasticamente que os mexilhões vieram para preencher o espaço por elas deixado. Quando os

Nucella não conseguiram mais encontrar cracas, eles mudaram seu hábito alimentar, passando a comer mexilhões. De início, eles eram desajeitados e não sabiam bem como aproveitar o novo alimento. Alguns desperdiçavam futilmente vários dias, abrindo orifícios em conchas vazias; outros subiam sobre conchas vazias e perfuravam-nas de dentro para fora. Porém, com o tempo, eles ajustaram-se à nova presa e comeram tantos mexilhões que a população destes começou a escassear. Então, as cracas já haviam se estabelecido de novo sobre as rochas, e os caramujos retornaram a elas.

Nos trechos médios da costa, e mesmo em sua parte inferior, em direção à linha da maré baixa, os *Nucella* vivem sob as cortinas gotejantes de algas suspensas das paredes rochosas, ou no interior dos relvados de musgo-irlandês, ou ainda nos escorregadios filamentos da alga vermelha *Palmaria* (dulse). Eles prendem-se aos lados inferiores das saliências das rochas ou agrupam-se em profundas fendas onde a água salgada goteja de algas e mexilhões, ou então em pequenos fios d'água que correm sobre o chão. Em todos esses lugares, caramujos *Nucella* reúnem-se em grande número para acasalamento e deposição de ovos em cápsulas de coloração semelhante à da palha, cada uma do tamanho aproximado de um grão de trigo e resistente como pergaminho. Cada cápsula pode ficar isolada das outras, presa por sua base ao substrato; mas, geralmente, elas agrupam-se em número tão grande e de modo tão compacto que formam um padrão ou mosaico.

Um caramujo leva mais ou menos uma hora para fazer uma cápsula, mas raramente produz mais do que dez cápsulas em 24 horas. E ele pode produzir até

Caramujo *Nucella lapillus* alimentando-se de mexilhões azuis comuns.

245 cápsulas numa estação. Embora uma única cápsula possa conter até mil ovos, a maioria deles não está fertilizada para servir de alimento para os embriões em desenvolvimento. Ao amadurecer, a cápsula torna-se púrpura pela presença do mesmo pigmento purpurina que é secretado pelo animal adulto. Em cerca de quatro meses, a vida do embrião está completa, e cerca de quinze a vinte jovens indivíduos de *Nucella* emergem da cápsula. Jovens animais recém-eclodidos raramente (para não dizer nunca) são encontrados na zona onde vivem os adultos, embora as cápsulas sejam ali depositadas e o desenvolvimento ali ocorra. Aparentemente, as ondas carregam os caramujos jovens para regiões inferiores, em direção ao nível da maré baixa ou ainda mais abaixo. Provavelmente, muitos são levados para o mar e se perdem, mas sobreviventes são encontrados na água. Eles são muito pequenos – têm aproximadamente 1,5 milímetro de altura – e alimentam-se de *Spirorbis*, um verme formador de tubo. Ao que parece, os tubos desses vermes são mais fáceis de serem invadidos do que os cones de cracas, mesmo os das bem pequenas. Os indivíduos de *Nucella* não migram para zonas mais altas para alimentar-se de cracas antes de atingirem tamanho em torno de 5 a 10 milímetros.

Mais para baixo, nas seções medianas da costa, as lapas tornam-se abundantes. Elas aparecem espalhadas sobre a superfície exposta das rochas, mas figuram em números muito maiores nas lagoas rasas das marés. Uma lapa veste-se com uma única concha, do tamanho da unha de um polegar, adornada com suaves manchas marrons, cinzas e azuis. As lapas pertencem a um dos mais antigos grupos de caramujos; porém, sua simplicidade é enganosa. Elas são adaptadas com linda precisão ao difícil mundo do mar costeiro. É de se esperar que um caramujo

Cápsulas ovígeras de *Nucella lapillus*; jovens caramujos de *Nucella* emergindo (direita)

tenha uma concha espiralada; em vez disso, a da lapa é achatada. Os litorinídeos, que possuem conchas espiraladas, são frequentemente jogados para lá e para cá pelas ondas, a menos que se tenham abrigado com segurança em fendas ou sob algas. A lapa simplesmente pressiona sua concha contra as rochas, de modo que a água desliza sobre ela, sem conseguir deslocá-la; quanto mais fortes as ondas, tanto maior a pressão que a concha exerce contra as rochas. A maioria dos caramujos tem um opérculo para manter os inimigos fora da concha e preservar a umidade dentro dela; a lapa tem uma estrutura desse tipo na fase jovem e depois a descarta: a aderência da concha ao substrato é tão firme que torna o opérculo desnecessário. A umidade é retida em um sulco que corre ao redor da parte interna da concha e as brânquias ficam banhadas em um pequeno mar que lhes é exclusivo, até que a maré retorne.

Desde a época em que Aristóteles relatou que as lapas deixam seus territórios sobre as rochas e saem para alimentar-se, as pessoas vêm registrando fatos sobre a história natural desses seres. O suposto apego a um lar tem sido amplamente discutido. Diz-se que cada lapa possui um "lar" ou lugar ao qual ela sempre retorna. Sobre alguns tipos de rocha pode haver uma cicatriz reconhecível, seja ela uma descoloração ou uma depressão à qual o contorno da concha ajusta-se precisamente. Partindo desse lar, a lapa perambula pelas altas marés para alimentar-se, raspando algas das rochas com lambidas de sua rádula. Após uma hora ou duas de alimentação, ela retorna quase que pelo mesmo caminho da ida, e fixa-se à rocha para aguardar o período da maré baixa.

Muitos naturalistas do século XIX tentaram, sem sucesso, descobrir por experimentos o órgão no qual reside a percepção de "lar" e a natureza do sentido que orienta o molusco, quase do mesmo modo que os cientistas modernos tentam encontrar um fundamento físico para a capacidade que os pássaros têm de apegar-se a um lar. A maioria desses estudos envolveu a lapa comum britânica, *Patella*; embora ninguém tenha conseguido explicar como funciona o instinto de fixar-se em um lar, parece ter havido pouca dúvida de que ele existe e opera com grande precisão.

Em anos recentes, alguns dos cientistas americanos que investigaram o assunto com métodos estatísticos chegaram à conclusão de que as lapas da costa do Pacífico não têm o sentido de lar muito aguçado. (Não foram feitos estudos cuidadosos sobre isso com lapas da Nova Inglaterra.) Porém, outro trabalho recente, feito na Califórnia, apoia a teoria da percepção de lar. O dr. W. G. Hewatt marcou um grande número de lapas e seus lares com números de identificação e observou que, em cada maré alta, todas as lapas deixavam seus lares, vagueavam por um período de duas horas, duas horas e meia, e depois retornavam. A direção de suas excursões mudava de maré para maré, mas elas sempre retornavam ao local que habitavam. O dr. Hewatt, então, preencheu o sulco profundo usado como trilha por um dos animais. A lapa parou na borda do sulco e passou algum tempo avaliando esse dilema, mas na maré seguinte ela moveu-se em torno da borda do sulco e voltou para casa. Outra lapa foi colhida a cerca de 20 centímetros de sua casa e as bordas de sua concha foram alisadas com uma lima. A lapa foi então solta no mesmo local. Ela voltou ao lar, mas presumivelmente o encaixe exato da concha ao lar na rocha tinha sido destruído pela limagem. No dia seguinte, a lapa andou aproximadamente 50 centímetros e não voltou. No quarto dia, ela tinha adotado um novo lar, mas depois de onze dias, desapareceu.

As relações da lapa com outros habitantes da costa são simples. Ela alimenta-se quase que somente de minúsculas algas que forram as rochas com uma camada escorregadia, ou de células superficiais de grandes algas. Em ambos os casos, a rádula é eficiente. A lapa raspa as rochas com tal empenho que finas partículas de pedra são encontradas em seu estômago. Os dentes da rádula desgastam-se depois do trabalho árduo e são substituídos por outros, da parte do filamento dentado. Para os esporos de algas que enxameiam na água do mar, prontos para estabelecer-se, germinar e formar plantas adultas, as lapas representam um inimigo, uma vez que elas limpam completamente as rochas por eles densamente ocupadas. Por causa dessa ação, porém, elas prestam um serviço às cracas, tornando mais fácil a fixação de suas larvas. De fato, os caminhos que partem de um lar de lapa são às vezes marcados por uma profusão de conchas de jovens cracas.

Em seu hábito reprodutivo, esse pequeno caramujo, enganosamente simples, novamente parece ter desafiado a observação exata. Parece certo, contudo, que a lapa fêmea não faz cápsulas protetoras para seus ovos – ao contrário de

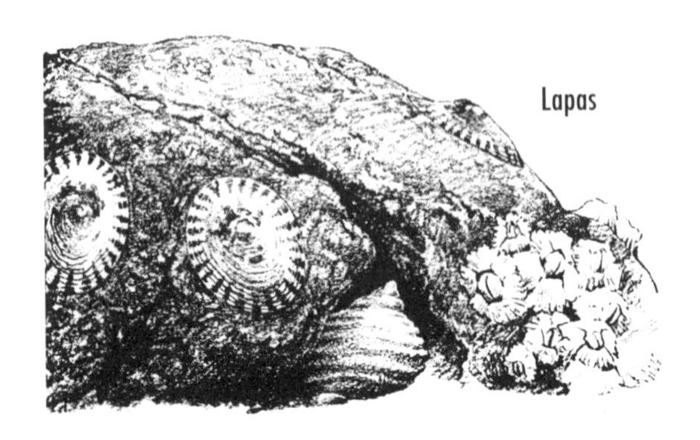
Lapas

muitos caramujos –, mas libera-os diretamente no mar. Esse é um hábito evolutivamente antigo, seguido por muitas espécies marinhas simples. Não se sabe bem se os ovos são fertilizados dentro do corpo da fêmea ou enquanto flutuam no mar. As jovens larvas apenas vagueiam ou nadam por algum tempo na superfície das águas; as sobreviventes estabelecem-se então sobre as superfícies das rochas e passam por metamorfose, da fase larval para a adulta. Provavelmente, todas as lapas jovens são do sexo masculino; mais tarde, algumas tornam-se fêmeas. É uma circunstância não de todo incomum entre os moluscos.

Do mesmo modo que a vida animal nessa região costeira, as algas contam uma história silenciosa sobre as ondas fortes. Nas penínsulas, em sua parte mais próxima ao continente, assim como nas baías e enseadas, as algas das rochas podem crescer até 2 metros; mas na costa marinha exposta, uma alga com 18 centímetros pode ser considerada grande. As esparsas populações das pequenas algas que invadem as rochas mais altas revelam as difíceis condições de vida nos locais violentamente golpeados pelas ondas. Nas zonas intermediárias e inferiores, algumas algas mais tolerantes conseguem estabelecer-se em maior abundância. Isso as torna tão diferentes das algas de costas mais tranquilas que elas são quase um símbolo da costa solapada pelas ondas. Aqui e ali, rochas inclinadas na direção do mar cintilam com coberturas formadas por plantas isoladas de uma curiosa alga, a *Porphyra umbilicalis*. O nome de seu gênero (*Porphyra*) significa "pigmento de cor púrpura". Ela pertence ao grupo das algas vermelhas e, embora apresente variações de cor, na costa do Maine ela é, na maioria das vezes, marrom-púrpura. Ela se parece com pequenos pedaços de plástico marrom transparente, tirados de uma capa de chuva. Seu fino talo assemelha-se ao da alface-do-mar, mas há uma dupla camada de tecido, parecendo um balão de ar de borracha estourado, com as paredes opostas em contato uma com a outra. A base do "balão" fica fortemente presa nas rochas por um emaranhado de filamentos, daí o nome específico,

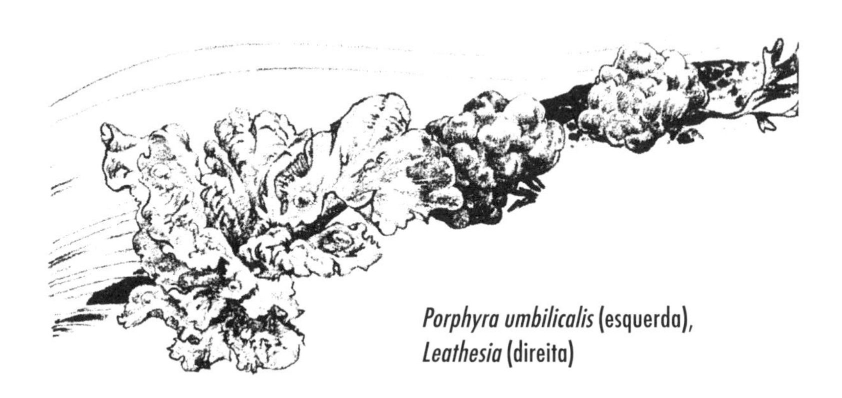

Porphyra umbilicalis (esquerda), *Leathesia* (direita)

umbilicalis. Ocasionalmente, ela fica aderida a cracas e muito raramente cresce sobre outras algas em vez de fixar-se diretamente sobre superfícies duras. Quando expostos na maré baixa sob forte sol, os filamentos de *Porphyra* podem secar até ficar parecidos com folhas de papel facilmente esfareladas, mas o retorno do mar restabelece a textura flexível da alga, que, apesar de sua aparente delicadeza, permanece inalterada e sem danos sob as fortes vagas do ir e vir das ondas.

Mais abaixo, nos níveis inferiores das marés, há outra alga curiosa, a *Leathesia*. Ela possui estruturas de aspecto globular,[1] com a superfície sulcada, formando lobos. Tais estruturas são carnosas, de coloração âmbar e com diâmetros variando entre 2,5 a 5 centímetros. Geralmente, ela cresce em torno de populações de musgo-irlandês ou de outras algas, raramente (para não dizer nunca) aderidas diretamente a rochas.

As rochas mais baixas e as paredes das piscinas naturais de maré baixa são espessamente recobertas por algas. Nesses locais as algas vermelhas suplantam de longe as pardas, que alcançam maior altura. Juntamente com o musgo-irlandês, as algas dulse forram as paredes das piscinas com seus talos delgados, vermelho-opacos e profundamente recortados, grosseiramente parecidos com a forma da mão humana. Filamentos muito pequenos, às vezes aleatoriamente fixados ao longo das margens, dão uma estranha aparência andrajosa. Com o rebaixamento da água, a alga repousa sobre as rochas, cobrindo-as de modo semelhante a inúmeras camadas de papel sobrepostas. Muitas espécies de estrelas-do-mar, ouriços-do-mar e moluscos vivem entre as dulses e também entre as ramificações mais profundas de musgo-irlandês.

A dulse tem uma longa história de utilidade como alimento para o ser humano e seus animais domésticos. De acordo com um antigo livro sobre algas marinhas,

1 Daí seu nome popular em inglês *sea potato* (batata-do-mar). (NT)

Erva-remo, *Laminaria digitata*

costumava-se dizer na Escócia que "aquele que come da Dulse de Guerdie e bebe das cisternas de Kildingie se livrará de todas as doenças, exceto da peste negra." Na Grã-Bretanha, o gado gosta dessa alga, e as ovelhas perambulam pela zona das marés baixas à procura dela. Na Escócia, na Irlanda e na Islândia, as pessoas comem dulses de várias maneiras, ou então as secam e mascam, como se faz com o tabaco; mesmo nos Estados Unidos, onde tais alimentos são geralmente ignorados, é possível comprar dulse fresca ou seca em algumas cidades da região costeira.

Nas piscinas naturais mais baixas, espécies de laminárias começam a aparecer.[2] Elas pertencem ao grupo das algas pardas, que crescem abundantemente em regiões pouco iluminadas de águas profundas dos mares polares. A *Laminaria digitata* vive abaixo da zona de maré com outras algas do grupo, mas nas piscinas naturais mais fundas ela chega a ocupar níveis acima da linha das marés mais baixas. Seu talo é amplo, achatado e coriáceo, franjado com longas fitas; sua superfície é lisa e acetinada, colorida de um marrom vivo brilhante.

A água nessas bacias profundas é muito gelada, cheia de algas sombrias e continuamente balançantes. Olhar para uma piscina dessas é contemplar uma floresta escura: seu dossel é como folhas de palmeiras, e as fortes estipes das laminárias também lembram os troncos de árvores. Se deslizarmos os dedos para baixo ao longo desse pedúnculo e o segurarmos firmemente um pouco acima do apressório, é possível puxar a planta para cima e descobrir um microcosmo que vive em seu domínio.

Um dos apressórios dessas laminárias é algo parecido com as raízes de uma árvore florestal, ramificando-se e subdividindo-se. Em sua grande complexidade,

2 O texto original menciona as espécies conhecidas pelos nomes populares ingleses *oarweed*, erva-remo (*Laminaria digitata*), *devil's apron*, avental-do-diabo (*Laminaria saccharina* e *Laminaria longicruris*), e *sea tangles*, emaranhado-do-mar (*Laminaria japonica*). (NT)

Apressórios de laminária

ele é uma medida adotada pelas grandes algas sobre as quais rugem os mares bravios. Nesse apressório, filtradores de plâncton, como mexilhões e ascídias, elas encontram fixação segura. Pequenos ouriços e estrelas-do-mar aglomeram-se sob as colunas arqueadas das algas. Vermes predadores que forragearam vorazmente durante a noite retornam com a luz do dia e enrolam-se em nós emaranhados nos profundos recessos e em cavernas sombrias. Mantos de esponjas espalham-se sobre os apressórios, trabalhando silenciosa e perenemente na filtragem das águas da piscina natural. Num dia, uma larva de briozoário estabelece-se ali, constrói sua pequena concha, então constrói outra e outra, até que um filme de renda brocada vagueia em torno de uma das bases da alga. E acima de toda essa comunidade, provavelmente sem receber nenhuma interferência dela, as fitas pardas da laminária balançam com o movimento da água: é a alga conduzindo sua vida, crescendo, substituindo da melhor maneira possível os tecidos danificados e, na ocasião apropriada, enviando nuvens de células reprodutoras que vagueiam pela água. Para a fauna associada aos apressórios, a sobrevivência da laminária representa sua própria sobrevivência. Enquanto a alga estiver firme, o pequeno mundo que abriga essa fauna permanecerá intacto; se a alga for arrancada pela violência de um mar tempestuoso, tudo será disperso e muitos animais também perecerão.

Entre os animais que quase sempre habitam entre os apressórios das laminárias das piscinas de maré estão as estrelas-serpentes. Esses equinodermos são tão frágeis que até um manuseio suave pode causar a quebra de um ou mais de seus braços.[3] Essa característica pode ser útil a um animal que vive num mundo turbulento, pois se um braço fica preso sob uma rocha que se moveu, o animal pode amputá-lo e substituí-lo por um novo. As estrelas-serpentes movem-se rapidamente, usando seus membros flexíveis não apenas para a locomoção, mas também para capturar e levar até a boca pequenos vermes e outras formas diminutas de vida.

3 As estrelas-serpentes se parecem com estrelas-do-mar com braços finos e longos. (NT)

Seringas-do-mar, *Molgula*

O verme *Lepidonotus* também pertence à comunidade dos apressórios de laminárias. Ele tem o corpo protegido por uma dupla fileira de placas, formando uma armadura sobre o dorso. Sob essas grandes placas, há um verme segmentado comum, com projeções laterais de tufos de cerdas douradas em cada segmento. Pode-se sugerir que há algo de primitivo nessa armadura de placas, uma reminiscência dos quítons, que não têm parentesco com o *Lepidonotus*. Alguns desses vermes desenvolveram relacionamentos interessantes com seus vizinhos. Uma das espécies inglesas sempre vive com animais escavadores, embora possa mudar de parceiros de vez em quando. Quando jovem, ele vive com uma estrela-serpente escavadora, provavelmente roubando-lhe alimento. Quando fica maior e mais maduro, ele move-se para a toca de um pepino-do-mar ou para o tubo de um verme muito maior e plumoso, o anfitrite.

Frequentemente o apressório pode firmar-se em um dos grandes mexilhões-cavalo,[4] que têm concha pesada e chega a atingir comprimento de 10 a 13 centímetros. Esse tipo de mexilhão vive apenas em piscinas naturais profundas ou em regiões distantes no alto-mar; ele nunca divide as zonas mais altas com o pequeno mexilhão azul e ocorre apenas sobre rochas ou entre elas, lugares em que sua adesão é relativamente segura. Às vezes, ele constrói um pequeno ninho ou uma toca como refúgio, usando filamentos bissais, tecidos segundo o padrão típico dos mexilhões, com seixos e fragmentos de rochas incluídos entre os fios.

Um pequeno mexilhão comum nos apressórios de laminárias é o perfurador-de-rochas, que alguns escritores ingleses chamam de *nariz-vermelho*, por causa de seus rubros sifões. Comumente, ele tem o hábito perfurador e vive em cavidades que esculpe em calcário, argila ou concreto. A maioria das rochas da Nova Inglaterra é dura demais para ser perfurada, motivo pelo qual, nessa região, o mexilhão vive em crostas de algas coralinas ou entre os apressórios de laminárias. Nas cos-

4 *Modiolus modiolus*, espécie com indivíduos cujas conchas podem atingir 20 centímetros. (NT)

tas britânicas, diz-se que ele perfura rochas que resistem às brocas mecânicas. E consegue isso sem recorrer às secreções ácidas que alguns perfuradores usam; antes, trabalham exclusivamente por meio de abrasão repetida e sem interrupção, efetuada com sua robusta concha.

Os talos lisos e escorregadios das laminárias servem de substrato para outras populações menos abundantes e menos variadas do que aquelas dos apressórios. Nos filamentos de algumas laminárias, assim como nas superfícies de rochas e sob as saliências destas, o tunicado botrilo espalha seu manto reluzente. Sobre um campo de material gelatinoso e verde-escuro, distribuem-se as pequenas estrelas douradas da espécie, as quais marcam a posição de conjuntos de indivíduos. Cada conjunto estrelado pode consistir de três a doze animais irradiando-se de um ponto central; muitos conjuntos contribuem para constituir uma cobertura contínua e incrustada, que pode chegar a 20 centímetros de comprimento.

Abaixo da beleza da superfície, há uma complexidade maravilhosa de estruturas e funções. Sobre cada estrela, há distúrbios de dimensões infinitesimais nas pequenas correntes de água que se afunilam para baixo, uma em cada ponto da estrela, e dali dirigindo-se para uma pequena abertura. Uma corrente mais forte e orientada para fora emerge do centro do grupo de estrelas. As correntes que chegam trazem oxigênio e organismos que representam alimento, enquanto a corrente dirigida para fora leva embora os produtos excretados pelo metabolismo de todo o grupo.

À primeira vista, uma colônia de botrilo pode não parecer mais complexa que uma cobertura de esponjas incrustadas. Na realidade, contudo, cada indivíduo que forma a colônia é uma criatura altamente organizada, estruturalmente quase idêntica a seringas-do-mar solitárias, como a uva-do-mar e o vaso-do-mar (*Ciona intestinalis*), encontrados em abundância em cais e costões. Individualmente, porém, o botrilo mede apenas de 1,5 a 3 milímetros de comprimento.

Botrilo, um tunicado

Uma colônia inteira, compreendendo talvez centenas de conjuntos de estrelas (e, quem sabe, mil ou mais indivíduos), pode surgir de um único ovo fertilizado. Na colônia-mãe, os ovos se formam no início do verão, são fertilizados e começam a desenvolver-se enquanto ainda estão nos tecidos da colônia parental. (Cada indivíduo de botrilo produz ovos e espermatozoides; mas, como em cada animal eles maturam em tempos diferentes, a fertilização cruzada é garantida, sendo o espermatozoide transportado pelas correntes de água.) A colônia-mãe libera larvas diminutas, com a forma de girinos, de caudas longas e natantes. Talvez durante uma ou duas horas, essa larva perambula nadando, após o que se estabelece sobre alguma rocha ou alga e rapidamente se transforma. Logo os tecidos da cauda são absorvidos e toda a aparente capacidade de nadar é perdida. Depois de dois dias o coração começa a bater, naquele curioso ritmo dos tunicados – primeiro levando o sangue numa direção, então fazendo uma breve pausa e, em seguida, invertendo a direção do fluxo. Depois de mais ou menos uma quinzena, esse pequeno indivíduo terá concluído a transformação de seu próprio corpo e começará a formar, por brotamento, outros indivíduos. Por sua vez, estes últimos gerarão outros. Cada nova criatura tem uma abertura particular para a entrada de água, mas todas retêm conexões com um duto central para a eliminação de resíduos. Quando os indivíduos agrupados em torno dessa abertura chegam a um número excessivo, um ou mais brotos recém-formados são empurrados para fora, nos arredores da cobertura de tecido gelatinoso, e lá começam um novo agrupamento de estrelas. Desse modo, a colônia se expande.

A zona entremarés às vezes é invadida por uma laminariácea de água profunda, a *Agarum turneri*. Trata-se de um representante de algas pardas que cresce em águas frias do ártico e que se espalhou desde a Groenlândia até o cabo Cod. Sua aparência é muito distinta das dulses e de outras laminárias, entre as quais ela pode ser eventualmente encontrada. O amplo talo possui inúmeras perfurações,

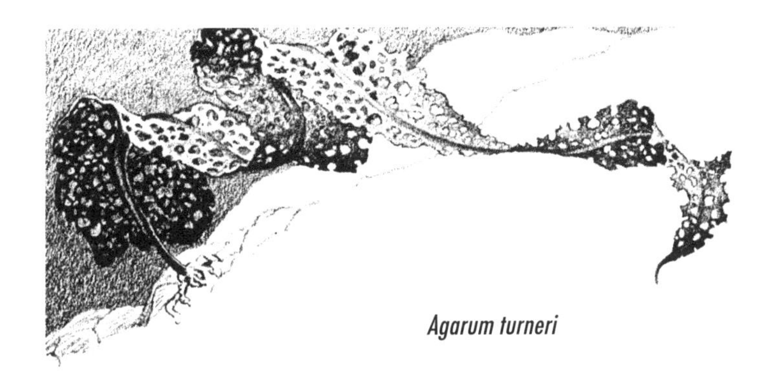

Agarum turneri

as quais são prefiguradas na alga jovem sob a forma de papilas cônicas, que mais tarde rompem-se, formando as perfurações.

Além dos limites das piscinas naturais do nível mais baixo das marés, crescendo sobre as paredes rochosas que descem de modo íngreme em direção às águas profundas, há outra alga laminariácea, a *Alaria*, chamada *winged kelp* nos Estados Unidos e *murlin* na Grã-Bretanha. Seu longo talo, pregueado e ondulante, eleva-se com o crescimento da maré e deita-se quando a maré desce. Os folíolos férteis da alga, nos quais se formam as células reprodutoras, localizam-se na base do talo. Para uma alga tão exposta aos movimentos violentos das ondas, essa posição é mais segura do que o ápice do filamento principal. (Nas algas das rochas, que crescem em regiões costeiras menos sujeitas a ondas fortes, as células reprodutivas são formadas nas pontas dos talos.) Provavelmente mais do que qualquer outra alga marinha, a *Alaria* é condicionada a golpes constantes das ondas. O observador que ficar em pé em um ponto em que se possa pisar com segurança poderá ver as fitas escuras dessa alga oscilando fora da água, sendo sucessivamente puxadas e golpeadas. As algas maiores e mais velhas acabam ficando com muitas lesões, margens partidas e ápices desgastados. Com tantos reveses, a espécie preserva algo de sua força na base, próximo aos apressórios. A haste consegue suportar empuxos relativamente fortes, mas tempestades rigorosas podem arrancar muitas plantas.

Às vezes, mais para baixo, pode-se ter um vislumbre das florestas sombrias e misteriosas das laminárias, nos locais em que elas alcançam águas profundas. Algumas vezes, essas algas gigantes são arrancadas de seu substrato após uma tempestade. Elas têm uma haste dura e resistente, da qual se estende a longa fita filoide. Uma dessas espécies, a *Laminaria saccharina*, tem um estipe de até 1,2 metro de comprimento, que sustenta um filamento ligeiramente estreito (15 a 45 centímetros de largura), o qual pode estender-se por até 9 metros mar adentro. A margem é bastante pregueada, e uma

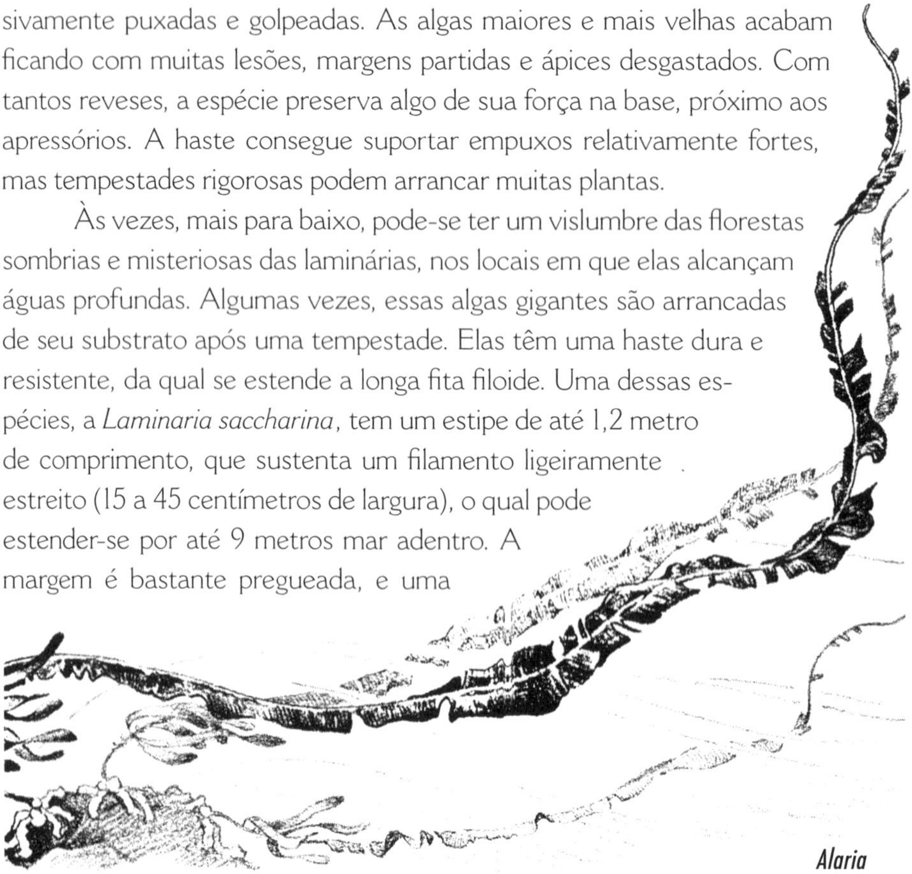

Alaria

substância branca e pulverulenta (manitol, um açúcar) forma-se nos talos secos. Numa laminária de haste longa (*Laminaria longicruris*), o estipe é comparável ao tronco de uma pequena árvore, com altura entre 2 e 3,5 metros. O filamento chega a quase 1 metro de largura e 3,5 metros de comprimento, mas pode ter comprimento inferior ao do estipe.

As populações das duas laminárias são, a seu modo, o correspondente atlântico das grandes florestas submarinas do Pacífico, onde as laminárias erguem-se como gigantescas árvores de floresta, medindo 45 metros, do fundo do oceano até a superfície.

Em todas as costas marinhas rochosas, essa zona de laminárias logo abaixo do nível inferior da maré tem sido uma das regiões menos conhecidas do mar. Conhecemos pouco sobre o que vive ali ao longo do ano. Não sabemos se alguns dos animais que desaparecem da zona entremarés no inverno simplesmente movem-se para baixo nessa zona. Pode ser que algumas espécies que pensamos terem perecido numa região particular, quem sabe por causa de baixas temperaturas, tenham migrado para baixo, ficando entre as laminárias. A área é obviamente difícil de ser explorada, com ondas de mares bravios passando por ali na maior parte do tempo.

Porém, uma dessas regiões na costa ocidental da Escócia foi explorada por mergulhadores equipados que trabalharam com o biólogo britânico J. A. Kitching. Sob a zona ocupada por algas *Alaria* e *Laminaria digitalis*, a partir de mais ou menos 3,5 metros abaixo do menor nível d'água na maré vazante, os mergulhadores moveram-se em meio à densa floresta das grandes algas. A partir dos estipes verticais, um imenso dossel de filamentos estendia-se sobre suas cabeças. Embora o sol brilhasse intensamente na superfície, os mergulhadores estavam quase na escuridão enquanto avançavam pela floresta. Na região entre 5 e 11 metros abaixo das águas baixas da maré grande, a floresta abriu-se de modo que os homens puderam andar entre as algas sem grande dificuldade. Ali, a luz era mais intensa, e, em meio às águas indistintas, eles puderam ver esse "parque" menos cerrado estendendo-se até bem longe no inclinado fundo do mar. Entre os apressórios e estipes das laminárias, tal como nas raízes e nos troncos de uma floresta terrestre, havia um denso estrato mais baixo formado por outras algas, desta vez vermelhas. E, do mesmo modo que pequenos roedores e outros animais, contam com abrigos e rotas de fuga sob as árvores da floresta; ali também uma fauna abundante e diversificada vivia sobre os apressórios das grandes algas ou entre eles.

Nas águas mais tranquilas, protegidas das pesadas ondas do litoral limítrofe do mar aberto, as algas dominam a costa, ocupando cada centímetro de espaço que as condições de subida e descida da maré lhes permitem; e, pela simples pressão de seu crescimento populacional abundante e luxuriante, essas algas impõem seu padrão de vida aos outros habitantes do mar costeiro.

Embora os mesmos grupos de seres vivos espalhem-se entre as linhas de maré, quer a costa seja de mar aberto, quer seja protegida, as zonas variam grandemente nos dois tipos de litoral, no que se refere ao desenvolvimento relativo.

Acima da linha da maré cheia, há pouca mudança. Nas costas marinhas com baías e estuários, assim como em outras regiões, as pequenas algas azul-esverdeadas enegrecem as rochas enquanto os liquens chegam até ali e tentam alcançar o mar. Abaixo da linha das águas altas das marés grandes, cracas pioneiras desenham estrias brancas como atestados de ocupação da zona que elas dominam nas costas de mar aberto. Uns poucos caramujos litorinídeos forrageiam nas rochas superiores. Mas, nas costas protegidas, toda a faixa delimitada pelas marés dos quartos lunares é ocupada por uma floresta submarina oscilante, sensível aos movimentos das ondas e às correntes de maré. As árvores dessa floresta são grandes algas, conhecidas em inglês como *rockweeds* ou *sea wracks*, robustas e com textura semelhante à de borracha. Em tal região, todas as outras formas de vida vivem sob seu abrigo – um refúgio tão hospitaleiro para pequenos seres que precisam proteger-se do ar dessecante, da chuva e do ímpeto das correntes de maré e das ondas, que a vida torna-se incrivelmente abundante nesses locais costeiros.

Quando são cobertas pela maré cheia, as algas das rochas ficam eretas, erguendo-se e balançando graciosamente, com vida tomada de empréstimo do

Floresta de algas nodosas

mar. Nessa ocasião, para alguém que está em pé na margem da maré cheia, os únicos sinais da presença dessa vegetação podem ser manchas escuras espalhadas na água mar adentro, nos locais em que os ápices das algas chegam até próximo da superfície. Abaixo dessas pontas flutuantes, pequenos peixes nadam, passando entre as algas, tais como pássaros que voam por entre a mata; caramujos marinhos rastejam sobre os talos das algas; e caranguejos fazem escalada, passando de um ramo para outro das algas balançantes. É uma floresta fantástica, quase fictícia, como o mundo de Lewis Carrol. Se não, quem já viu uma floresta que, duas vezes, a cada intervalo de 24 horas, vai vergando mais e mais até que finalmente fica prostrada por várias horas, para em seguida erguer-se novamente? E isso é precisamente o que faz essa selva de algas. Quando a maré se retira das íngremes rochas e forma os mares em miniatura das piscinas naturais, as grandes algas ficam prostradas nas superfícies horizontais, camada sobre camada de espessos talos encharcados, semelhantes a fitas de borracha. Das íngremes superfícies das costas rochosas, elas ficam pendentes como pesada cortina, retendo a umidade do mar, de modo que nada se desseca sob sua cobertura protetora.

Durante o dia, a luz solar permeia a floresta de algas e chega ao fundo do mar em trechos salpicados de áreas sombreadas, que mudam de lugar constantemente; à noite, a luz da lua espalha um teto prateado sobre a floresta – uma abóbada listrada e interrompida pelo fluxo das correntes de maré; abaixo dela, os escuros filamentos das algas balançam num mundo inquieto, de sombras móveis.

Porém, nessa floresta submarina, o curso do tempo é marcado menos pela alternância de luz e escuridão do que pelo ritmo das marés. A vida das criaturas é regida pela presença ou ausência de água; não é a chegada das sombras nem a vinda da aurora que transforma seu mundo, mas a mudança da maré.

Quando a maré desce, as extremidades das algas, agora sem suporte, flutuam horizontalmente na superfície. Então, as sombras se acentuam e uma marcada obscuridade estabelece-se no chão da floresta. À medida que a camada de água fica mais baixa e vai gradualmente desaparecendo, as algas, ainda oscilantes e sensíveis a cada pulsação da maré, vão se dobrando e se aproximando cada vez mais das rochas no chão, até que, finalmente, caem prostradas sobre elas; toda sua vitalidade e movimentação ficam agora suspensas.

Durante o dia, um intervalo de quietude se instala sobre as florestas terrestres, momento esse em que os caçadores permanecem em seus abrigos e os animais mais fracos e lentos evitam o perigo da presença de luz. De modo semelhante, no mar costeiro um período de trégua vem toda vez que a maré baixa.

As cracas recolhem as suas redes e cerram as portas gêmeas que evitam a entrada do ar seco, preservando a umidade do mar. Os mexilhões e mariscos recolhem seus tubos de alimentação, ou sifões, e fecham suas conchas. Aqui e ali, há uma estrela-do-mar que, tendo invadido a floresta por baixo na maré cheia anterior e imprudentemente permanecido ali até a maré baixar totalmente, ainda mantém preso em seus sinuosos braços um mexilhão, segurando-lhe as conchas com as extremidades dotadas de ventosas de seus vários pés finos e tubulosos. Afastando os filamentos das algas, como faria uma pessoa num difícil caminho entre árvores abatidas por uma tempestade, uns poucos caranguejos escavam pequenas e rasas fendas para expor mariscos enterrados na lama. Então, com suas fortes quelas, eles partem pedaços da concha dos mariscos enquanto seguram o molusco nas extremidades de suas pernas.

Alguns caçadores e comedores de carniça descem da região das marés altas. Um pequeno inseto das piscinas naturais, o *Anurida*, vem das partes altas da costa e corre célere sobre o chão rochoso, caçando mexilhões que estejam com a concha aberta, peixes mortos ou ainda fragmentos de caranguejos deixados pelas gaivotas. Corvos andam sobre as algas, inspecionando-as minuciosamente até encontrar um caramujo litorinídeo escondido entre seus talos ou preso a uma rocha encoberta pelas algas encharcadas. Então, o corvo segura a concha nos fortes dedos de um de seus pés enquanto habilmente retira o caramujo com o bico.

Inicialmente, a maré que retorna agita-se suavemente. O avanço durante o início da elevação, que levará seis horas até que se alcance a marca das águas altas, é lento, de modo que em duas horas apenas um quarto da zona entremarés é coberta. Então, o ritmo da água se acelera. Durante as duas horas seguintes, as correntes da maré são mais robustas e as águas sobem duas vezes mais rápido do que no primeiro período; daí em diante, a maré reduz o ritmo para um avanço lento sobre a parte alta da costa. As algas das rochas que cobrem a faixa central da costa recebem o choque de ondas mais pesadas do que a região relativamente pobre de algas mais acima; no entanto, o efeito amortecedor das plantas é tão grande que os animais que se prendem a elas, ou que vivem no fundo sob elas, são muito menos afetados pelas ondas do que os que estão nas rochas da região mais alta ou os da zona abaixo, que estão sujeitos ao efeito de empuxo das águas que voltam ao mar após a arrebentação, no período em que a maré avança rapidamente sobre a faixa central da costa.

A escuridão traz vida à floresta terrestre, mas a noite das florestas de algas sobre as rochas é o período da maré ascendente, quando a água avança sob as massas de algas, agitando e tirando da quiescência da maré baixa todos os habitantes da floresta.

Quando a água do mar aberto inunda o fundo das florestas de algas, as sombras novamente encobrem os cones cor de marfim das cracas, e, nesse momento, as redes quase invisíveis saem das conchas para recolher o que a maré está trazendo. As conchas de mariscos e mexilhões mais uma vez se abrem ligeiramente, e pequenos turbilhões de água são introduzidos no complexo mecanismo de sucção do animal, levando consigo todas as pequenas esferas de microscópicas algas, que são o seu alimento.

As nereidas emergem da lama e nadam para outros sítios de caça; mas, para chegar até esses locais, elas precisam esquivar-se dos peixes que vêm com a maré, pois, durante a maré cheia, as florestas de algas, o mar e os famintos predadores que nele habitam se tornam uma coisa só.

Os camarões fazem um vaivém entre espaços abertos da floresta: estão à cata de pequenos crustáceos, peixes jovens ou minúsculos vermes-de-fogo; porém, os mesmos camarões são, por sua vez, perseguidos por peixes maiores. Estrelas-do-mar saem das grandes planícies de musgos-irlandeses na parte baixa da costa para caçar os mexilhões que crescem no chão da floresta.

Os corvos e gaivotas afastam-se da região de terra invadida pelas águas. Os pequenos *Anurida* vêm mais para cima na costa ou, encontrando uma fenda segura na rocha, envolvem-se numa cintilante bolha de ar e esperam pela descida da maré.

As algas das rochas que criaram essa floresta entremarés são descendentes de alguns dos mais antigos grupos de seres fotossintetizantes. Juntamente com as grandes laminárias das zonas mais baixas do mar costeiro, elas pertencem ao grupo das algas pardas, nas quais a cor da clorofila é encoberta por outros pigmentos. O nome científico das algas pardas – *Phaeophyceae* – significa "as plantas das sombras". De acordo com algumas teorias, elas surgiram num período remoto em que a Terra ainda estava envolta em pesadas nuvens e iluminadas apenas por dé-

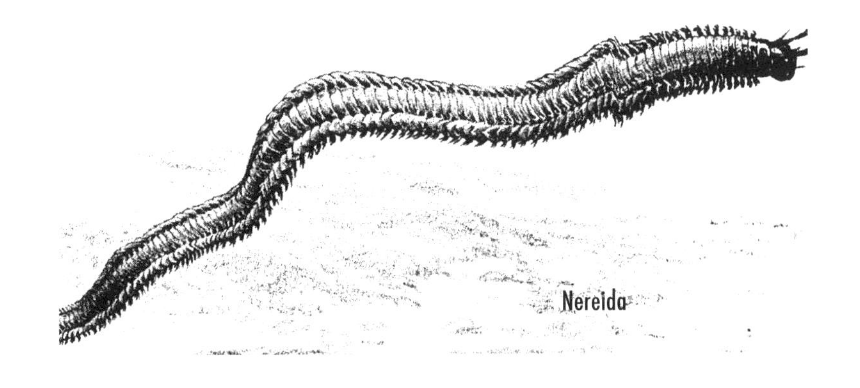
Nereida

beis raios de luz solar. Ainda hoje, as algas pardas são organismos de locais pouco iluminados – os profundos relevos submarinos, onde sargaços gigantes formam florestas sombrias, e as escuras margens de rochas, das quais as laminárias enviam suas longas fitas ondulantes às marés. As algas que crescem entre as linhas de maré são aquelas que ocupam os mares costeiros setentrionais, frequentemente encobertos por nuvens e nevoeiros. As raras invasões dessas plantas nos trópicos ensolarados só acontecem sob uma protetora e espessa camada de água.

As algas pardas podem ter sido a primeira vegetação do ambiente marinho a colonizar o mar litorâneo. Elas aprenderam a se ajustar aos períodos alternantes de submersão e exposição nas antigas linhas costeiras invadidas pelas fortes marés e se aproximaram da condição de organismos terrestres, sem realmente terem abandonado a zona da maré.

Uma espécie de alga das rochas das costas europeias, conhecida como *channeled wrack*,[5] vive no extremo da região elevada invadida pelas marés. Em alguns locais, seu único contato com o mar é um ocasional borrifo vindo da arrebentação. Quando expostos ao sol e ao ar, seus filamentos tornam-se enegrecidos e quebradiços, de modo que alguém pode até pensar que as algas tenham morrido; mas, com o retorno do mar, sua coloração e textura normais são restabelecidas.

Essa espécie não cresce na costa atlântica das Américas, mas há uma alga bem aparentada, a *spiral wrack* [*Fucus spiralis*], que chega quase tão próximo do continente. É uma alga que cresce pouco e cujos talos curtos e robustos terminam em formações dilatadas, túrgidas e de textura áspera. O crescimento mais exuberante de suas populações ocorre acima da marca das águas mais altas das marés mortas, de modo que, entre todas as algas das rochas, ela é a que vive mais próximo da terra ou da linha de maré nas margens rochosas expostas. Embora passe três quartos de sua vida fora da água, ela é uma verdadeira alga marinha, e as manchas marrom-alaranjadas que suas populações deixam na zona superior do mar costeiro são um símbolo do limite do mar.

Essas algas, no entanto, são apenas a franja externa da floresta entremarés, que mais internamente é quase uma comunidade composta por apenas duas espécies de algas de rochas – *knotted wrack* e *bladder wrack* [*Ascophyllum nodosum* e *Fucus vesiculosus*, respectivamente]. Ambas são sensíveis indicadoras da força das ondas. A primeira dessas espécies pode viver em profusão apenas nas costas protegidas das ondas fortes; nesses locais, ela é a alga dominante.

5 Trata-se de *Pelvetia canaliculata*. (NT)

Em locais mais abrigados, em margens de baías e rios de maré, onde o ímpeto das ondas é atenuado pela distância em relação ao mar aberto, indivíduos de *Ascophyllum* podem crescer a uma altura comparável à de um homem de grande estatura, embora os talos dessa alga sejam tão delgados como palha de milho. A atividade das altas ondas em regiões costeiras mais recônditas não representa grave ameaça às suas tolerantes populações. Dilatações ou vesículas nos principais estipes e filamentos contêm oxigênio e outros gases produzidos pela alga; essas estruturas atuam como flutuadores quando as algas são cobertas pela maré. Os indivíduos de *Fucus vesiculosus* têm maior capacidade de tolerância à tensão e podem suportar a forte atividade de batimento e empuxo do ir e vir das ondas razoavelmente fortes. Embora seja bem mais baixa do que a *Ascophyllum nodosum*, ela também necessita do auxílio de flutuadores de ar para manter-se na superfície da água. Nessa espécie, os flutuadores são pareados, situando-se cada um em uma lateral do filamento; porém, as algas sujeitas a golpes das ondas demasiadamente fortes e as que crescem em níveis mais baixos da zona de maré podem não desenvolver esse tipo de estrutura. Em algumas estações, as extremidades dos ramos dessa alga formam estruturas bulbosas, com aspecto semelhante ao de um coração, as quais liberam estruturas reprodutoras.

Os sargaços não possuem raízes e prendem-se às rochas por meio de expansões achatadas, em forma de disco, que derivam de seus tecidos. É quase como se a base de cada alga derretesse um pouco, espalhando-se sobre a rocha e então congelando, criando, desse modo, uma união tão firme que apenas os mares revoltos de uma tempestade muito forte ou o efeito triturante do gelo na costa marinha são capazes de arrancá-la. Diferentemente das plantas terrestres, as algas marinhas não precisam de raízes para retirar minerais do solo, pois são banhadas quase continuamente pelo mar e, assim, vivem em meio a uma solução de todos os minerais de que necessitam para viver. Elas também não precisam de um caule

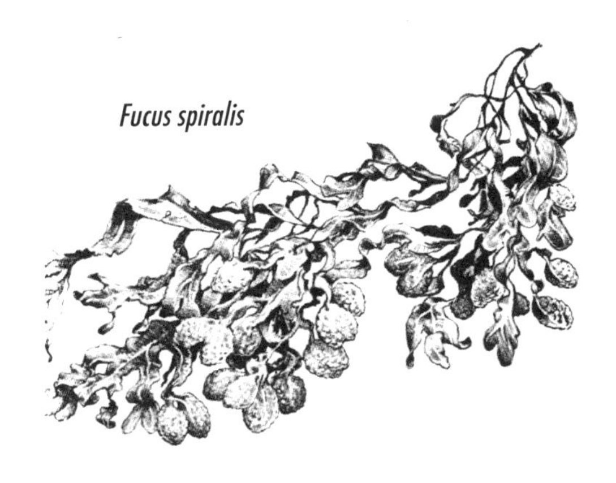

ou tronco rígido para suporte, de modo diverso das plantas terrestres, que utilizam esse recurso para atingir alturas suficientes para alcançar a luz do sol; as algas precisam apenas submeter-se à água. Por isso, sua estrutura é simples – apenas um talo ramificado surgindo do apressório, sem divisões em raízes, caules e folhas.

Olhando para as florestas de algas prostradas na maré baixa, as quais cobrem a região costeira com um lençol de muitas camadas, poderíamos imaginar que elas crescem de cada pequeno espaço disponível na superfície rochosa. Mas, na realidade, quando a floresta se ergue e desponta para a vida com a maré cheia, percebe-se que ela é bem aberta e repleta de clareiras. Na própria região costeira do Maine, onde as marés se erguem e baixam numa vasta amplitude da rocha entremarés, e os indivíduos de *Ascophyllum nodosum* estendem seu manto escuro entre as águas altas e baixas das marés mortas, as áreas de rocha desnuda ao redor do apressório de cada alga às vezes têm até 30 centímetros de diâmetro. Do centro de cada uma dessas áreas, uma alga se ergue; seus talos dividem-se repetidamente até que os ramos mais altos se estendem por uma área com 1 metro ou mais de comprimento.

Bem mais abaixo, na base dos filamentos que balançam com a oscilação das ondas, as rochas são manchadas de tons vívidos, com matizes de carmesim e esmeralda, pelas atividades de algas marinhas tão diminutas que mesmo aos milhares elas parecem nada mais que uma parte da rocha, uma revelação, na superfície da pedra, da presença de joias em seu interior. As manchas esmeraldas são populações de uma das algas verdes. Individualmente, cada alga é tão pequena que apenas uma poderosa lente de aumento poderia revelar sua identidade perdida, tal qual cada folha de gramínea em meio à luxuriante extensão de um prado, na imensidão verdejante criada pelo conjunto desses indivíduos. Em meio ao verde, outros matizes são visíveis, alguns de um vermelho rico e intensamente incandescente. Também nesse caso não se distingue os seres vivos do substrato mineral. Trata-se da obra de uma das algas marinhas vermelhas, uma espécie cujos indivíduos secretam calcário, formando crostas finas e firmemente aderidas às rochas.

Contra esse fundo de coloração brilhante, as cracas destacam-se com clara nitidez. Nas águas claras que fluem pela floresta como cristal líquido, seus cirros, num incessante entra e sai, estendendo-se e retraindo-se, capturam e retiram da maré os inúmeros e diminutos átomos de vida que nossos olhos não conseguem ver. Ao redor das bases de pequenos seixos, arredondados pelas ondas, os mexilhões parecem ancorados, presos por linhas cintilantes produzidas por seus próprios tecidos. Suas conchas azuis pareadas ficam um pouco separadas, e o espaço entre elas revela tecidos marrons pálidos com bordas caneladas.

Algumas partes da floresta são menos abertas. Nelas, densos grupos de algas das rochas erguem-se de uma pequena relva ou comunidade, consistindo principalmente de filoides achatados de musgo-irlandês, às vezes contendo manchas escuras de outra alga com textura aveludada. De modo análogo à mata tropical, com suas orquídeas, essa floresta marinha tem tufos de uma alga vermelha epífita, que cresce sobre os talos de *Ascophyllum nodosum*. A alga *Polysiphonia* parece que perdeu – ou talvez nunca tenha tido – a capacidade de aderir-se diretamente às rochas; em vez disso, suas esferas vermelho-escuras, ou filamentos finamente divididos, pendem dos talos de *Ascophyllum nodosum* e por eles são elevados mais para cima na água.

Nas áreas entre as rochas e sob seixos soltos, uma substância que não é nem areia nem lama se acumula. Ela consiste de pequenos detritos triturados pela água, resultantes de restos de criaturas marinhas – conchas de moluscos, espinhos de ouriços-do-mar e opérculos de caramujos. Mariscos vivem em montículos dessa substância mole, escavando o suficiente para que sejam cobertos até a ponta de seus sifões. Em torno dos mariscos, a lama abriga vermes-fita (nemertinos), finos como linha e de cor escarlate, os quais atuam como caçadores na perseguição de minúsculos vermes-de-fogo e outras presas. Ali estão também as nereidas, que receberam o nome latino da ninfa do mar, por causa de sua graça e iridescente beleza. As nereidas são predadores ativos que deixam seus refúgios à noite em busca de pequenos vermes, crustáceos e outros seres. Sob a reduzida luminosidade da lua, certas espécies reúnem-se na superfície em imensos enxames de desova. Curiosas lendas acabaram associando-se a elas. Na Nova Inglaterra, a nereida *Nereis virens* frequentemente encontra abrigo em conchas de mariscos vazias. Os pescadores, habituados a encontrá-las ali, acreditam que se trata do marisco macho.

Caranguejos do tamanho de uma unha de polegar vivem sobre a alga e descem para caçar nessas áreas. São as formas jovens do caranguejo; os adultos vivem abaixo das linhas de maré nessa região costeira, exceto quando vêm abrigar-se nas algas nas épocas de muda. Os caranguejos jovens procuram as porções de lama, retirando-lhe detritos e buscando mexilhões mais ou menos do seu tamanho.

Mexilhões, caranguejos e vermes são parte de uma comunidade de animais cujas vidas são estreitamente relacionadas. Os caranguejos e os vermes são ativos predadores, as feras inimigas temidas pelas presas. Os mexilhões, os mariscos e as cracas são os forrageadores de plâncton, capazes de levar vida sedentária porque o alimento é trazido até eles a cada maré. Por uma lei irrevogável da natureza, os animais que se alimentam de plâncton formam um grupo mais numeroso do que os que deles se abastecem. Além dos mexilhões e outras grandes espécies, as algas das rochas abrigam milhares de pequenos seres, todos ocupados em filtrar material muito variado, retirado do plâncton em toda maré. Há, por exemplo, um verme pequeno e plumoso, chamado *Spirorbis*. Vendo-o pela primeira vez, pode-se certamente dizer que não se trata de um verme, mas de um caramujo, pois é um construtor de tubo, tendo aprendido algo de química que lhe permite secretar em torno de si uma concha ou cilindro calcário. O tubo não é muito maior do que a cabeça de um alfinete e é torcido numa apertada e achatada espiral, com a brancura de giz. Sua forma sugere enfaticamente que se trata da concha de um caramujo terrestre. O verme vive permanentemente dentro do cilindro, que é aderido a uma alga ou rocha, e põe a cabeça para fora de vez em quando para filtrar alimentos animais, por meio dos finos fios de sua coroa de tentáculos. Essas estruturas primorosas, delicadas e transparentes, servem não apenas como armadilhas para aprisionar alimento, mas também como brânquias para respiração. Entre os tentáculos, há uma estrutura semelhante a um cálice, com longa haste; quando os vermes recolhem-se para o interior do tubo, o cálice ou opérculo fecha a abertura, como um alçapão precisamente ajustado.

O fato de os vermes de tubo terem conseguido viver, talvez por milhões de anos, na zona entremarés é evidência de um ajuste sensível de seu modo de vida: de um lado, adaptando-se às condições do mundo ao redor, dominado pelas algas das rochas; de outro lado, adequando-se aos amplos ritmos das marés, vinculados aos movimentos da Terra, da lua e do sol.

Nas espirais mais internas do tubo, há pequenas correntes de contas envoltas em celofane – ou, pelo menos, assim parece. Há aproximadamente vinte contas numa corrente. As contas são ovos em desenvolvimento. Quando os embriões chegam à fase de larva, as membranas de celofane rompem-se e os jovens animais são lançados ao mar. Ao manter as fases embrionárias dentro do tubo parental, o *Spirorbis* protege suas formas jovens contra os inimigos e assegura que as larvas estarão na zona entremarés na época propícia para estabelecerem-se. O período

Mexilhão *Mya arenaria*

de nado ativo das larvas é curto (no máximo uma hora) e bem ajustado a uma única elevação ou descenso da maré. Elas são criaturas pequenas e robustas, com manchas oculares vermelhas e brilhantes. Talvez os olhos da fase larval ajudem na identificação de um local para instalar-se, mas, de qualquer modo, eles degeneram logo após a larva ter-se estabelecido.

No laboratório, sob meu microscópio, tenho observado que as larvas ficam muito atarefadas, nadando para lá e para cá, com todas as suas pequenas cerdas vibrando; então, algumas vezes, elas descem ao fundo do recipiente de vidro e batem nele com a cabeça. Por que e como o jovem verme-de-tubo estabelece-se no mesmo tipo de lugar que seus ancestrais escolheram? Aparentemente, eles fazem muitas tentativas, reagindo mais favoravelmente às superfícies lisas do que às ásperas e demonstrando um forte instinto de comportamento gregário, que os leva a instalar-se preferencialmente onde outros de sua espécie já estão estabelecidos. Essas tendências contribuem para manter os vermes-de-tubo confinados ao seu mundo comparativamente restrito. Há também uma resposta que não se relaciona a arredores familiares, mas a forças cósmicas. A cada quinzena, no quarto lunar, uma safra de ovos é fertilizada e levada à câmara incubadora para começar seu desenvolvimento. Ao mesmo tempo, as larvas que se haviam desenvolvido durante a quinzena anterior são expelidas para o mar. Por esse ajuste de eventos – essa sincronia precisa com as fases da lua –, a liberação das formas jovens sempre ocorre numa maré morta, quando nem a elevação nem o descenso da água são de grande magnitude, de modo que, mesmo para uma criatura tão pequena, as probabilidades de permanecer dentro da zona das algas das rochas são boas.

Os caramujos-marinhos da tribo dos litorinídeos habitam os ramos superiores das algas na maré alta e abrigam-se sob elas quando a maré se retira. As cores laranja, amarela e verde-oliva de suas conchas lisas, arredondadas e achatadas no topo sugerem os corpos de frutificação das algas das rochas; talvez essa seme-

Caranguejo-verde comendo um mexilhão

lhança sirva-lhes de proteção. A *Littorina obtusata*, ao contrário do caracol-bravo, ainda é um animal do mar; a umidade salgada que ele requer é fornecida pelos filamentos úmidos e gotejantes das algas, quando a maré se retira. Ele vive de raspar as células mais externas dos talos das algas; raramente (ou nunca) desce às rochas para alimentar-se na camada superficial, como fazem outras espécies a ele aparentadas. Mesmo em seus hábitos de desova, a *Littorina obtusata* é uma criatura das algas das rochas. Não há liberação de ovos no mar, nem período juvenil para vaguear nas correntes. Todas as fases de sua vida se passam nas algas – é uma espécie que desconhece outro lar.

Curiosa sobre as fases iniciais da vida desse abundante caracol, tenho ido às florestas de algas nas marés baixas do verão para procurá-los, ao buscar entre as algas prostradas, examinando as amplas regiões onde elas vivem, em busca de sinais do que eu procurava, ocasionalmente fui recompensada pela descoberta de aglomerados transparentes de uma substância semelhante a uma geleia consistente, firmemente aderida aos talos. Em média, elas tinham 6 milímetros de comprimento e 3 milímetros de largura. No interior de cada aglomerado, pude ver os ovos, redondos como bolhas, dúzias deles aninhados na matriz confinante. Levei um desses aglomerados ao microscópio e vi que ele continha, no interior das membranas de cada ovo, um embrião em desenvolvimento. Eram claramente embriões de molusco, mas tão indistintos que eu não podia dizer que molusco nasceria dali. Nas águas frias de seu lar, mais ou menos um mês se passaria desde a fase de ovo até a eclosão; porém, nas temperaturas mais amenas do laboratório, os dias que faltavam para o completo desenvolvimento foram reduzidos a horas. No dia seguinte, cada esfera continha um pequeno bebê litorinídeo, com a concha completamente formada, aparentemente pronto para emergir e assumir sua vida sobre as rochas. Levando-se em conta que as algas ondulam com as marés e que tempestades ocasionais enviam ondas que golpeiam fortemente contra a costa,

Tubos espiralados do verme *Spirorbis*

naquele momento em que os observava perguntei a mim mesma como esses jovens caramujos se mantêm presos a seus locais de estabelecimento. Mais tarde, no verão, veio uma resposta pelo menos parcial. Notei que muitas das vesículas de ar das algas continham pequenas perfurações, como se elas tivessem sido mascadas ou perfuradas por algum animal. Cortei uma dessas vesículas cuidadosamente, de modo que pude observar o seu interior. Ali, firmes numa câmara de parede verde, estavam os bebês da *Littorina obtusata* – de dois a meia dúzia deles compartilhando o refúgio de uma única vesícula, livres dos perigos das tempestades e de inimigos.

Mais abaixo, próximo às águas baixas das marés mortas, o hidroide *Clava* lança seus mantos aveludados sobre as frondes de *Ascophyllum nodosum* e de *Fucus vesiculosus*. Erguendo-se de seu ponto de aderência como uma planta que emerge de suas raízes, cada grupo de animais tubulares se parece com um ramo de flores delicadas, escarlates a róseas, envoltas por tentáculos que se assemelham a pétalas, inclinando-se para lá e para cá conforme as correntes de água, assim como as flores nas florestas se movem com a brisa suave. Mas os movimentos oscilantes têm um propósito: por meio deles o hidroide chega ao interior das correntes em busca de alimento. A seu modo, ele é uma pequena fera da floresta, com todos os seus tentáculos carregados com baterias de células urticantes que podem ser disparadas contra suas vítimas como flechas envenenadas. Quando, em seus movimentos incessantes, os tentáculos tocam um pequeno crustáceo, um verme ou a larva de alguma criatura marinha, uma saraivada de dardos é disparada, o que paralisa a presa, a qual, então, é recolhida e levada à boca pelos tentáculos.

Cada uma dessas colônias agora estabelecida sobre as algas veio de uma pequena larva natante, que um dia ali se estabeleceu, livrou-se dos cílios que usava para nadar, fixou-se e começou a alongar-se e a transformar-se num ser semelhante a uma planta. Uma coroa de tentáculos formou-se em sua extremidade livre. Com o tempo, da base da criatura tubular, algo parecido com uma raiz ou estolão come-

Clava, um hidroide

çou a se alastrar sobre a alga presa na rocha, gerando por brotamento novos tubos, cada um completo com boca e tentáculos. Assim, todos os numerosos indivíduos da colônia originaram-se de um único ovo fertilizado que formou a larva migratória.

No tempo adequado, o hidroide com aparência de planta deve reproduzir--se, mas, por uma estranha circunstância, ele não pode por si só fornecer as células germinativas que dariam origem a novas larvas (ele só pode se reproduzir assexuadamente, por meio de brotação). Assim, há uma curiosa alternância de gerações – encontrada reiteradamente em muitos membros do grupo dos celenterados ao qual pertencem os hidroides –, por meio da qual nenhum indivíduo produz descendência que se pareça consigo próprio, mas cada um é semelhante à geração dos avós. Logo abaixo dos tentáculos de um indivíduo de *Clava*, os brotos da nova geração são produzidos: é a geração alternante que ocorre entre colônias de hidroides. Eles são como cachos pendentes, parecidos com bagas. Em algumas espécies, esses frutos, ou gemas de medusas, caem do animal parental e nada para longe; são pequenos seres parecidos com sinos, semelhantes a minúsculas medusas. Os indivíduos de *Clava*, porém, não liberam suas medusas, mas mantêm-nas aderidas. Gemas róseas são medusas-machos; as púrpuras, fêmeas. Quando estão maduras, cada uma libera seus ovos ou espermatozoides no mar. Após serem fertilizados, os ovos começam a dividir-se e, por meio de seu desenvolvimento, fornecem os pequenos filamentos protoplasmáticos de larvas, as quais nadam através de águas desconhecidas para encontrar colônias distantes.

Durante muitos dias do médio verão, as marés que chegam trazem formas opalescentes arredondadas de medusas-da-lua. A maioria delas está na condição debilitada que é peculiar à consecução de seu ciclo de vida. Seus tecidos são facilmente rompidos até por uma ligeira turbulência da água; quando a maré as leva sobre as algas das pedras e então se retira, deixando-as ali como celofane amarfanhado, elas raramente sobrevivem ao intervalo entre marés.

Todo ano elas vêm à praia, às vezes apenas uns poucos indivíduos, outras vezes em números imensos. Enquanto vagueiam em direção à costa, sua aproximação silenciosa não é anunciada sequer pelos gritos dos pássaros, que não têm interesse em medusas como alimento, pois os tecidos destas são, em grande parte, água.

Na maior parte do verão, elas estiveram errantes no mar aberto, como formas brancas e cintilantes na água, às vezes reunindo-se às centenas ao longo da linha de encontro de duas correntes, traçando linhas sinuosas no mar ao longo dessas fronteiras, que de outra forma seriam invisíveis. Mas, perto do outono, aproximando-se do fim de sua vida, as medusas-da-lua não oferecem resistência às correntes de maré, e quase toda maré cheia as traz para a costa. Nessa estação, os adultos carregam as larvas em desenvolvimento, segurando-as em dobras do tecido que fica pendente da superfície inferior do disco. As formas jovens são pequenas criaturas parecidas com peras; quando finalmente elas são sacudidas para fora da medusa-parental (ou liberadas pelo encalhe desta no litoral), elas nadam pela água rasa, às vezes em bandos. Finalmente, elas procuram um substrato ao qual cada uma ficará aderida pela extremidade que era a mais proeminente enquanto nadava. Como uma plantinha crescendo, com 3 milímetros de altura e dotada de longos tentáculos, essa estranha filha da delicada medusa-da-lua sobrevive às tempestades de inverno. Então, constrições começam a anelar o seu corpo, de modo que ela passa a lembrar uma pilha de pires. Na primavera, esses "pires" se libertam um após outro e nadam para longe, cada um deles como uma pequeníssima medusa, concluindo a alternância de gerações. Ao norte do cabo Cod, essas jovens medusas crescem até um diâmetro completo de 15 a 25 centímetros em julho; elas maturam e produzem ovos e espermatozoides no final de julho ou em agosto. Em agosto e setembro, elas começam a formar larvas que constituirão a geração fixa de um substrato. Lá pelo fim de outubro, todas as medusas da estação terão sido destruídas pelas tempestades, mas sua descendência sobreviverá, presa às rochas próximas à linha da maré baixa ou perto do fundo do mar aberto.

Se as medusas-da-lua são símbolos das águas costeiras, raramente chegando a poucos quilômetros no mar aberto, a grande medusa-juba-de-leão, *Cyanea*, ao fazer incursões periódicas em baías e portos, representa a transição entre as águas verdes rasas e as brilhantes distâncias do mar aberto. Nos bancos de pesca, centenas de quilômetros em mar aberto, pode-se ver seus imensos corpos vagando na superfície, enquanto nadam preguiçosamente; seus tentáculos às vezes estendem-se para trás por 15 metros ou mais. Em seu percurso, esses tentáculos significam perigo para quase todas as criaturas marinhas e até mesmo para seres humanos, tão poderosa é sua ferroada. No entanto, jovens bacalhaus, arenques e,

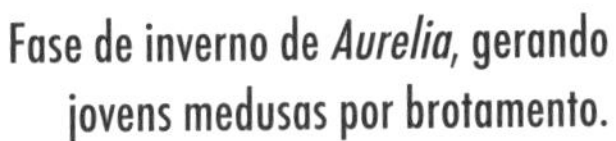

Fase de inverno de *Aurelia*, gerando jovens medusas por brotamento.

algumas vezes, outros peixes adotam a grande medusa como uma "enfermeira", viajando através do mar desprotegido sob o abrigo dessa imensa criatura, de algum modo intocados pelos ataques dos tentáculos, parecidos com as queimaduras provocadas pela urtiga.

Do mesmo modo que *Aurelia*, a medusa-juba-de-leão é um animal apenas dos mares de verão, para os quais as tempestades de outono significam o final da vida. Sua descendência, semelhante a uma planta, é a geração de inverno, a qual reproduz em quase todos os detalhes a história de vida da medusa-da-lua. Em fundos de mar que não chegam a 60 metros de profundidade (geralmente atingem muito menos), pequenos tufos de tecido vivo do tamanho de 1 centímetro representam a descendência das imensas medusas-jubas-de-leão. Elas conseguem sobreviver ao frio e às tempestades que as grandes gerações de verão não conseguem suportar; quando o calor da primavera começa a dissipar o frio congelante do mar de inverno, elas geram por brotamento os pequenos discos, que, por inexplicável magia do desenvolvimento, crescem numa única estação até atingir o tamanho da medusa adulta.

Quando a maré desce abaixo das algas das rochas, as ondas do mar costeiro passam sobre as moradas dos mexilhões. Ali, na parte mais baixa do domínio da zona entremarés, as conchas negro-azuladas formam um manto vivo sobre as rochas. A cobertura é tão densa, tão uniforme em sua textura e composição, que muitas vezes fica difícil perceber que aquilo não é rocha, mas se trata de animais vivos. Em determinado local, as conchas, em número inimaginável, não têm mais do que 6 milímetros de comprimento; em outro, os mexilhões podem ter tamanho várias vezes maior. Mas eles estão sempre compactados tão estreitamente, vizinho encostado em vizinho, que é difícil entender como algum deles pode abrir suas conchas o suficiente para receber as correntes de água que lhe trazem alimento. Cada centímetro, cada centésimo de centímetro de espaço, foi tomado por uma

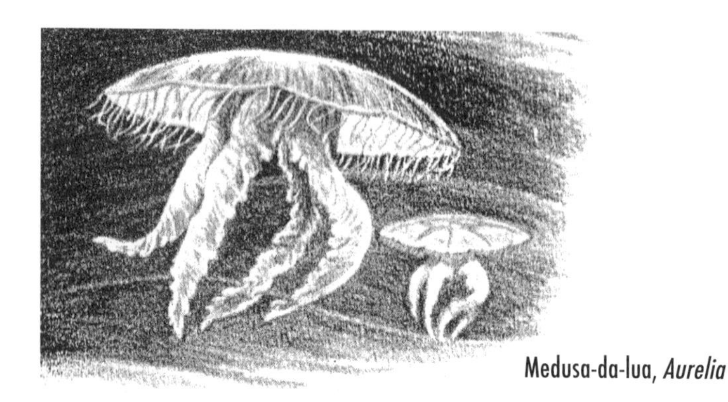

Medusa-da-lua, *Aurelia*

criatura viva cuja sobrevivência depende da capacidade de conseguir um ponto de apoio nessa costa rochosa.

A presença de cada mexilhão nessa multidão aglomerada é uma evidência do sucesso de seu propósito inconsciente, juvenil; uma expressão da imensa vontade de viver de uma diminuta larva transparente que um dia partiu à deriva no mar para encontrar seu próprio pedacinho de chão para se fixar; ou então perecer.

A deriva ocorre em escala astronômica. Ao longo da costa atlântica americana, a estação de desova dos mexilhões é prolongada, estendendo-se de abril até setembro. Não se sabe o que desencadeia uma onda de desova em determinada época, mas parece claro que a desova de uns poucos mexilhões libera na água substâncias que atuam em todos os indivíduos adultos da região, induzindo-os a depositar óvulos e esperma no mar. As fêmeas dos mexilhões descarregam os óvulos numa contínua, quase interminável corrente de aglomerados parecidos com pequenos bastonetes – centenas, milhares, milhões de células, cada qual um mexilhão adulto em potencial. Uma fêmea de grande porte pode liberar até 25 milhões de óvulos numa única desova. Em águas tranquilas, os óvulos descem suavemente até o fundo, mas nas condições normais de mar agitado, ou de correntes movendo-se rapidamente, eles são imediatamente tomados pelo mar e levados embora.

Simultaneamente à descarga dos óvulos, a água torna-se leitosa, com o esperma despejado pelos mexilhões-machos; nessa ocasião, o número de espermatozoides representa um desafio a qualquer tentativa de cálculo. Dúzias deles agrupam-se em torno de um único óvulo, exercendo pressão sobre ele, procurando

Medusa-juba-de-leão

um meio de invadi-lo. Mas uma célula masculina, e apenas uma, é bem-sucedida. Com a entrada desse espermatozoide, uma alteração física instantânea ocorre nas membranas externas do óvulo, de modo que, desse momento em diante, ele não poderá ser penetrado por outro espermatozoide.

Após a união do núcleo masculino com o feminino, a divisão da célula fertilizada ocorre rapidamente. Num período menor do que o intervalo entre a maré alta e a baixa, o ovo terá se transformado numa pequena esfera de células, propelindo-se através da água com cílios cintilantes. Em aproximadamente 24 horas, a esfera terá assumido uma forma singular, comum às larvas de todos os moluscos e vermes anelídeos. Uns poucos dias mais e ela se tornará achatada e alongada, e sairá nadando rapidamente por vibrações de uma membrana chamada *velum*. A larva então rasteja sobre superfícies sólidas e experimenta o contato com objetos estranhos. Sua jornada pelo mar está longe de ser solitária: uma população de mexilhões adultos, numa superfície de 1 metro quadrado, pode conter até 170 mil larvas natantes.

Tão logo a fina concha da larva se forma, já é substituída por outra, com duas valvas, como nos mexilhões adultos. Por essa época, o *velum* já se terá desintegrado; o manto, o pé e outros órgãos do adulto começarão a se desenvolver.

A partir do início do verão, essas pequenas criaturas dotadas de conchas vivem em números prodigiosos nas algas do mar costeiro. Em quase toda porção de alga que coleto para exame microscópico, eu as encontro rastejando, explorando seu mundo com o longo órgão tubular que lhe serve de pata, a qual possui uma estranha semelhança com a tromba de um elefante. O jovem mexilhão usa esse órgão para examinar os objetos que surgem em seu percurso, para rastejar ao longo dos talos das algas ou sobre rochas, sejam elas horizontais ou muito inclinadas, ou mesmo para andar sob a fina camada de tranquilas águas superficiais. Logo, porém, o pé assume uma nova função: ele ajuda no trabalho de tecer os resistentes fios sedosos que ancoram o mexilhão a qualquer coisa que lhe ofereça sólido suporte e segurança contra o risco de ser levado embora pelo mar agitado.

A própria existência dos campos de mexilhões na zona da maré baixa é sinal de que essa cadeia de circunstâncias tem ocorrido ininterruptamente até sua consumação por incontáveis milhões e milhões de vezes. Contudo, para cada mexilhão que sobrevive sobre as rochas, deve ter havido milhões de larvas cuja incursão no mar teve um final desastroso. O sistema existe num equilíbrio delicado; exceto por eventuais catástrofes, as forças que destroem não superam nem são superadas por aquelas que criam, de modo que, ao longo dos anos de uma vida humana, assim como ao longo das eras do tempo geológico recente, o número total de mexilhões no mar costeiro é provavel que tenha permanecido aproximadamente o mesmo.

Em grande parte dessa área de águas baixas, os mexilhões vivem em íntima associação com uma das algas vermelhas, a *Gigartina*, de pequeno porte, aspecto arbustivo e textura cartilaginosa. As algas e os musgos são inseparáveis e formam um tapete rijo. Muitos mexilhões pequenos podem crescer em torno das algas de modo tão abundante que acabam encobrindo a base de aderência das algas nas rochas. Tanto os estipes quanto os filamentos das algas, repetidamente subdivididos, ficam agitados com essa presença viva, mas se trata de uma forma de vida de dimensões tão reduzidas que somente com o auxílio de um microscópio o olho humano pode ver seus detalhes.

Caramujos, alguns cobertos por conchas com estrias brilhantes e profundamente esculpidas, arrastam-se sobre os talos das algas, alimentando-se de plantas microscópicas. Muitos dos estipes basais da alga são espessamente recobertos pelo briozoário *Membranipora*, de cujos compartimentos apenas as minúsculas cabeças dotadas de tentáculos das criaturas que ali residem são alçadas para fora. Outro briozoário de maior porte, a *Flustrella*, também forma tapetes que revestem os estipes e restolhos das algas vermelhas, revestimento esse que chega quase à espessura de um lápis. Pelos ou cerdas ásperas projetam-se do tapete, fazendo que material estranho acabe sendo a ele aderido. Do mesmo modo que a *Membranipora*, a *Flustrella* é formada de centenas de compartimentos pequenos, adjacentes. Enquanto observo ao microscópio, de cada compartimento, uma após outra robusta criaturinha emerge cautelosamente, e em seguida desfralda sua coroa de finíssimos tentáculos, do mesmo modo que uma pessoa abrindo um guarda-chuva. Vermes filamentosos deslizam sobre o briozoário, serpenteando entre as cerdas como cobras através de grosso restolho. Um crustáceo pequeno e ciclópico, com olho de cor rubi cintilante, corre incessante e desajeitadamente sobre a colônia; aparentemente ele perturba os habitantes, pois quando um deles sente o toque do inconveniente crustáceo, rapidamente dobra os tentáculos e recolhe-se em seu compartimento.

Membranipora

Nos ramos superiores dessa floresta formada pela alga vermelha, há muitos ninhos ou tubos ocupados por crustáceos anfípodes, conhecidos como *Amphithoe*. Essas pequenas criaturas parecem estar usando suéteres de cor creme, espalhafatosamente manchados de vermelho-amarronzado; em cada uma de suas faces (semelhantes às caprinas) há dois olhos bem nítidos e dois pares de antenas que parecem chifres. Os ninhos são construídos com firmeza e destreza tais como os de pássaros, mas são sujeitos a uso muito mais contínuo, pois esses anfípodes são maus nadadores e normalmente parece que detestam abandonar os ninhos. Eles acomodam-se em seus pequenos e confortáveis sacos, frequentemente com as cabeças e partes superiores do corpo expostas. As correntes de água que passam por sua alga hospedeira lhes trazem pequenos fragmentos de outras algas, garantindo, assim, sua subsistência.

Durante a maior parte do ano, o *Amphithoe* vive solteiro, cada um em um ninho. No início do verão, os machos visitam as fêmeas (que são em número muito maior) e o acasalamento ocorre no ninho. Enquanto os jovens se desenvolvem, a mãe os abriga em uma bolsa especial, formada por apêndices de seu abdômen. Frequentemente, ao carregar sua cria, ela sai completamente do ninho e vigorosamente agita correntes de água em direção à bolsa.

Os ovos fornecem embriões, e estes transformam-se em larvas; mas a mãe ainda as mantém até que seus pequenos corpos tenham se desenvolvido o suficiente para torná-las capazes de partir em busca de uma alga, construir seus próprios ninhos com filamentos de restos de algas e fios de seda misteriosamente produzidos em seus próprios corpos, alimentar-se e defender-se por si sós.

Quando os jovens anfípodes acham-se prontos para uma vida independente, a mãe mostra-se impaciente para livrar-se da prole em seu ninho. Usando garras e antenas, ela os empurra até a beirada e, com chacoalhões e cutucadas, tenta expulsá-los. Os jovens prendem-se com as garras cerdosas e providas de gancho às paredes e à porta do aconchegante lar. Quando finalmente são lançados para fora, eles perambulam pelas redondezas; quando a mãe, por descuido, emerge do ninho, eles saltam para agarrar-se ao seu corpo e, assim, serem levados de novo à segurança do ninho a que estão tão acostumados. Mas isso só dura até que a impaciência materna seja aguçada novamente.

Mesmo os jovens que acabaram de sair da bolsa incubatória constroem seus próprios ninhos e os ampliam, à medida que seu crescimento assim o requeira. Mas os jovens parecem despender menos tempo que os adultos dentro dos ninhos e passear com mais liberdade sobre as algas. É comum ver vários e pequenos ninhos construídos na proximidade de um lar de um grande anfípode;

talvez os jovens gostem de permanecer perto da mãe depois de terem sido ejetados do ninho.

Na maré baixa, a água desce a um nível inferior ao das algas das rochas e dos mexilhões e entra numa faixa ampla, revestida com as turfas marrom-avermelhadas do musgo-irlandês. O tempo de sua exposição à atmosfera é tão breve, e o recuo do mar, tão repentino, que o musgo retém um frescor radiante, uma umidade e uma cintilação que falam de seu recente contato com a agitação do mar. Talvez porque possamos visitar essa área apenas naquela breve e mágica hora da virada da maré, ou talvez porque a proximidade das ondas quebrando nas bordas rochosas, desfazendo-se em densa névoa e espuma, para depois novamente recuar mar adentro seguida de muitos sons aquáticos, somos sempre advertidos de que essa área de maré baixa pertence ao mar, e que nela somos invasores.

Ali, naquela turfa de musgos, a vida existe em camadas, umas sobre as outras. A vida se sustenta em outra vida, em seu interior, sob ela ou sobre ela. Uma vez que o musgo cresce pouco e se ramifica profusa e intricadamente, ele recobre os seres vivos e os protege contra os golpes das ondas, além de reter a umidade do mar em torno deles, nos breves intervalos da baixa da maré. Depois de visitar a costa e, à noite, ouvir as ondas passando, com a pesada carga das marés retirantes, sobre as bordas cobertas pelo musgo, eu me perguntei sobre o destino dos bebês de estrelas-do-mar, ouriços-do-mar, estrelas-serpentes, anfípodes que habitam tubos, nudibrânquios e de todas as outras

Musgo-irlandês (direita), Alface-do-mar (esquerda)

pequenas e delicadas criaturas da fauna do musgo. Mas sei que, se há segurança em seu mundo, ela deve estar ali, naquela que é a mais densa das florestas entremarés, sobre a qual as ondas quebram sem causar danos.

O musgo forma uma cobertura tão densa que, sem uma exploração minuciosa, não se pode ver o que está abaixo. A abundância de vida ali, tanto no que se refere a espécies quanto a indivíduos, existe em escala difícil de ser apreendida. Quase não há um estipe de musgo-irlandês que não seja completamente forrado por um manto de briozoário marinho – quer um rendilhado branco de *Membranipora*, quer uma crosta cristalina e frágil de *Microporella*. Uma crosta como essa consiste em um mosaico de compartimentos ou celas quase microscópicas, arranjadas em fileiras e padrões regulares, com superfícies finamente esculpidas. Cada cela é o lar de uma criatura diminuta e tentaculada. Uma estimativa conservadora diria que milhares de criaturas vivem num único estipe do musgo. Em um décimo de metro quadrado de superfície rochosa, há provavelmente centenas de tais estipes, provendo espaço vital para aproximadamente um milhão de briozoários. Numa faixa da costa do Maine, capaz de ser alcançada pelo olhar num único vislumbre, a população deve chegar a trilhões de indivíduos, apenas desse grupo de animais.

Mas há outras implicações. Se a população de *Membranipora* é tão imensa, a dos seres dos quais ela se alimenta deve ser infinitamente maior. Uma colônia de briozoário age como uma armadilha ou um filtro altamente eficiente para remover da água do mar alimentos animais pequeníssimos. Uma a uma, as portas dos compartimentos se abrem, e de dentro delas é lançado um feixe de filamentos parecidos com pétalas. Num instante, toda a superfície da colônia pode estar vivamente agitada, com tentáculos movendo-se como flores num campo varrido pelo vento; no instante seguinte, todos poderão ter-se recolhido para o interior de suas celas protetoras, e a colônia novamente se torna um piso de pedra esculpida. Mas enquanto as "flores" se agitam sobre o pavimento de pedra, também significam a morte para muitos seres do mar, uma vez que elas recolhem as diminutas formas esféricas, ovais e crescentes de protozoários e das menores algas, e talvez alguns dos mais diminutos crustáceos e vermes, ou ainda as larvas de moluscos e estrelas-do-mar, todos presentes mas invisíveis nessa floresta de musgo, em números comparáveis às estrelas no céu.

Animais maiores são menos numerosos, mas, ainda assim, impressionantemente abundantes. Ouriços-do-mar, parecidos com grandes inflorescências verdes de cardos, frequentemente ficam em baixo, entre as touceiras do musgo; os corpos globulares desses animais são ancorados firmemente na rocha subjacente por discos adesivos de muitos pés tubulares. Os litorinídeos tão comuns, curiosamente não afetados pelas condições que confinam a maioria dos animais entremarés a certas áreas, vivem acima, no interior ou abaixo da zona do musgo. Ali, suas conchas ficam espalhadas sobre a superfície da alga na maré baixa; elas pendem pesadamente de seus filamentos, prestes a cair a um simples toque.

As jovens estrelas-do-mar habitam ali às centenas; esses campos de musgo parecem ser um dos principais viveiros para esses animais nas costas setentrionais. No outono, quase todas as demais algas protegem criaturas com tamanhos de 0,5 a 1 centímetro. As pequenas estrelas apresentam padrões de cor que são eliminados na maturidade. Os pés tubulares, os espinhos e todos os outros curiosos anexos epidérmicos dessas jovens estrelas espinescentes são grandes, proporcionalmente ao seu tamanho total, e têm evidente perfeição em sua forma e estrutura.

Na superfície rochosa entre os estipes da alga ficam as estrelas recém-saídas da fase larval. Elas são irrelevantes partículas brancas; em seu tamanho e delicada beleza, parecem flocos de neve. Há um óbvio sentido de novidade vinculado a elas, proclamando que apenas recentemente passaram pela metamorfose da forma larval à adulta.

Talvez tenha sido precisamente nessas rochas que as larvas natantes, tendo completado seu período de vida no plâncton, chegaram para descansar, fixaram-se firmemente e tornaram-se, por um breve momento, animais sedentários. Então, seus corpos eram como vidro soprado, dos quais delgados cornos se projetavam; os cornos ou lobos eram recobertos com cílios para natação e alguns deles possuíam ventosas, a serem usadas quando as larvas procurassem um firme substrato no fundo do mar. Durante o curto, mas crítico, período de fixação, os tecidos da larva foram reorganizados de modo tão completo quanto os de um inseto dentro da crisálida; a forma jovem desapareceu, e, em seu lugar, o corpo pentarradiado se formou. Agora, quando as encontramos, essas estrelas-do-mar recém-formadas usam seus pés tubulares de modo eficiente, arrastando-se sobre as rochas, endi-

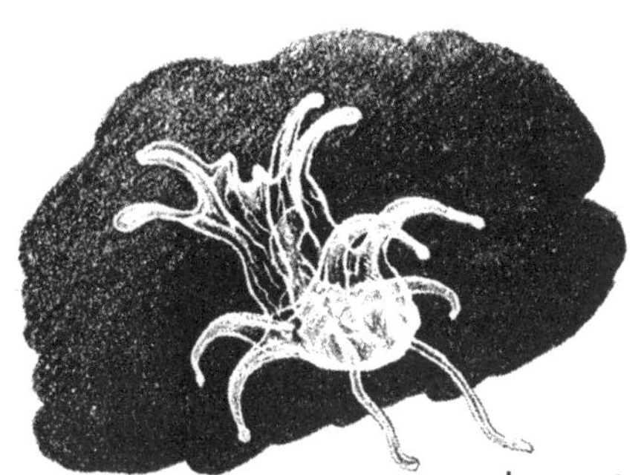

Larva natante de estrela-do-mar

reitando o corpo quando, inadvertidamente, tombam e ficam com o dorso para baixo. Podemos até mesmo supor que estejam utilizando os pés para encontrar e devorar pequenos alimentos animais, como faz uma verdadeira estrela-do-mar.

A estrela-do-mar *Asterias vulgaris* vive em quase toda piscina de maré baixa ou aguarda o intervalo das marés no musgo-irlandês ou no frescor gotejante de uma saliência rochosa. Numa maré muito baixa, quando a retirada do mar é breve, essas estrelas estendem suas formas coloridas sobre o musgo, como se fossem muitas flores – rosa, azul, lilás, pêssego ou bege. Aqui e ali, há uma estrela cinzenta ou alaranjada, sobre a qual os espinhos se destacam nitidamente num padrão pontilhado. Seus braços são mais arredondados e firmes do que os da *Asterias*, e a placa redonda e pétrea de sua superfície superior é geralmente de um laranja brilhante, em vez do amarelo pálido da *Asterias*. Essa estrela-do-mar é comum ao sul do cabo Cod; apenas uns poucos indivíduos chegam mais para o norte. Há ainda uma terceira espécie que habita essas rochas da região de maré baixa – a estrela-sangue, *Henricia*, cujos indivíduos não apenas vivem nessas áreas marginais do mar, mas vão até as zonas mais baixas e pouco iluminadas do fundo do oceano, próximo ao limite da plataforma continental. Essa estrela sempre habita águas frias. Acredita-se que, ao sul do cabo Cod, ela siga na direção do mar aberto para encontrar as temperaturas de que necessita. Mas sua dispersão não se faz, como se poderia supor, por meio de fases larvais, pois, diferentemente da maioria das estrelas-do-mar, a *Henricia* não produz fases jovens natantes. Em vez disso, a mãe retém os ovos, e as formas jovens desenvolvem-se a partir deles, no interior de uma bolsa formada pelos braços maternos. Nesse estágio, a mãe assume uma posição encurvada, para assim, cuidar de seus descendentes até que estes se tornem pequenas estrelas, completamente desenvolvidas.

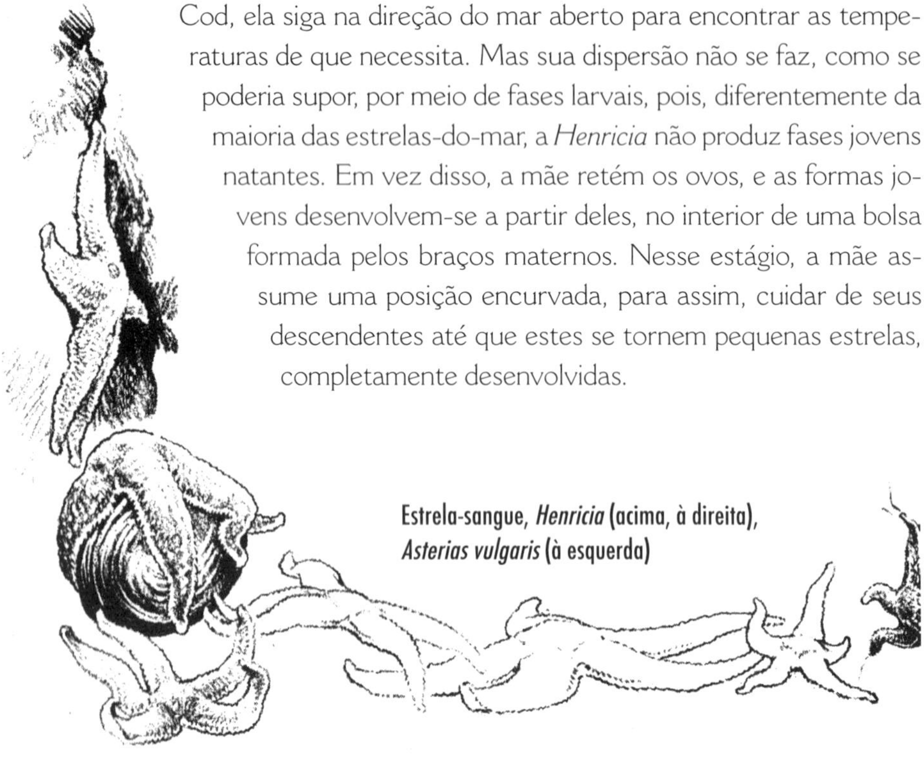

Estrela-sangue, *Henricia* (acima, à direita), *Asterias vulgaris* (à esquerda)

O caranguejo *Cancer borealis* usa o resistente tapete de musgo-irlandês como esconderijo para aguardar o retorno da maré ou a vinda da escuridão. Lembro-me de uma saliência de rocha recoberta de musgo, avançando do costão sobre um local profundo do mar, onde laminárias revolviam-se na maré. O mar acabara de descer a um nível abaixo dessa saliência; seu retorno era iminente e, de fato, anunciado por todas as fortes ondas que alcançavam a orla e logo desciam. O musgo estava saturado, retendo água tão fielmente como uma esponja. Vislubrei, embaixo daquele espesso tapete, uma cor rósea brilhante. De início, assumi que se tratasse de algas coralinas incrustadas, mas, quando afastei os filamentos, fiquei surpresa com um movimento abrupto: naquele momento um grande caranguejo mudou de posição e parou novamente numa espera passiva. Só depois de investigar mais detalhadamente o musgo foi que encontrei outros caranguejos, aguardando o breve intervalo da maré baixa, razoavelmente protegidos de serem detectados pelas gaivotas.

A aparente passividade desses caranguejos do mar setentrional deve estar relacionada à sua necessidade de escapar das gaivotas – provavelmente seus inimigos mais persistentes. Durante o dia, sempre é necessário procurar muito até encontrar os caranguejos. Se não estiverem profundamente escondidos entre as algas, eles poderão estar aninhados no mais íntimo recesso proporcionado por uma rocha apoiada sobre outras. Ali, no escuro frescor, eles estão seguros, movendo as antenas tranquilamente enquanto esperam o retorno do mar. Na escuridão, porém, os grandes caranguejos são donos do mar costeiro. Numa noite, quando a maré estava baixando, desci ao mundo da maré baixa para devolver uma grande estrela-do-mar que eu havia capturado durante a maré da manhã. Quando a capturei, a estrela ocupava confortavelmente o nível mais baixo dessas marés da lua de agosto, e deveria ser devolvida naquele mesmo nível. Peguei uma lanterna e tomei o caminho de descida, sobre as escorregadias algas presas nas rochas. Era um mundo bizarro; a parede rochosa era acortinada com algas e pedras que, durante o dia, serviam de marcas familiares de reconhecimento do local; mas, agora, pareciam muito maiores do que me lembrava e assumiam formas estranhas. Naquele momento, cada detalhe recebia das sombras um impressionante realce. Para todo lado que eu olhava, quer iluminando diretamente com o facho de luz da lanterna, quer obliquamente no campo semi-iluminado, caranguejos agitavam-se para lá e para cá. Brava e possessivamente, eles dominavam as rochas cobertas de algas. Com o grotesco de sua aparência, parecia que eles tinham transformado esse local, ainda há pouco tão familiar, num mundo de seres fantásticos.

Em alguns locais, o musgo não está fixado sobre a rocha, mas sim sobre uma camada de seres vivos, uma comunidade de mexilhões-cavalo. Esses grandes moluscos habitam conchas bojudas e pesadas, com uma das extremidades eriçadas com cerdas que crescem como excrescências da epiderme. Na verdade, tais mexilhões são a base de toda uma comunidade de animais, para a qual, sem a atividades desses moluscos, a vida seria impossível nessas rochas açoitadas pelas ondas. Os mexilhões fixam suas conchas à rocha subjacente por um emaranhado quase irrompível de filamentos dourados por eles secretados; trata-se de seu bisso, um produto de glândulas localizadas na pata longa mais delgada. Os fios são produzidos com uma curiosa secreção leitosa, que solidifica em contato com a água do mar, e possuem uma textura que consiste numa combinação notável de firmeza, resistência, maleabilidade e elasticidade. Estendendo-se em todas as direções, esses delgados filamentos permitem ao mexilhão manter sua posição resguardada não apenas contra o ímpeto das ondas, mas também contra o efeito de empuxe da onda retirante, que, num mar agitado, é de magnitude impressionante.

Ao longo dos anos em que os mexilhões ali cresceram, partículas de resíduos de lama estabeleceram-se sob suas conchas e ao redor das linhas de ancoragem dos fios do bisso. Isso criou outra área de vida, um tipo de sub-bosque habitado por uma diversidade de animais: vermes, crustáceos, equinodermos e numerosos moluscos, inclusive os bebês moluscos da próxima geração – ainda tão pequenos e transparentes que se pode ver as formas infantis de seus corpos através das conchas em formação.

Certos animais quase invariavelmente vivem entre os mexilhões-cavalo. Estrelas-serpentes insinuam seus corpos delgados entre os filamentos e sob as conchas dos mexilhões, deslizando com os movimentos serpenteantes de suas finas pernas. O verme *Lepidonotus* também sempre vive ali. Mais abaixo, nas camadas inferiores dessa estranha comunidade de animais, as estrelas-do-mar podem

***Cancer borealis* (à esquerda); caranguejo comum (à direita). Proporcionalmente, o primeiro tem concha mais ampla e mais profundamente esculpida.**

viver sob estrelas-serpentes e vermes *Lepidonotus*; os ouriços-do-mar podem ser encontrados sob as estrelas-do-mar, e os pepinos-do-mar, sob os ouriços.

Dentre os equinodermos que vivem nessa região, poucos são os maiores indivíduos da espécie. A cobertura de mexilhões-cavalo parece ser o abrigo de animais jovens, em fase de crescimento; de fato, as estrelas e ouriços-do-mar plenamente desenvolvidos dificilmente poderiam se acomodar ali. Nos intervalos da maré baixa em que o local fica sem água, os pepinos-do-mar encolhem-se, assumindo a forma de pequenas estruturas ovais que raramente ultrapassam 2,5 centímetros de comprimento, parecidas com bolas de futebol americano. Mas, uma vez de volta à água e completamente relaxados, eles se distendem até um comprimento de 15 centímetros e abrem uma coroa de tentáculos. Os pepinos forrageiam detritos e exploram os restos de alimento dos arredores lamacentos, com seus suaves tentáculos, os quais são, vez ou outra, esfregados na boca, como faz uma criança ao lamber os dedos.

Em espaços profundos na população de musgo, sob camadas de mexilhões, um pequeno peixe longo e fino da tribo Blenniidae, o peixe-gonela, aguarda o retorno da maré enrolado em seu refúgio cheio de água, junto de outros peixes de sua espécie. Se perturbados por um intruso, todos agitam a água violentamente, para escapar, contorcendo-se com ondulações parecidas às de uma enguia.

Nos locais onde os grandes mexilhões crescem de modo mais esparso, nos subúrbios desse conglomerado de mexilhões voltados para o alto-mar, a cobertura de musgos também fica mais fina; porém, ainda assim, a rocha subjacente raramente fica exposta. Nessas áreas, a esponja verde *Hymeniacidon*, que nos níveis mais altos procura abrigo em espaços entre as rochas ou em piscinas naturais, parece ser capaz de enfrentar a força direta do mar; ela forma mantos macios de coloração verde pálida, pontilhados com crateras e cones típicos dessa espécie. Aqui e ali, manchas de outra cor aparecem com frequência no meio da população

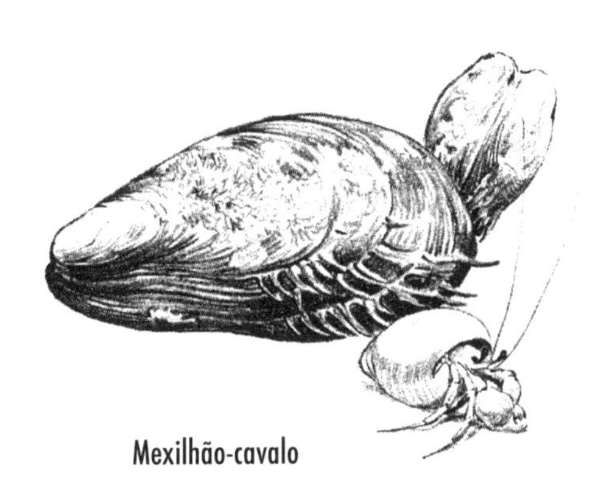

Mexilhão-cavalo

de musgos – rosa opaco ou um marrom-avermelhado brilhante, com toque de cetim –, como uma sugestão sobre o que existe nos níveis mais baixos.

Durante boa parte do ano, as marés grandes descem até a faixa do musgo-irlandês, mas não vão além, retornando então em direção à terra. Em certos meses, porém, dependendo da mudança de posição do sol, da lua e da Terra, mesmo as marés grandes ganham em amplitude, de modo que o movimento de suas águas faz que desçam mais em direção ao mar e, também, a subam mais ao retornar, invadindo o continente. As marés de outono sempre se movem fortemente, e, quando a lua do caçador cresce e se arredonda, vêm dias e noites em que as marés invasoras ultrapassam os limites de granito, enviando pequenas ondas rendilhadas que avançam até tocar as raízes de miricáceas; nas marés baixas, com o sol e a lua combinados para arrastar as águas para o mar, os refluxos descem até rochas que não eram vistas desde a lua de abril, que brilhara sobre suas formas escuras. Assim, expõe-se o fundo esmaltado do mar – com o tom róseo das algas coralinas, o verde dos ouriços-do-mar e o brilhante âmbar das laminárias.

Em ocasiões de marés tão fortes, desço até o limite do mundo marinho no qual as criaturas da terra raramente são admitidas no ciclo anual. Ali, conheci escuras cavernas onde pequenas flores abrem-se e suaves corais resistem à temporária retirada das águas. Nessas cavernas e na úmida obscuridade de profundas fendas nas rochas, eu me encontrei em meio ao mundo das anêmonas-do-mar – seres que exibem uma coroa de tentáculos de coloração creme sobre as brilhantes colunas marrons de seus corpos, parecendo belos crisântemos desabrochando em pequenas poças nas depressões logo abaixo da linha de maré.

Esponja *Halichondria*.
Estrela-serpente (abaixo, à esquerda), em busca de alimento na esponja.

Nos locais em que as anêmonas ficam expostas por esse extremo recuo das águas, seu aspecto é tão alterado a ponto de parecer que elas não foram destinadas a essa breve experiência de vida terrestre. Onde quer que os contornos desse irregular fundo marinho forneçam algum refúgio, encontrei colônias expostas dessas criaturas – dúzias ou multidões de anêmonas coroadas juntas, com seus corpos translúcidos tocando uns aos outros, lado a lado. As anêmonas que se fixam a uma superfície horizontal respondem ao empuxo da água contraindo seus tecidos até uma forma cônica achatada de firme consistência. A coroa de suaves e plumosos tentáculos é recolhida totalmente; quem vê uma anêmona nessa situação não faz ideia da beleza que se vê ali quando o animal se expande. As que crescem sobre rochas verticais pendem para baixo flacidamente, estendidas segundo formas curiosas, parecidas com ampulhetas, com todos os seus tecidos lassos sob o efeito da incomum tração das águas recuando para o alto-mar. A elas não falta a habilidade da contração, pois, ao serem tocadas, imediatamente começam a encurtar a coluna, retomando proporções mais próximas das normais. Essas anêmonas abandonadas pelo mar são muito mais objetos bizarros do que peças de adorno; de fato, elas guardam apenas uma remota semelhança com as anêmonas em flor recobertas pela água que ocupam mar adentro, com todos os tentáculos expandidos em busca de alimento. Pequenos seres aquáticos que entram em contato com os tentáculos dessas anêmonas expandidas recebem uma descarga mortal. Cada um dos mil ou mais tentáculos possui milhares de dardos enrolados em espiral, com um diminuto espinho saliente. Esse espinho talvez reaja como um sensor que dispara os dardos; possivelmente, a mera aproximação da presa atue como um tipo de gatilho químico, fazendo que o dardo seja lançado com grande violência, enrolando-se em torno da vítima ou introduzindo o veneno em seu corpo.

Anêmonas-plumosas. Jovem anêmona (à direita, abaixo) produzida a partir de fragmentos de adulto.

Como as anêmonas, os corais moles pendem dos lados inferiores dos rebordos das rochas, em colônias do tamanho de dedais. Murchos e gotejantes durante a maré baixa, eles não lembram em nada a vitalidade e a beleza que lhes serão devolvidas pela água, com o retorno da maré. Quando isso acontecer, de todos os numerosíssimos poros da superfície da colônia, os tentáculos dos pequenos animais tubulares aparecerão e os pólipos se lançarão na maré, cada um capturando para si os diminutos camarões, copépodes e larvas de múltiplas espécies trazidas pela água.

Os corais moles não secretam taças de calcário, como fazem seus parentes distantes, os corais de recife, mas formam colônias nas quais muitos animais vivem imersos numa dura matriz reforçada com espículas de calcário. Embora de tamanho ínfimo, as espículas são geologicamente importantes nos locais em que, nos recifes tropicais, os corais moles (ou alcionários) misturam-se com os corais verdadeiros. Com a morte e a dissolução dos tecidos moles, as duras espículas convertem-se em diminutas pedras de construção e se tornam parte da composição do recife. Os alcionários multiplicam-se profusamente e com grande diversidade nos recifes de corais e nas planícies do oceano Índico, pois esses corais moles são, predominantemente, seres dos trópicos. Uns poucos, porém, aventuram-se em águas polares. Uma espécie de enorme porte, tão alta quanto um homem de grande estatura e ramificada como uma árvore, vive nos bancos pesqueiros ao largo da Nova Escócia e da Nova Inglaterra. A maioria de seus indivíduos habita águas profundas, já que a maior parte das rochas entremarés lhes é inóspita e poucas formações rochosas, rara e brevemente expostas nas águas baixas das marés grandes, possuem colônias desses corais em suas superfícies escuras e ocultas.

Em espaços entre rochas e nas fendas destas, em pequenas poças cheias de água, ou em costões rochosos brevemente expostos pela baixa da maré, colônias de hidroides *Tubularia* de cor rosada formam jardins de grande beleza. Onde a água

Ferrão de um celenterado

ainda os encobre, os animais com aparência de flores oscilam com muita graça nas extremidades de longos pedúnculos, e mantêm seus tentáculos ativos na captura de pequenos animais do plâncton. Mas talvez eles atinjam pleno desenvolvimento nos locais em que são permanentemente submersos. Eu os vi revestindo de modo tão exuberante colunas de cais, boias, cordas e cabos submersos, que nem sequer traços do substrato eram visíveis; o conjunto dava a ilusão de milhares de pequenas flores, cada uma do tamanho da extremidade do meu dedo mínimo.

Abaixo de onde estão as últimas moitas de musgo-irlandês, um novo tipo de fundo de mar fica exposto. A transição é abrupta. Como se houvesse uma linha delimitadora, de repente não há mais musgo, e passa-se do macio tapete marrom para uma superfície que parece de pedra. Exceto pelo fato de a cor não ser a correta, o efeito é quase o de se estar numa montanha vulcânica – nota-se o mesmo aspecto nu e árido. No entanto, não é rocha o que se vê. A verdadeira rocha subjacente é recoberta em toda a superfície, exposta ou oculta, vertical e horizontalmente, com uma crosta de algas coralinas, de modo que acaba ostentando uma cor rosa opaca. Tão íntima é a união que a alga parece ser parte da rocha. Nesse local, os caramujos litorinídeos possuem manchas róseas em suas conchas, e todas as grutas de rochas e fissuras são revestidas com a mesma cor. O fundo rochoso que desce e se afasta sob águas verdes vai transportando o tom rosado até onde a vista consegue alcançar.

Poucos seres são tão fascinantes quanto as algas coralinas. Elas pertencem ao grupo das algas vermelhas, a maioria das quais vive em águas costeiras profundas, pois a natureza química de seus pigmentos geralmente requer a proteção de uma barreira aquática entre seus tecidos e o sol. As coralinas, contudo, são extraordinárias por sua capacidade de tolerar a luz solar direta. Elas são capazes de incorporar o carbonato que compõe o calcário diretamente aos seus tecidos, de modo que eles ficam endurecidos. A maior parte das espécies forma manchas

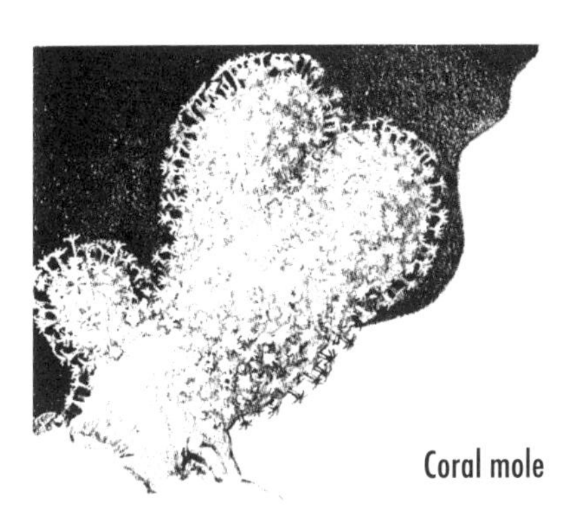

Coral mole

de incrustação nas rochas, conchas e outras superfícies firmes. A crosta pode ser delgada e lisa, sugerindo uma camada de pintura de esmalte, ou pode ser espessa e áspera devido a pequenos nódulos e protuberâncias. Nos trópicos, as coralinas frequentemente atuam na composição de recifes de coral, contribuindo para consolidar as estruturas ramificadas construídas pelos animais de coral em um sólido recife. Em algumas regiões das Índias Orientais, elas cobrem as planícies de maré a perder de vista, com suas crostas de tons delicados. Muitos dos "recifes de coral" do oceano Índico não contêm corais, mas são formados em grande parte por essas algas. Em torno das costas de Spitsbergen, onde crescem as imensas florestas de algas pardas sob as águas parcamente iluminadas do norte, também há vastos bancos calcários, estendendo-se quilômetro após quilômetro, formados pelas algas coralinas. Capazes de viver não apenas na tepidez tropical, mas também onde as temperaturas da água raramente avançam acima do ponto de congelamento, essas algas proliferam em toda a zona que vai do Ártico ao Antártico.

Nas áreas em que as mesmas coralinas pintam uma faixa de cor rósea sobre as rochas da costa do Maine, como se marcassem a linha inferior das mais baixas águas das marés grandes, a vida animal que se pode enxergar é escassa. Mas, embora quase nada que seja visível pareça viver deliberadamente nessa região, milhares de ouriços-do-mar são encontrados ali. Naqueles locais, em vez de esconderem-se em fissuras ou sob rochas. Como o fazem em níveis mais elevados, eles vivem completamente expostos na planície ou sobre as rochas. Grupos em números de meia centena de indivíduos ficam reunidos nas rochas revestidas de coralinas, formando manchas de um verde puro sobre o fundo róseo. Já vi mul-

Camarão *Caprella* sobre hidroides *Tubularia*

Ouriço-do-mar-verde sobre algas coralinas

tidões de ouriços sobre rochas lavadas por pesadas ondas; aparentemente, todas as pequenas âncoras de seus pés tubulares os mantinham firmemente seguros. Embora as ondas quebrassem fortemente e recuassem num ímpeto turbulento de águas, os ouriços mantinham-se ali, impassíveis. Talvez a forte tendência de esconder-se e enfiar-se em fissuras e sob pedras, como fazem os ouriços em piscinas naturais ou mais acima, na zona das algas das rochas, não seja tanto um meio de evitar o poder do mar agitado, mas muito mais uma forma de escapar dos olhos curiosos das gaivotas, que os caçam implacavelmente em todas as marés baixas. Essa zona coralina, onde os ouriços vivem tão voluntariamente, está quase sempre coberta por uma camada protetora de água; provavelmente, não mais do que uma dúzia de marés diurnas descem até esse nível durante o ano inteiro. Em todas as outras épocas, a profundidade da água sobre os ouriços evita que as gaivotas tenham acesso a eles, pois, embora uma gaivota possa fazer rasos mergulhos sob a água, ela não pode aprofundar-se como faz uma gaivina, e provavelmente não pode alcançar profundidade maior do que o comprimento de seu próprio corpo.

As vidas de muitas dessas criaturas das rochas da maré baixa são conectadas por laços de relacionamento, como as relações entre predadores e presas e entre espécies que competem por espaço ou alimento. Acima de tudo isso, o próprio mar exerce uma força orientadora e reguladora.

Os ouriços-do-mar buscam santuários para proteger-se das gaivotas nesse nível inferior das marés grandes, mas eles próprios mantêm a posição de predadores perigosos de outros animais. Onde quer que avancem em direção a zonas de musgos-irlandeses, escondendo-se em fendas profundas ou protegendo-se sob pedras, eles devoram numerosos caramujos litorinídeos e atacam cracas e mexilhões. O número de ouriços em determinado nível da costa tem um forte efeito regulatório sobre as populações de suas presas. A estrela-do-mar e um caracol litorinídeo voraz, o *Buccinum undatum*,[6] do mesmo modo que os ouriços-do-mar, têm seus centros populacionais em águas profundas mais distantes da costa e fazem incursões predatórias de duração variada na zona entremarés.

A posição dos animais que são presas – mexilhões, cracas e caramujos litorinídeos – em regiões costeiras abrigadas, tem-se tornado difícil. Eles são tolerantes e adaptáveis, capazes de viver em qualquer nível da maré. No entanto, em tais regiões as algas das rochas têm dificultado o estabelecimento desses animais nos dois terços superiores da costa, de modo que poucos e esparsos indivíduos têm conseguido se fixar. Na linha da maré baixa, ou um pouco abaixo, estão os predadores famintos. Então, tudo o que resta para esses animais é o nível próximo da linha de águas baixas das marés mortas. Nas costas protegidas é que as cracas e mexilhões agregam-se aos milhões, alastrando uma cobertura branca e azul sobre as rochas; a eles, juntam-se legiões de litorinídeos comuns.

Mas o mar, com seu efeito moderador e transformante, pode alterar esse padrão. Os caramujos *Buccinum*, as estrelas e os ouriços-do-mar são seres de água fria. Nos locais em que as águas do mar aberto são frias e profundas e nas áreas em que o fluxo da maré deriva de reservatórios gelados, os predadores podem migrar para a zona entremarés, dizimando muitas de suas presas. Mas quando sobrevém uma camada de água morna superficial, os predadores ficam confinados aos níveis das profundidades frias. À medida que eles se retiram para longe da costa, legiões de presas desses animais descem até onde conseguem no mundo das marés baixas.

As piscinas naturais contêm mundos misteriosos em suas profundezas, nos quais toda a beleza do mar é sutilmente sugerida e mostrada em miniatura. Algumas das piscinas ocupam profundas fendas ou fissuras; no lado voltado para o mar, essas fendas desaparecem sob a água, mas no lado que se volta para a terra elas avançam em declive para os costões cujas paredes sobem alto, projetando sombras profundas sobre a água em seu interior. Outras piscinas estão contidas em bacias rochosas com margem alta no lado do mar, que retém a água quando na derradeira maré baixa o mar se retira para além dessas piscinas. Algas prendem-se às suas paredes. Esponjas, hidroides, anêmonas, lesmas marinhas, mexilhões e

6 No original, *common whelk*. (NT)

estrelas-do-mar vivem na água, que às vezes permanece tranquila durante horas, mesmo que logo além da margem as ondas estejam golpeando com violência.

As piscinas podem ter comportamentos instáveis. À noite elas abrigam as estrelas e refletem a luz da Via Láctea, que desliza pelo céu bem acima delas. Outras estrelas, dotadas de vida, chegam provenientes do mar: há as esmeraldas brilhantes de minúsculas diatomáceas fosforescentes; há os cintilantes olhos de pequenos peixes que nadam na superfície da água escura, peixes esses que se movem quase verticalmente, com a boca voltada para cima, e cujos corpos são mais delgados do que palitos de fósforo; e há um brilho parecido com o da luz da lua, vindo de ctenóforos que chegam com a maré alta. Peixes e ctenóforos caçam nos escuros recessos das bacias rochosas, mas, do mesmo modo que as marés, eles vêm e vão, sem vínculos fixos com a vida costumeira das piscinas.

Durante o dia, o comportamento é outro. Algumas das mais lindas piscinas naturais ficam em níveis altos da costa. Seu encanto vem da beleza peculiar dos elementos simples: cor, forma e reflexos. Conheço uma piscina que tem apenas poucos centímetros de profundidade e, no entanto, guarda toda a imensidão do céu em seu interior, capturando e confinando o azul refletido de grandes distâncias. A piscina é delineada por uma faixa de cor verde brilhante, oriunda de uma população de algas chamadas *Enteromorpha*. Os talos das algas têm a forma de simples tubos ou palhas. No lado voltado para a terra, uma parede de rochas cinzentas se ergue da superfície até a altura de um homem e, refletida na água, ela exibe profundidade correspondente. Além e abaixo da parede refletida, fica a distante vastidão celeste. Quando a luz do local e nossa disposição estão em harmonia, pode-se olhar para baixo, para aquele denso azul, e hesitar diante da decisão de entrar ou não numa que parecem sem fundo. Nuvens passam por elas e sopros de vento deslizam em sua superfície, mas pouca coisa mais se move ali. A piscina pertence à rocha, às algas e ao céu.

Ctenóforos: *Pleurobrachia* (à esquerda) e *Mnemiopsis*, comuns ao sul do cabo Cod (à direita)

Em outra grande piscina natural ali nas proximidades, a alga de tubos verdes cresce em todo o fundo. Por obra de um sortilégio, a piscina transcende seu contexto de rocha, água e algas e cria, a partir desses elementos, a ilusão de outro mundo. Olhando para aquela lagoa, não se vê água, mas um agradável cenário de colinas e vales com esparsas florestas. Contudo, a ilusão não é tanto de uma verdadeira paisagem, mas muito mais a de uma pintura; como as tintas do pincel de um hábil artista, os filamentos individuais das algas não retratam literalmente as árvores, eles simplesmente as sugerem. Mas a mestria da lagoa, assim como o do pintor, criam a imagem e a sensação.

Pouca ou nenhuma vida animal é visível em qualquer dessas piscinas das partes altas – talvez uns poucos litorinídeos e alguns esparsos e pequenos isópodes cor de âmbar. As condições são difíceis em todas as piscinas nos níveis superiores da costa, por causa da prolongada ausência do mar. A temperatura da água pode subir muitos graus, refletindo o calor do dia. A água resfria sob pesadas chuvas ou se torna mais salgada sob o sol quente. Ela varia entre ácida e alcalina em curto espaço de tempo, em virtude da atividade química das algas. Em regiões mais baixas da costa, as piscinas provêm condições muito mais estáveis, de modo que nelas tanto algas quanto animais são capazes de viver em níveis mais elevados do que conseguiriam sobre rochas expostas. Assim, as lagoas de maré têm o efeito de mover as zonas de vida para posições mais altas na costa. No entanto, elas também são afetadas pela duração da ausência do mar, razão pela qual os habitantes de uma lagoa num nível mais alto são bem distintos daqueles que vivem numa lagoa em local mais baixo, separada do mar apenas brevemente e em momentos distanciados entre si por longos intervalos.

De fato, as mais altas dentre as piscinas pertencem muito pouco ao mar; elas retêm as chuvas e só ocasionalmente recebem um influxo de água do mar, por efeito das ondas de tempestade e de marés muito altas. Mas as gaivotas, em seus voos de caça na beira-mar, às vezes trazem um ouriço-do-mar, um caranguejo ou um mexilhão e deixa-os cair sobre as rochas, partindo desse modo as rígidas coberturas desses animais e expondo-lhes as partes moles internas. Porções de placas de ouriço-do-mar, garras de caranguejos ou conchas de mexilhões, desviadas para o interior das lagoas, desintegram-se fazendo que seu conteúdo calcário entre na composição química da água, que então se torna alcalina. Tal condição se revela favorável ao crescimento de uma diminuta alga unicelular chamada *Sphaerella* – uma pequeníssima e globular porção de vida, quase invisível individualmente; porém, o conjunto de milhões delas torna as águas das altas lagoas vermelhas como sangue. Supostamente, a alcalinidade é uma condição necessária. Outras piscinas, aparentemente semelhantes, exceto pela circunstância fortuita de não conterem conchas, nada têm dessas pequenas esferas carmesins.

Mesmo as lagoas menores, que preenchem depressões cujo tamanho não ultrapassa o de uma colher de chá, têm alguma vida. Comumente, a população consiste de uma fina mancha de numerosos insetos pequenos da costa marinha, o *Anurida maritima*, nome cujo significado literal é "o desprovido de asas que vai para o mar". Esses diminutos insetos correm sobre a superfície quando a água está tranquila, saindo facilmente das margens de uma lagoa em direção às de outra. Porém, a mais insignificante ondulação faz que os *Anurida* fiquem à deriva, totalmente desorientados, de modo que centenas deles se reúnem por acaso, tornando-se facilmente observáveis apenas quando formam manchas finas sobre a água, com aparência de folhas. Um único *Anurida* é tão pequeno quanto um pernilongo. Sob uma lente, ele parece estar recoberto por um veludo azul-acinzentado, através do qual emergem muitas cerdas ou pelos. As cerdas retêm uma camada de ar em torno do corpo do inseto quando ele entra na água; desse modo, ele não precisa retornar à costa mais acima quando a maré subir. Envolto por esse cobertor de ar cintilante, seco e com condições de respirar, ele aguarda em fendas e fissuras, até que a maré novamente suba. Quando isso acontece, ele emerge para flutuar sobre as rochas, buscando os corpos de peixes e caranguejos, além de cracas e moluscos mortos, os quais lhe provêm alimento, uma vez que consiste num dos carniceiros que desempenham papel importante na economia do mar, mantendo os materiais orgânicos em circulação.

Frequentemente, vejo que as piscinas no terço superior da costa são revestidas de uma cobertura marrom aveludada. Meus dedos, ao explorá-la, são capazes de removê-la aos pedaços, como delgadas folhas de superfície lisa tal qual pergaminho. Trata-se de uma alga parda chamada *Ralfsia*; ela aparece nas rochas em pequenas populações, parecidas com liquens, ao passo que, nessas lagoas, espalham suas delgadas crostas sobre áreas extensas. Onde quer que essa alga cresça, sua presença altera a natureza da lagoa, pois fornece o abrigo que muitas pequenas criaturas buscam com avidez. Aqueles suficientemente pequenos arrastam-se sob ela, para habitar os espaços escuros entre a alga incrustante e a rocha, encontrando ali segurança contra o perigo de serem levados pelas ondas. Olhando para essas piscinas naturais e seu revestimento aveludado, alguém diria que há pouca vida por ali – apenas um ruído característico de litorinídeos alimentando-se, com suas conchas balançando para lá e para cá, à medida que eles raspam a superfície da crosta parda; ou então umas poucas cracas com seus cones saindo do manto de algas, abrindo suas portas para explorar a água em busca de comida. Entretanto, toda vez que eu trouxe uma amostra dessa alga parda para o meu microscópio, eu a vi repleta de vida. Sempre encontrei muitos tubos cilíndricos, finos como agulhas e feitos com uma substância lamacenta. O arquiteto de cada um deles é um pequeno verme cujo corpo é formado de uma série de 11 anéis ou segmentos infinitamente pequenos, como 11 peças num jogo de damas, empilhadas umas sobre as outras. De sua cabeça eleva-se uma estrutura que o torna muito bonito; sem ela, o verme seria totalmente sem graça. Trata-se de uma pluma, semelhante a um leque, composta de delicados filamentos ondulantes. Os filamentos absorvem oxigênio e, quando são postos para fora do tubo, também são usados para capturar pequenos organismos que servem de alimento. Entre essa microfauna da crosta de *Ralfsia*, sempre tenho encontrado pequenos crustáceos com caudas aforquilhadas e olhos cintilantes de cor rubi. Outros crustáceos, os ostracódeos, ficam encerrados em conchas achatadas de cor de damasco e organizadas em duas partes, como uma caixa com tampa; longos apêndices podem ser alçados para fora da concha para atuar como remos no transporte dos crustáceos através da água. Mas os mais numerosos de todos os animais são diminutos vermes que correm céleres pela crosta. São vermes cerdosos e segmentados de muitas espécies e vermes de corpo liso em fita, parecidos com cobras ou nemérteos; sua aparência e seus rápidos movimentos denunciam seu comportamento predatório.

Uma piscina natural não precisa ser grande para abrigar a beleza no interior de profundidades claras. Lembro-me de uma que ocupava a mais rasa das depressões: ao deitar-me estirada sobre as rochas ao seu lado, eu podia facilmente tocar toda a sua extensão. Essa lagoa em miniatura localizava-se no meio do caminho entre as linhas de maré; até onde pude perceber, ela era habitada apenas por duas formas de vida. O fundo era coberto por mexilhões cujas conchas tinham uma cor suave, como o azul enevoado das distantes cadeias montanhosas; a presença deles trazia uma ilusão de profundidade. A água em que esses animais viviam era

***Potamilla*, um verme formador de tubo**

tão clara que se tornava invisível aos meus olhos; eu podia distinguir entre o ar e a água somente pela sensação de frio nas pontas dos dedos. A água cristalina estava repleta de raios de sol – uma instilação e depuração de luz que envolvia com radiação cintilante cada um desses pequenos e resplandecentes animais.

Os mexilhões proviam um lugar de adesão para a outra forma de vida visível na poça. Singelas como os mais delicados fios, as hastes basais das colônias de hidroides traçavam suas linhas quase invisíveis nas conchas dos mexilhões. Os hidroides pertenciam ao grupo chamado *Sertularia*, no qual cada indivíduo da colônia e todos os ramos de apoio e conexão ficam encerrados dentro de bainhas transparentes, como uma árvore é envolta por um manto de gelo no inverno. Das hastes basais, ramos eretos se erguiam, cada um portando uma fila dupla de taças, dentro das quais os pequenos seres da colônia viviam. O conjunto incorporava beleza e fragilidade. Prostrada ao lado daquela piscina e admirando uma visão mais clara dos hidroides propiciada por minha lente, eles lembravam o mais fino cristal – talvez os segmentos do candelabro mais intricadamente lavrado. Cada animal em sua taça protetora era algo como uma anêmona marinha muito pequena – um pequeno ser tubular encimado por uma coroa de tentáculos. A cavidade central de cada um deles comunicava-se com um buraco que percorria a extensão do ramo que o portava, e este, por seu turno, com as cavidades dos ramos maiores e com aqueles da haste principal, de modo que as atividades de alimentação de cada animal contribuíam para a nutrição de toda a colônia.

De que, perguntei a mim mesma, se alimentariam os *Sertularia*? Dada sua grande abundância, deduzi que, quaisquer que fossem as criaturas que lhes serviam de alimento, elas deveriam ser infinitamente mais numerosas do que os próprios hidroides carnívoros. Mas eu não conseguia enxergar nada. Obviamente, seu alimento era diminuto, pois cada um dos predadores tinha o diâmetro de um fio bem frágil, e seus tentáculos eram como uma finíssima teia de aranha. Em algum lugar na claridade cristalina da lagoa, meus olhos puderam detectar – ou assim me pareceu – uma névoa fina de partículas infinitamente pequenas, como grãos de poeira nos raios de sol. Então, quando olhei mais atentamente, as partículas sumiram e novamente pareceu haver apenas a perfeita claridade e a sensação de que eu havia sido vítima de uma ilusão de óptica. No entanto, eu sabia que era apenas a imperfeição humana de minha visão que não me permitia ver as multidões de criaturas microscópicas, as quais serviam de presas para os tateantes e perseguidores tentáculos que eu mal podia enxergar. Muito mais do que a vida visível, o que não podia ser visto passou a dominar os meus pensamentos; finalmente, para mim, a multidão invisível assumiu a condição dos seres mais poderosos da poça. Tanto os hidroides quanto os mexilhões eram completamente dependentes desses detritos inobserváveis das correntes de maré: os mexilhões como passivos filtradores de algas do plâncton, e os hidroides como predadores ativos, apanhando pulgas-da--areia, copépodes e vermes. Mas se o plâncton se tornasse menos abundante, ou se as correntes de maré que alcançam o local ficassem desprovidas desses organismos, então a piscina natural se tornaria uma poça mortífera, tanto para os mexilhões, em suas conchas azuis semelhantes a montanhas, quanto para as colônias de cristal dos hidroides.

Algumas das mais belas lagoas costeiras não ficam expostas à vista de uma pessoa que casualmente passe por ali. Elas precisam ser buscadas, talvez nas bacias de regiões mais baixas, ocultas por grandes rochas que parecem ter sido amontoadas confusa e desordenadamente; às vezes em recessos sombrios, sob uma saliência que se projeta do costão, outras vezes atrás de uma espessa cortina de algas.

Eu conheço uma dessas lagoas. Situa-se numa caverna que, na maré baixa, tem quase todo o seu terço inferior ocupado por água. Quando a maré cheia retorna, a lagoa cresce, aumentando em volume, e toda a caverna fica cheia de água e as rochas que a formam e a contêm são recobertas pela maré. Quando a maré fica baixa, contudo, há um acesso à caverna pelo lado voltado para a terra. Rochas enormes formam o fundo, as paredes e o teto da caverna. Há somente umas poucas aberturas – duas perto do fundo, no lado voltado para o mar, e outra no alto, na parede voltada para o continente. Ali, pode-se deitar sobre uma rocha contígua do lado de fora e espiar a lagoa através da abertura mais baixa da caverna. O refúgio não é propriamente escuro; de fato, num dia claro, ele irradia uma fria luz esmeralda. A fonte dessa suave luminosidade é a luz do sol, que entra através das

Hidroides *Sertularia*. As taças menores contêm os indivíduos que precisam alimentar--se; as maiores, a geração medusoide.

aberturas que ficam embaixo, perto do fundo da lagoa; mas apenas depois de sua entrada na lagoa é que a própria luz se transforma, agora emanando um puro e pálido verde que lhe é conferido pela cobertura de esponjas no fundo da caverna.

Cruzando as mesmas aberturas que admitem a luz, peixes chegam vindos do mar, exploram o verde átrio e retornam para os espaços mais amplos fora dali. Através desses baixos portais, as marés descem e fluem. Invisivelmente, elas trazem minerais – as matérias-primas para a química viva de algas e animais da caverna. Elas carregam, também de modo invisível, as larvas de muitas criaturas marinhas, que há muito estão à deriva em busca de um local de repouso. Algumas podem ali ficar e fixar-se; outras partirão na próxima maré.

Ao olhar para o pequeno mundo confinado no interior das paredes da caverna, pode-se sentir os ritmos do mundo marinho, que é imensamente maior lá fora. As águas da lagoa nunca estão paradas. Seu nível altera-se não apenas gradualmente, com a subida e o descenso da maré, mas também de modo abrupto, com o pulso das ondas. Quando o empuxo da onda leva a água embora, o nível desce rapidamente; então, com a súbita inversão do movimento das ondas, a água invade, formando abundante espuma, e eleva-se quase à altura do rosto humano adulto.

Na ocasião do movimento para fora, pode-se olhar e ver o fundo, seus detalhes agora revelados mais claramente com a água rasa. A *Halichondria* cobre boa parte do fundo da lagoa, formando um tapete espesso, construído com duras e pequenas fibras parecidas com feltro, atadas com vítreas agulhas de sílica de duas pontas, que são as espículas ou reforços esqueléticos da esponja. O verde do tapete é a pura tonalidade da clorofila, esse pigmento vegetal que fica confinado nas células das algas que se dispersam nos tecidos do animal hospedeiro. A esponja prende-se firmemente à rocha, graças à sua suave textura e ao seu crescimento ajustado à forma da rocha, assumindo uma aerodinâmica adequada à força das ondas. Em águas tranquilas, a mesma espécie projeta muitos cones e; na lagoa da caverna, esses cones ofereceriam às águas turbulentas uma ampla superfície para onde pudessem bater e desfazer-se.

Interrompendo o tapete verde, há manchas de outras cores, por exemplo, um mostarda amarelo profundo, provavelmente da esponja *Aplysina*. Na parte mais profunda da caverna, durante o efêmero momento em que a água se vai, são possíveis vislumbres de uma rica coloração de orquídea, proveniente de algas coralinas incrustadas.

Juntas, esponjas e coralinas formam o pano de fundo para os animais maiores da piscina natural. Na quietude da maré baixa, há pouco ou nenhum movimento entre as estrelas-do-mar, predadoras que se prendem às paredes como pinturas de tonalidades laranja, rosa ou púrpura. Um grupo de grandes anêmonas vive sobre a parede da caverna; a vívida cor damasco dos animais contrasta contra o verde da esponja. Hoje, todas as anêmonas podem estar aderidas na parede norte da lagoa, aparentemente imóveis e avessas à mobilidade; nas próximas marés grandes, quando eu visitar novamente a lagoa, algumas poderão ter mudado para a parede ocidental e lá passado toda a estação, outra vez parecendo imóveis.

Há fortes indícios de que a colônia de anêmonas está em expansão e será mantida. Nas paredes e no teto da caverna há numerosas anêmonas-bebês – pequenos montículos de tenro tecido translúcido, de cor marrom. Mas o real berçário da colônia parece estar numa espécie de antecâmara que se abre para a parte central da caverna. Ali, um espaço grosseiramente cilíndrico, com não mais do que 30 centímetros de diâmetro, é delimitado por altas paredes perpendiculares de rocha, às quais centenas de anêmonas-bebês se prendem.

No teto da caverna, inscreve-se um simples e robusto testemunho da força das ondas. Quando penetram num espaço confinado, elas sempre concentram a sua tremenda força num intenso ímpeto para o alto, de modo que os tetos das cavernas vão sendo gradualmente corroídos. A abertura ao lado da qual me prostro poupa o teto da caverna da plena força de tais ondas saltitantes; contudo, as criaturas que ali vivem são exclusivamente da fauna de mar agitado. É um simples mosaico de preto e branco – o negro de conchas de mexilhões sobre o qual os cones brancos de cracas vão crescendo. Embora sejam hábeis colonizadoras de rochas açoitadas por ondas, por alguma razão as cracas parecem incapazes de prender-se diretamente ao teto da caverna; mas os mexilhões conseguem fazê-lo.

Esponja *Aplysina* sobre concha de mexilhão. As larvas da esponja perfuram a concha e vão se espalhando, até que se pareçam um favo de abelha.

Eu não sei por que é assim, mas imagino. Penso que os jovens mexilhões arrastam--se sobre a rocha enquanto a maré está ausente, produzindo filamentos que unem uns aos outros firmemente, ancorando-os contra as águas que retornam. E assim, no devido tempo, talvez a crescente colônia de mexilhões propicie às jovens cracas uma base mais segura do que a rocha lisa, de modo que elas se tornam capazes de fixar-se sobre as conchas dos mexilhões. Qualquer que seja a explicação, esse é o quadro diante do qual nos deparamos agora.

Ao prostrar-me para olhar para dentro da lagoa, há momentos de relativa quietude, nos intervalos entre uma onda que acabou de se retirar e outra que ainda está para chegar. Então eu consigo ouvir sons sutis de água gotejando dos mexilhões presos ao teto ou das algas que pendem das paredes: borrifos diminutos, brilhantes, que se rendem à vastidão da caverna e se misturam aos sussurros murmurantes que emanam da própria lagoa – ela, que nunca é completamente silenciosa.

Ao fazer explorações entre as rubras fitas da alga *Palmaria palmata* e ao afastar os filamentos de musgo-irlandês que cobrem a parede sobre a qual me curvo, começo a encontrar criaturas de tamanha delicadeza que fico perguntando como elas podem sobreviver nessa caverna, principalmente nos momentos em que a energia colossal das ondas é liberada no interior daquele confinado espaço.

Aderidas às paredes rochosas estão as delgadas crostas de um briozoário, um animal com centenas de pequeníssimas células parecidas com frascos de estrutura frágil e delicada como cristal; elas ficam adjacentes, uma em contato com a outra, formando uma camada contínua. Sua cor é de um damasco pálido, e o conjunto parece uma efêmera criação que se pode destruir ao primeiro toque, como geada exposta ao sol.

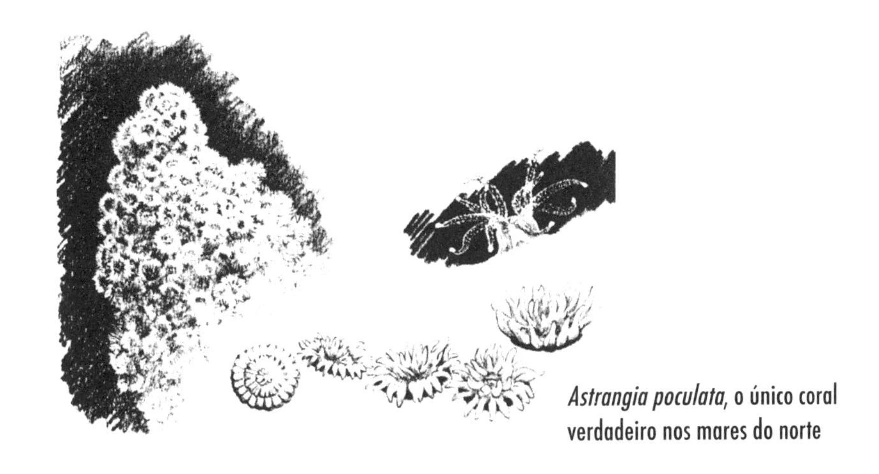

***Astrangia poculata*, o único coral verdadeiro nos mares do norte**

Um ser parecido com uma pequena aranha de pernas finas e longas corre de lá para cá sobre a crosta. Por alguma razão que pode estar ligada à alimentação, sua cor é do mesmo damasco do tapete de briozoários sob ele; esse pequeno ser é outro que mais parece uma materialização da fragilidade.

Outro briozoário, o *Flustrella*, tem porte maior e cresce mais verticalmente. Formando um tapete contínuo, indivíduos desse grupo lançam para o alto pequenas projeções em forma de clava. Essas projeções, impregnadas com calcário, também são translúcidas e frágeis. Sobre elas e entre elas, inúmeros vermes cilíndricos de reduzidas dimensões e de diâmetro equivalente ao de um fio de linha arrastam-se com movimentos sinuosos. Bebês de mexilhões deslizam na tentativa de explorar um mundo que lhes é tão novo que ainda não encontraram um local para ancorar-se por meio de seus sedosos filamentos.

Investigando com minha lente, encontro muitos caracoizinhos nos talos das algas. Um deles deixa claro que não surgiu há muito tempo, pois sua alva concha apresenta apenas a primeira volta da espiral que se enrolará muitas vezes sobre si mesma durante o crescimento, da infância até a maturidade. Outro jovem mexilhão, apesar de não ser maior do que o primeiro, tem mais idade. Sua brilhante concha âmbar é espiralada como uma trompa de orquestra sinfônica. Enquanto observo, a pequena criatura em seu interior põe para fora sua pesada cabeça e parece examinar os arredores com seus dois olhos negros, pequenos como cabeças de alfinete.

Mas, aparentemente, os seres mais frágeis de todos são as pequenas esponjas calcárias que se instalam aqui e ali, em espaços entre as algas. Elas formam feixes de diminutos tubos voltados para cima, parecidos com vasos, nenhum deles maior do que 1,5 centímetro de comprimento. A parede de cada um é uma malha de finos filamentos – uma trama rendilhada e engomada, tecida em pequena escala.

Esponja vermelha *Microciona*: manchas carmesins nas paredes das piscinas naturais

Eu poderia esmagar qualquer uma dessas frágeis criaturas entre os dedos. No entanto, de alguma forma elas acham que é possível viver ali, no turbilhão das trovejantes ondas que devem invadir essa caverna quando o mar retornar. Talvez as algas sejam a chave para o mistério, com seus talos resistentes formando uma almofada para todos os diminutos e delicados seres que ali encontram abrigo.

Mas são as esponjas que dão à caverna e à piscina natural uma qualidade especial – o sentido de um fluxo contínuo de tempo. Todo dia em que visito a lagoa nas marés mais baixas do verão, as esponjas parecem inalteradas – em agosto, elas são iguais ao que eram em julho, e estarão do mesmo jeito em setembro. E não há diferença entre este ano e o ano passado; presumivelmente, elas serão assim daqui a cem ou mil verões.

Simples em sua estrutura e pouco diferentes das primeiras esponjas que espalhavam seus tapetes nas antigas rochas e retiravam seu alimento do mar primitivo, as esponjas atuais fazem uma ponte entre as eras do tempo. A verde esponja que atapeta o fundo dessa caverna cresceu em outras lagoas antes que essa região costeira fosse formada. Ela já era velha quando as primeiras criaturas apareceram nos mares do Paleozoico, há 300 milhões de anos. A esponja já existia até mesmo no obscuro passado antes do primeiro registro fóssil, pois as pequenas e duras espículas – tudo o que resta quando o tecido vivo se decompõe – são encontradas nas rochas que contêm os primeiros fósseis, que datam do Período Cambriano.

Assim, na câmara oculta daquela lagoa, o tempo ecoa por longas eras até alcançar o presente, que nada mais é do que um átimo na história da vida.

Enquanto eu olhava, um peixe entrou na caverna, como se fosse uma sombra na luz verde, invadindo a lagoa por uma das aberturas inferiores na parede voltada para o mar. O peixe era quase um símbolo de modernidade, já que sua ancestralidade na linha evolutiva dos peixes recua no passado apenas até metade do tempo percorrido pelas antigas esponjas. E eu, com meus olhos contemplando as duas espécies como se fossem contemporâneas, era uma mera recém-chegada, cujos ancestrais habitaram a Terra por um período tão breve que minha presença era quase anacrônica.

Durante o tempo em que permaneci inclinada perto da abertura da caverna, perdida nesses pensamentos, o influxo das águas cresceu e elas elevaram-se para cima da rocha em que eu estava. A maré subia.

A orla arenosa

NAS AREIAS DA orla marítima, especialmente onde elas são largas e limitadas por linhas contínuas de dunas produzidas pelo vento, há uma percepção de como são antigos esses locais; porém, isso não acontece na jovem costa rochosa da Nova Inglaterra. Em parte, essa percepção parece dar a entender que não há a menor urgência na condução dos processos terrestres, que ocorrem com infinita calma e com toda a eternidade ao seu dispor. De modo distinto da súbita invasão do mar, que alaga os vales e avança contra as cristas montanhosas das áreas banhadas da Nova Inglaterra, nas zonas arenosas o mar e a terra mantêm um relacionamento estabelecido gradualmente, ao longo de milhões de anos.

Durante as longas eras do tempo geológico, o mar tem recuado e avançado sobre a grande planície costeira do Atlântico. Ele se arrastou até os distantes Apalaches, deteve-se ali por algum tempo e, então, lentamente recuou, às vezes bem para dentro de sua bacia; em cada um de tais avanços, ele deixou seus sedimentos e fósseis sobre aquela vasta planície. Assim, o preciso local do limite do mar é muito efêmero na história da Terra ou na natureza da praia: 30 metros acima ou 30 metros abaixo, os mares têm subido e descido sem pressa sobre as planícies de areia, exatamente como acontece atualmente.

Os próprios materiais da praia são impregnados de antiguidade. A areia é uma substância fascinante, misteriosa e infinitamente variável; cada grão na praia é o resultado de processos que remontam aos obscuros primórdios da vida, ou mesmo da própria Terra.

A maior parte da massa de areia costeira é derivada da desagregação e decomposição das rochas, de modo que as partículas resultantes foram transportadas de seu local de origem até o mar pelas chuvas e rios. Nos lentos processos de erosão, aos minerais têm sido designados diversos destinos em seu transporte para o mar, com todas as interrupções e retomadas por que passa essa viagem: alguns se depositaram, outros, desgastaram-se e desapareceram. Nas montanhas, a lenta decomposição e desagregação das rochas prossegue enquanto o fluxo de sedimentos cresce — de modo súbito e dramático por deslizamentos de rochas, ou lenta e inexoravelmente pelo desgaste das rochas provocado pelas águas. Todos começam sua jornada em direção ao mar. Uns desaparecem por meio da ação solvente da água ou pela desagregação causada pelo atrito nos turbilhões do leito de um rio. Outros são deixados na margem dos rios pelas águas das enchentes e ali permanecem por cem ou mil anos, até ficarem aprisionados nos sedimentos da planície, aguardando outros milhões de anos, durante os quais, talvez, o mar se aproxime e recue. Por fim, eles são liberados pelo persistente trabalho das ferramentas da erosão — o vento, a chuva e o gelo —, para, então, retomar sua jornada em direção ao mar. Uma vez trazidos até a água salgada, novos processos de rearranjo, seleção e transporte começam. Minerais leves, como os flocos de mica, são levados embora quase imediatamente; os pesados, como as areias negras de ilmenita e rutilo, são capturados pela violência das ondas de tempestades e lançados na praia.

Nenhum grão de areia permanece por muito tempo em um único local. Quanto menor ele for, tanto mais ele é passível de ser transportado por longas distâncias, os grãos maiores pela água, e os menores pelo vento. Um grão de areia médio tem apenas duas vezes e meia o peso de um volume igual de água, mas tem mais de duas mil vezes o peso do ar, de modo que apenas os grãos menores são sujeitos ao transporte pelo vento. Porém, apesar da constante atuação do vento e da água sobre as areias, a praia mostra pequena mudança visível dia após dia, pois enquanto um grão é levado embora, outro é geralmente trazido para tomar o seu lugar.

A maior parte da areia praiana consiste de quartzo, o mais abundante de todos os minerais, encontrado em quase todo tipo de rocha. Contudo, muitos outros minerais ocorrem entre seus grãos cristalinos, e uma pequena amostra de areia pode conter fragmentos de uma dúzia de minerais ou mais. Por meio da ação seletiva do vento, da água e da gravidade, os fragmentos de minerais mais escuros e mais pesados podem formar depósitos que se sobrepõem ao pálido quartzo. Assim, pode haver uma curiosa sombra púrpura sobre a areia, alterando-se com o vento e sobrepondo-se em pequenas faixas de cor mais profunda, como as cristas das ondas; trata-se de uma concentração de granada quase pura. Ou pode haver manchas verde-escuras, ou seja, areias formadas de glauconita, um produto da química marinha e da interação entre minerais e seres vivos. A glauconita é uma forma de silicato de ferro que contém potássio e que impregna depósitos de todas as eras geológicas. De acordo com uma teoria, ela agora está sendo formada em áreas rasas e mornas do chão oceânico, onde as conchas de pequenos seres chamados foraminíferos estão se acumulando e se desintegrando nos fundos lamacentos dos mares. Em muitas praias havaianas, algo das sombrias trevas do interior da Terra aparece em grãos de areia contendo olivina, mineral derivado de negras lavas basálticas. Migrações das "areias negras" de rutilo, ilmenita e outros minerais pesados escurecem as praias das ilhas St. Simons e Sapelo do estado da Geórgia; ali, essas areias estão claramente separadas do quartzo mais leve.

Em algumas partes do mundo, as areias representam os remanescentes de algas que, quando vivas, tinham tecidos endurecidos por calcário, ou os resquícios de fragmentos de conchas calcárias de animais marinhos. Aqui e ali, na costa da Escócia, por exemplo, há praias compostas por alvas e cintilantes "areias de *Nullipora*" – remanescentes de algas coralinas no fundo do alto-mar, partidos e triturados pelas ondas. Na costa de Galway, na Irlanda, as dunas são formadas de areias compostas por pequenos globos de carbonato de cálcio perfurados; são conchas de foraminíferos que, numa época passada, flutuavam na superfície do mar. Os animais eram mortais, mas as conchas que eles produziram perduraram. Elas desceram ao fundo do mar e se compactaram em forma de sedimento. Mais tarde, os sedimentos soergueram-se e formaram desfiladeiros, que foram então erodidos e retornaram mais uma vez ao mar. As conchas de foraminíferos aparecem também nas areias do sul da Flórida e em Keys, juntamente com conchas de moluscos e resíduos de coral, os quais foram polidos, partidos ou esmigalhados pelas ondas.

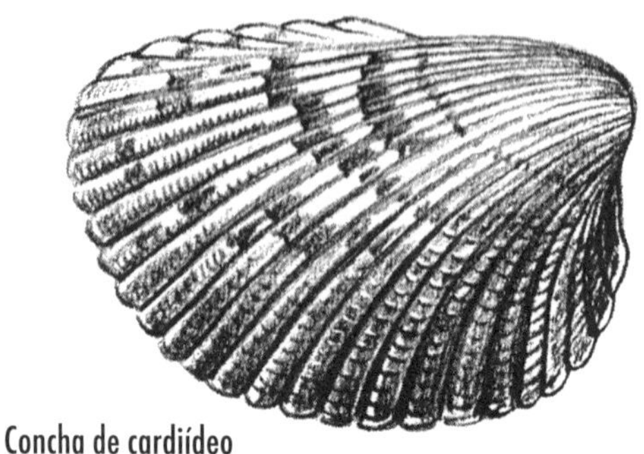
Concha de cardiídeo

Por sua natureza mutável, as areias da costa atlântica da América do Norte, de Eastport até Key West, revelam origem variada. Em direção à parte setentrional da costa predominam areias minerais, pois as águas ainda estão selecionando, rearranjando e levando de um lugar para outro os fragmentos de rocha que os glaciares trouxeram do norte, milhares de anos atrás. Cada grão de areia numa praia da Nova Inglaterra tem uma longa e tumultuada história. Antes que o grão pertencesse à areia, ele era rocha – lascada pelo cinzel da geada, esmagada pelos glaciares que avançavam, carregada pelo gelo em sua lenta progressão e, finalmente, triturada e polida no moinho da agitação marinha. Muitas eras antes do avanço do gelo, parte da rocha do negro interior da Terra veio à tona por caminhos invisíveis e desconhecidos, fundida pelos fogos subterrâneos e elevada ao longo de profundos canais e fissuras. Agora, neste momento particular de sua história, o grão pertence à costa marinha; ali, as marés o levam para cima e para baixo nas praias, e as correntes o carregam ao longo da costa. Ele é continuamente selecionado, compactado e levado pelas águas, como acontece ininterruptamente com as areias sob ação das ondas.

Em Long Island, onde grande parte do material glacial se acumulou, as areias contêm grandes quantidades de granada vermelha e rosa e de turmalina negra, assim como grãos de magnetita. Em Nova Jersey, onde os depósitos meridionais da planície costeira apareceram pela primeira vez, há menos material magnético e menos granada. O quartzo escurecido predomina em Barnegat; a glaucomita, em Monmouth Beach; e os minerais pesados, no cabo May. Aqui e ali, há berilo onde o magma fundido trouxe material das profundezas da terra antiga, para que cristalizasse próximo à superfície.

Ao norte da Virgínia, menos de 0,5% das areias são de carbonato de cálcio; ao sul, elas somam cerca de 5%. Na Carolina do Norte, a abundância de areia calcária ou formada por fragmentos de conchas subitamente se eleva, embora a areia de quartzo constitua o grosso dos materiais da praia. Entre os cabos Hatteras e Lookout, até 10% da areia da praia são representados por calcário. E na Carolina do Norte também há um estranho acúmulo de materiais especiais, como madeira impregnada com silício – a mesma substância que é contida nas famosas "areias cantantes" da ilha de Eigg, nas Hébridas.[1]

As areias minerais da Flórida não têm origem local, mas são derivadas da erosão de rochas dos planaltos de Piedmont e Apalaches da Geórgia e da Carolina

1 Arquipélago na costa da Escócia. (NT)

do Sul. Os fragmentos são levados ao mar por correntes e rios que se movem para o sul. As praias da parte setentrional da costa do golfo da Flórida são quase de puro quartzo, compostas de grãos cristalinos que desceram das montanhas até o nível do mar, acumulando-se ali, como planícies de branca neve. Em torno de Venice, há um brilho cintilante sobre as areias, nas quais cristais de zircônio são polvilhados sobre a superfície como diamantes; aqui e ali, há laivos de grãos azuis e vítreos de cianita. Na costa oriental da Flórida, areias de quartzo predominam por boa parte da longa linha costeira (são os grãos duramente compactados de quartzo que compõem as famosas praias de Daytona); porém, em direção ao sul, as areias de quartzo vão se impregnando cada vez mais com fragmentos de conchas. Perto de Miami, menos da metade das areias da praia é de quartzo; ao redor do cabo Sable e nas Keys, a praia é quase inteiramente originada de corais, conchas e restos de foraminídeos. Ao longo da costa oriental da Flórida, as praias recebem pequenas contribuições de material vulcânico, pois pequenas porções de pedra-pomes flutuantes (que ficaram à deriva por milhares de quilômetros em correntes oceânicas) ficam depositadas na orla, onde se convertem em areia.

Embora um grão de areia seja infinitamente pequeno, algo de sua história pode ser revelado em sua forma e textura. Os grãos de areia transportados pelo vento tendem a ser mais arredondados do que os que são levados pela água; além disso, a superfície dos primeiros mostra um aspecto fosco, originado da abrasão por outros grãos na corrente de ar. O mesmo efeito é percebido em vidraças próximas ao mar ou em velhas garrafas deixadas na praia. Grãos de areia muito antigos, pelas características de sua superfície, podem fornecer uma pista sobre o clima de eras passadas. Em depósitos europeus de areias do Pleistoceno, os grãos têm superfícies foscas por efeito de fortes ventos vindos dos glaciares da Era do Gelo.

Tendemos a pensar nas rochas como símbolos de durabilidade. No entanto, mesmo a mais rígida pedra se rompe e se desfaz pelo ataque de chuvas, geadas e golpes de ondas. Mas um grão de areia é quase indestrutível. É o produto final do

Concha de *Murex*

trabalho das ondas, o diminuto e rígido núcleo mineral que permanece anos após anos de moagem e polimento. Os pequenos grãos da areia úmida jazem guardando reduzidos espaços entre si, cada um deles retendo um filme de água ao seu redor, devido ao efeito de capilaridade. Por causa dessa camada amortecedora, há pouca erosão adicional causada por atrito. Nem as batidas do mar agitado conseguem fazer um grão de areia atritar contra outro.

Na zona entremarés, esse minúsculo mundo de grãos de areia é também o mundo de seres inconcebivelmente pequenos, que nadam através do filme líquido em torno de um grão de areia da mesma forma que um peixe nada através do oceano que cobre a esfera terrestre. Incluem-se nessa fauna e flora da água capilar animais e algas unicelulares, ácaros hidracaríneos, crustáceos parecidos com camarões, insetos e larvas de alguns vermes infinitamente pequenos. Todos eles nadam, alimentam-se, respiram, reproduzem-se e morrem nesse mundo tão pequeno, cuja escala os sentidos humanos não conseguem vislumbrar; um mundo no qual a minúscula gota-d'água que separa um grão do outro é como um vasto e sombrio mar.

Mas nem todas as areias são habitadas por essa "fauna intersticial". As areias derivadas da erosão de rochas cristalinas são extremamente populosas. A areia de conchas ou corais raramente contém copépodes e outras formas de vida microscópica; talvez isso indique que os grãos de carbonato de cálcio confiram condições alcalinas desfavoráveis à água ao seu redor.

Em qualquer praia, a soma de todas as pequenas poças entre os grãos de areia representa a quantidade de água disponível aos animais das areias, durante o intervalo de maré baixa. As areias moderadamente finas são capazes de conter uma quantidade de água quase igual ao seu próprio volume, de modo que, na maré baixa, apenas as camadas mais perto da superfície ficam secas sob o sol quente. Mais embaixo, ela está úmida e fresca, pois a água ali contida mantém a temperatura da areia mais profunda praticamente constante. Até mesmo a salinidade é bem estável: somente as camadas mais superficiais são afetadas pela chuva que cai sobre a praia, ou por correntes de água doce que passam por ela.

Apresentando em sua superfície apenas as pequenas cristas esculpidas pelas águas, os finos depósitos de grãos de areia deixados pelas últimas ondas e as conchas espalhadas de moluscos mortos há muito tempo, a praia possui a aparência de um local destituído de vida, como se fosse não só inabitada, mas também inabitável. Nas areias, quase tudo fica oculto. As únicas pistas para localizar os habitantes da maioria das praias são encontradas em rastros sinuosos, em ligeiros movimentos que agitam as camadas superficiais, em tubos mal enterrados, com um pouquinho de sua extremidade para fora, e nas aberturas quase imperceptíveis de abrigos ocultos sob a areia.

Os sinais de seres vivos são frequentemente visíveis, isso quando não se vê os próprios animais, em fendas profundas que cortam a praia, paralelas à linha da costa, as quais retêm pelo menos alguns centímetros de água desde a descida da maré até a vinda da próxima cheia. Uma pequena montanha de areia em movimento pode conter um caracol *Lunatia* em atividade predatória. Um rasto em V pode indicar a escavação de um marisco, um rato-do-mar[2] ou um ouriço-coração-pequeno. Um rasto achatado, em forma de fita, pode conduzir a uma bolacha-da-praia ou a uma estrela-do-mar. E qualquer lugar plano protegido, de solo arenoso ou de lama arenosa, que fique exposto entre as marés, pode estar cravejado de pequenos orifícios, denunciando a presença de camarões-fantasmas em seu interior. Outras praias ficam repletas de tubos dos quais se vê apenas um pouco de sua extremidade fora da areia, finos como lápis e decorados estranhamente com pedacinhos de conchas ou algas, indicando que legiões de vermes plumosos, chamados *Diopatra*, vivem embaixo dali. Ou também pode haver uma ampla área caracterizada por negros montículos cônicos do verme anelídeo *Arenicola marina*. Às vezes, na linha limítrofe da maré, uma cadeia de cápsulas que parecem feitas de pergaminho, com uma extremidade livre e a outra dentro da areia, revela que os grandes caramujos predadores *Nucella* estão ali, na longa tarefa de vigiar e proteger seus ovos.

Mas, quase sempre, as ações essenciais para a manutenção da vida – encontrar alimento, proteger-se dos inimigos, capturar as presas e produzir descendentes, ou seja, tudo o que representa viver, perpetuar-se e morrer nessa fauna de praia arenosa – ficam ocultas aos olhos da pessoa que meramente mira a superfície das areias, declarando-a então destituída de vida.

Lembro-me de uma fria manhã de dezembro em uma das Ten Thousand Islands da Flórida, com as areias úmidas após a baixa da maré, e o vento limpo e fresco soprando com uma fina garoa ao longo da praia. Por várias centenas de metros, onde a costa se estendia numa longa curva, do golfo em direção à zona protegida da baía, havia vestígios peculiares na escura areia úmida logo acima da linha d'água. As marcas organizavam-se em grupos, em cada um dos quais uma série de linhas semelhantes a teias de aranha formavam raios emergindo de uma região central, como se tivessem sido irregularmente traçadas ali com uma fina vareta.

2 *Aphrodite aculeata*, um verme poliqueto. (NT)

De início, não se percebia sinal de animal vivo, nada que denunciasse qual criatura havia traçado rabiscos tão malfeitos. Depois de ajoelhar-me sobre a areia molhada e observar um após outro esses estranhos sinais, verifiquei que sob cada uma das regiões centrais ficava o achatado disco pentagonal de uma estrela-serpente. As marcas na areia haviam sido feitas por seus longos e finos braços, assinalando seu avanço para a frente.

Lembro-me também de um dia de junho no qual perambulava por Bird Shoal, que fica perto da cidade de Beaufort, na Carolina do Norte. Ali, na maré baixa, muitos acres de fundo arenoso ficam cobertos por apenas alguns centímetros de água. Perto da praia, encontrei dois sulcos bem definidos na areia; meu dedo indicador serviria como medida de sua extensão. Entre os sulcos, havia uma linha indistinta e irregular. Passo a passo, fui guiada ao longo da praia por aquelas marcas; finalmente, na extremidade temporária do rasto, deparei-me com um jovem caranguejo-ferradura indo em direção ao mar.

Para a maior parte da fauna das praias arenosas, a chave para a sobrevivência é cavar a areia molhada e ter meios de alimentar-se, respirar e reproduzir-se abaixo do alcance da arrebentação. Assim, a história da areia é, em parte, a história dos pequenos seres que vivem profundamente em seu interior, permanecendo no escuro e no úmido frescor de um abrigo, protegidos contra os peixes que vão à caça acompanhando a maré e contra os pássaros que forrageiam na margem da água quando a maré desce. Uma vez abaixo das camadas superficiais, o escavador encontra não apenas condições estáveis, mas também um refúgio onde poucos inimigos representam ameaça. Esses poucos são os que conseguem ter acesso a camadas inferiores da areia, talvez um pássaro enfiando o longo bico no orifício feito por um caranguejo-violinista, uma raia-lixa batendo as nadadeiras e revolvendo a areia para desentocar moluscos, ou então um polvo explorando um buraco com um dos tentáculos. Apenas um inimigo invade a areia sistematicamente: o caracol

Rato-do-mar

Lunatia, um predador bem-sucedido nesse hábito de caça. Trata-se de uma criatura cega, que não necessita de visão porque está eternamente tateando na escuridão sob a areia, caçando moluscos escondidos que vivem até 30 centímetros abaixo da superfície. Sua concha lisa e arredondada facilita o aprofundamento na areia, enquanto ele a escava com sua imensa pata. Ao localizar a presa, ele prende o animal com o pé e faz um buraco na concha de sua vítima. Os caracóis *Lunatia* são vorazes: os mais jovens comem mais de um terço de seu peso em mexilhões a cada semana. Alguns vermes também são escavadores e predadores; assim como o são as estrelas-do-mar. Mas para a maioria dos predadores, a escavação contínua consome mais energia do que a que lhes é provida pelas presas que encontram. A maioria dos escavadores na areia alimenta-se passivamente, escavando apenas o suficiente para estabelecer um lar temporário ou permanente, no qual se mantêm enquanto estão retirando alimento da água ou sorvendo detritos que se acumulam no fundo do mar.

A maré ascendente põe em movimento um sistema de filtros vivos por meio dos quais quantidades prodigiosas de água são filtradas. Moluscos que vivem enterrados projetam sifões para fora da areia, para introduzir em seus corpos a água que chega. Vermes no interior de tubos em forma de U e semelhantes a pergaminhos começam a bombear, introduzindo água em uma extremidade do tubo e expelindo por outra. A corrente de água que entra traz alimento e oxigênio; a que sai foi exaurida de grande parte de alimentos e leva embora os dejetos orgânicos do verme. Pequenos caranguejos espalham as plumosas redes de suas antenas, semelhantes a redes de pesca, para conseguir alimento.

Com a maré, chegam os predadores do mar aberto. Um caranguejo-azul sai rapidamente de uma onda para apanhar um gordo caranguejo *Emerita* enquanto este expande suas antenas para filtrar as águas que retornam ao mar. Nuvens de peixinhos ciprinídeos de água salgada movem-se com a maré, em busca de peque-

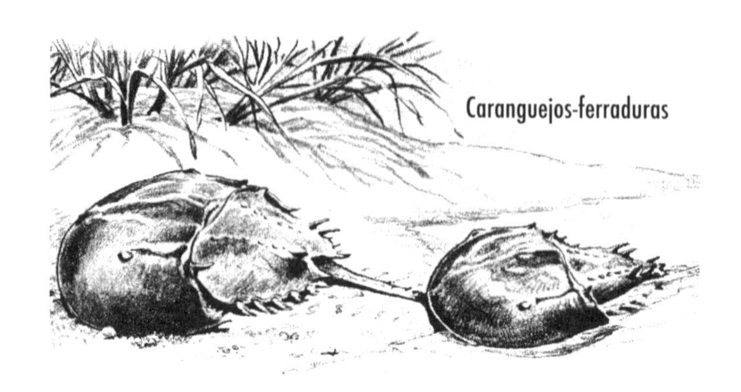
Caranguejos-ferraduras

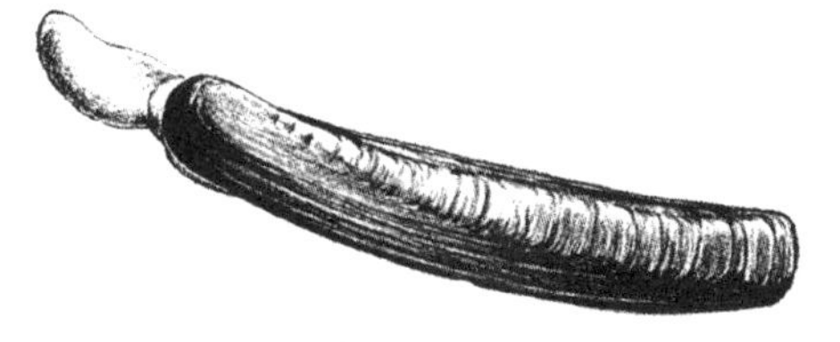

Siliqua patula, um eficiente escavador

Caranguejo-azul

nos anfípodes da parte mais alta da praia. Enguias-da-areia[3] avançam céleres pelas águas rasas procurando copépodes; algumas vezes, as enguias são perseguidas por formas sombrias de peixes maiores.

Quando a maré baixa, grande parte dessa extraordinária atividade arrefece. Menos animais comem e menos são devorados. Nas areias úmidas, porém, alguns animais continuam a se alimentar, mesmo depois que a maré baixa. Vermes arenícolas continuam na tarefa de fazer a areia circular por seus corpos, para conseguir diminutas quantidades de alimento. Ouriços-corações-pequenos e bolachas-da-praia fazem a coleta de minúsculas porções de comida na areia encharcada. Mas, na maior parte das areias, há uma calmaria que sugere saciedade – na verdade, aguarda-se pelo retorno da maré.

Embora haja muitos lugares, em praias mais tranquilas e enseadas protegidas, nos quais tal riqueza de vida possa ser encontrada, alguns locais figuram mais claramente em minha memória. Em uma das ilhas marítimas da Geórgia, há uma grande praia visitada apenas por ondas muito suaves, embora ela esteja voltada diretamente para a África. As tempestades geralmente passam ao largo dali, porque a praia fica bem no interior de um longo e encurvado arco de costa marítima que vai do cabo do Medo até o cabo Canaveral, e os ventos que predominam na região são tais que não provocam grandes ondas. A textura da praia propriamente dita é incomum de tão firme, por causa de uma mistura de lama e argila com areia; orifícios e sulcos permanentes podem ser feitos na orla, e as correntes de maré que por ali passam produzem diminutas lombadas semelhantes a costelas, que persistem após a maré baixar, deixando sobre a areia algo como um modelo em miniatura das ondas do mar. Essas costelas na areia guardam pequenas partículas de alimento deixadas pelas correntes, fornecendo um depósito a ser aproveitado por forragea-

3 *Hyperoplus lanceolatus*. (NT)

dores de detritos. O declive da praia é tão suave que, quando a maré desce ao seu nível mais baixo, 400 metros de areia ficam expostos entre as linhas das marés alta e baixa. Mas essa larga faixa de areia não é perfeitamente plana, pois pequenos canais sinuosos passam por ela, como riachos numa planície, mantendo um remanescente de água da última maré alta e propiciando um local para a vida de animais que não conseguem suportar nem mesmo uma temporária ausência de água.

Foi nesse local que num dia eu encontrei um grande "leito" de renilas, precisamente na linha limítrofe da maré. O céu estava carregado de pesadas nuvens, o que explicava o fato de aqueles seres estarem ali expostos. Em dias ensolarados eu nunca os encontrei ali, embora sem dúvida eles estivessem um pouco abaixo da areia, protegendo-se dos dessecantes raios solares.

Mas no dia em que as vi, formações parecidas com flores róseas e lavandas estavam erguidas de modo que ficavam ligeiramente aparentes na superfície, tão sutis que se poderia passar por elas sem notá-las. Mesmo sabendo de que espécie se tratava, senti certo estranhamento ao descobrir, ali onde terminava o mar, seres que são tão parecidos com flores.

Esses seres marinhos achatados, com a forma de um coração e erguidos sobre curtos pedúnculos fixados na areia, não são plantas, mas animais. Eles pertencem ao mesmo grande grupo de seres que inclui medusas, anêmonas e corais; mas, para encontrar seus parentes mais próximos, teríamos que deixar a praia e descer até o chão de regiões muito profundas do alto-mar, onde uma estranha "floresta" é formada por penatuláceos, animais parecidos com frondes de samambaia e que aprofundam seus pedúnculos na macia lama do chão marinho.

Cada indivíduo de renila que cresce na linha da maré é o produto de uma minúscula larva que um dia saltou das correntes de água e chegou nessa praia. Porém, ao longo do extraordinário curso de seu desenvolvimento, a renila deixou de ser uma criatura isolada para tornar-se um grupo ou colônia de muitos indivíduos,

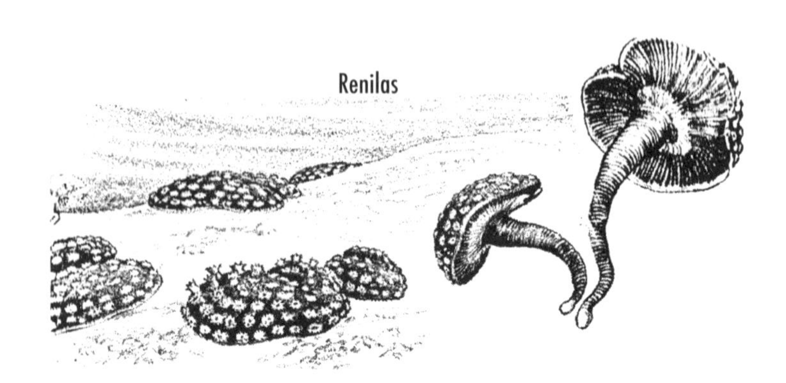
Renilas

agrupados em um todo parecido com flores. Todos os indivíduos ou pólipos têm a forma de pequenos tubos inseridos na carnosa substância da colônia. Mas alguns dos tubos possuem tentáculos e se parecem com pequenas anêmonas marinhas; eles capturam alimentos para a colônia e, na estação apropriada, formam células reprodutivas. Outros não possuem tentáculos; são os engenheiros da colônia, exercendo as funções de controle e sucção de água. Um sistema hidráulico de alteração da pressão de água controla os movimentos da colônia; quando o pedúnculo fica túrgido, ele pode ser impelido para baixo, para dentro da areia, puxando consigo a parte principal da colônia.

Quando a maré alta se espraia sobre as superfícies achatadas da renila, todos os tentáculos dos pólipos se erguem, tentando alcançar as vivas partículas que dançam na água: copépodes, diatomáceas e pequenas larvas de peixes, tão finas como fios de linha.

À noite, na água rasa que ondula suavemente sobre essas planícies, uma cintilação discreta marca a zona onde vivem as renilas, formando uma linha sinuosa de pontos luminosos, de modo semelhante a luzes vistas de um avião, demarcando povoados ao longo de uma rodovia numa paisagem escura. Isso porque, a exemplo de seus parentes do mar profundo, a renila é lindamente luminescente.

Ao banhar essas planícies na estação de reprodução, a maré traz muitas larvas natantes em forma de pera, a partir das quais novas colônias se desenvolverão. Em eras passadas, as correntes que atravessavam as águas entre as Américas do Norte e do Sul carregavam essas larvas, que se estabeleceram na costa do Pacífico, desde o México, no norte, até o Chile, no sul. Então, uma ponte de terra ergueu-se entre os continentes americanos, fechando a estrada aquática. Atualmente, a presença de renilas nas costas do Atlântico e do Pacífico é um dos remanescentes daquela remota era geológica, quando as Américas do Norte e do Sul estavam separadas e criaturas marinhas passavam livremente de um oceano para o outro.

Bolachas-da-praia

Naquela encharcada areia na linha da maré, eu frequentemente via sinais de borbulhas e de efervescência sob a superfície, quando um ou outro habitante do mar deslizava para dentro ou para fora de seu mundo oculto.

Havia bolachas-da-praia, finas como hóstias. Quando uma delas enterrava--se, o disco de seu corpo deslizava obliquamente para dentro da areia, passando sem esforço do mundo da luz solar e da água para aquelas sombrias regiões a respeito das quais meus sentidos nada conheciam. Internamente, as conchas são reforçadas para escavar e para suportar melhor a força das ondas, por meio de pilares que ocupam a maior parte da região entre a concha superior e a inferior, exceto no centro do disco. A superfície do animal é recoberta com espinhos diminutos e moles como feltro. Os espinhos tremeluziam à luz do sol, à medida que seus movimentos provocavam correntes que mantinham os grãos em agitação e facilitavam a passagem da criatura da água para a terra. No dorso do disco, havia um desenho pálido que ilustrava algo semelhante a uma flor com cinco pétalas. Reproduzindo o significado e simbolismo do número cinco (uma característica dos equinodermos), havia cinco orifícios perfurando o disco achatado. À medida que o animal progredia logo abaixo da agitada camada de areia superficial, grãos eram lançados para cima, passando pelo disco inferior através dos orifícios, contribuindo para o deslocamento do animal e espalhando um véu de areia que ocultava seu corpo.

As bolachas-da-praia compartilhavam seu mundo sombrio com outros equinodermos. Embaixo da areia úmida, viviam ouriços-corações-pequenos, que não são vistos na superfície até que os pequenos invólucros que um dia os abrigaram acabam sendo colhidos pela maré e carregados para a praia, onde serão soprados pelo vento e deixadas finalmente entre os detritos na linha da maré alta. Os ouriços-corações-pequenos, com suas formas tão singulares, ficavam a uns 15 centímetros ou mais abaixo da superfície, mantendo na areia canais abertos, revestidos por um muco pegajoso; através desses canais, eles alcançavam o chão

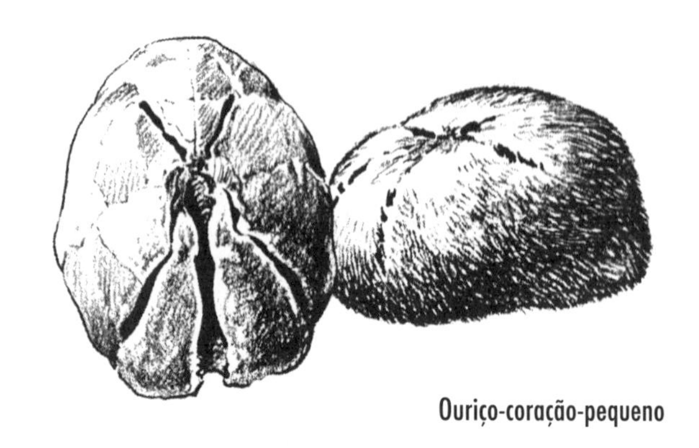

Ouriço-coração-pequeno

do mar raso, onde buscavam diatomáceas e outras partículas de alimento entre os grãos de areia.

Às vezes, um desenho que lembrava uma estrela cintilava na superfície, denunciando que uma das estrelas-do-mar habitantes da areia estava ali embaixo, marcando sua imagem pelo fluxo das correntes, à medida que o animal fazia a água passar por seu corpo para que pudesse respirar, expelindo-a depois através de vários poros na superfície superior. Se a areia era perturbada, a imagem estelar tremia e se desfazia, como uma estrela no céu desaparecendo no nevoeiro, enquanto o animal deslizava rapidamente, impelindo a si próprio através da areia com seus pés tubulares achatados.

Enquanto eu deixava a lama arenosa e subia para as areias mais secas daquela praia da Geórgia, estava ciente de que pisava sobre finos telhados de uma cidade subterrânea. Dos habitantes propriamente ditos, pouco ou nada se via. Havia as chaminés e as tubulações para ventilação das habitações subterrâneas, além de várias passagens e canais que se aprofundavam na areia. Havia poucos monturos de dejetos que haviam sido trazidos até a superfície, como uma ação voltada a algum saneamento cívico. Mas os habitantes permaneciam ocultos, vivendo silenciosamente em seu mundo escuro e enigmático.

Os habitantes mais numerosos dessa cidade de escavadores eram os camarões-fantasmas. Os orifícios que eles costumam fazer eram vistos em toda parte na planície da maré e tinham diâmetro menor do que o de um lápis, além de estarem margeados por um montículo de resíduos fecais. Tais resíduos acumulavam-se em grande quantidade devido ao hábito de vida do camarão: ele precisa comer uma enorme quantidade de areia e lama para obter o alimento que vem misturado com o material indigerível. Os orifícios são as entradas visíveis das cavidades que se estendem dezenas de centímetros para baixo, em passadouros verticais, que se comunicam com outros túneis, alguns dos quais seguem para

Astropecten, uma estrela-do-mar escavadeira, e _Luidea_, uma estrela-do-mar de superfícies lisas das praias do sul dos Estados Unidos (à direita)

baixo, até o fundo dessa escura cidade de camarões, enquanto outros sobem até a superfície, como se tivessem sido feitos para prover saídas de emergência.

Os donos dos canais não se mostravam a menos que eu os provocasse, jogando grãos de areia, um pouco de cada vez, nas entradas dos túneis. O camarão-fantasma é uma criatura de aspecto curioso, com um corpo longo e esguio. Raramente ele se aventura para algum lugar mais distante; portanto, não precisa de um esqueleto protetor resistente; em vez disso, ele é coberto por uma cutícula flexível, adequada para o estreito túnel no interior do qual ele precisa ter a possibilidade de cavar e virar-se. Na parte inferior de seu corpo, há vários pares de apêndices achatados que batem continuamente, forçando uma corrente de água através do túnel, pois nas camadas inferiores da areia o suprimento de oxigênio é escasso, o que torna necessário o aporte de água de cima para baixo. Quando a maré vem, os camarões-fantasmas sobem até as aberturas dos canais e começam seu trabalho de buscar, entre os grãos de areia, bactérias, diatomáceas e talvez partículas maiores de detritos orgânicos. O alimento é retirado da areia por meio de pequenos pelos que existem em vários apêndices e, então, é transferido para a boca.

Poucos seres entre os que constroem lares permanentes nessa cidade subterrânea da areia vivem por si sós. Na costa atlântica, o camarão-fantasma regularmente oferece alojamento para um pequeno e rotundo caranguejo, parente da espécie frequentemente encontrada em conchas de ostras. O caranguejo-ervilha, *Pinnixa*, encontra no túnel arejado feito pelo camarão não apenas abrigo como também provimento regular de comida. Esse caranguejo retira alimento das correntes de água que fluem através do túnel, usando as pequenas protuberâncias plumosas de seu corpo como se fossem redes. Na costa da Califórnia, os camarões-fantasmas abrigam até 10 espécies de animais. Uma delas é um peixe – um pequeno gobião – que usa o túnel como refúgio eventual enquanto a maré está baixa, perambulando pelos canais onde vive o camarão e, se for preciso, em-

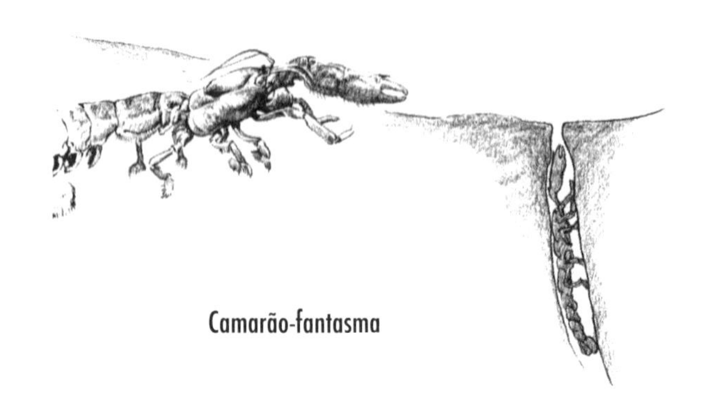

Camarão-fantasma

purrando o proprietário. Outra espécie é um mexilhão que vive fora do canal, mas introduz nele seus sifões e recolhe o alimento contido na água que ali circula. O mexilhão tem sifões curtos e, por isso, em circunstâncias normais ele teria que viver sob a areia bem perto da superfície, para ter acesso à água e à comida; ao se estabelecer no túnel do camarão, ele pode usufruir as vantagens de viver em um nível mais profundo e protegido.

Nas partes mais lamacentas dessas mesmas praias da Geórgia, vive o verme anelídeo *Arenicola*, cuja presença é marcada por negros domos arredondados, parecidos com cones vulcânicos. Nos locais das regiões costeiras da América e da Europa em que esses vermes ocorrem, sua prodigiosa atividade influencia e renova a região, além de manter a quantidade de matéria orgânica em decomposição em equilíbrio adequado. Onde os *Arenicola* são abundantes, eles são capazes de processar anualmente quase 2 mil toneladas de esterco por acre. De modo semelhante ao que acontece com seu correspondente terrestre, a minhoca, grande quantidade de esterco passa pelo corpo do *Arenicola*. O alimento contido na matéria orgânica em decomposição é absorvido pelo trato digestório; a areia é expelida em dejetos espirais que denunciam a presença do verme.

Perto de quase todo cone negro, uma pequena depressão afunilada aparece na areia. O verme fica no interior da areia, dobrado como a letra U, a cauda sob o cone, a cabeça sob a depressão. Quando a maré sobe, a cabeça é posta para fora a fim de obter alimento.

Outros sinais de *Arenicola* aparecem no médio verão. São bolsas translúcidas, róseas, cada uma borbulhando pela água como balões de ar e com uma extremidade fincada na areia. Essas massas compactas de gelatina são agregados de ovos do verme, nos quais até 300 mil novos seres estão se desenvolvendo.

Vastas planícies de areia são continuamente processadas por esses e outros vermes marinhos. Um deles, a *Pectinaria*, usa a própria areia que contém alimento para produzir um tubo em forma de cone, que servirá de proteção para seu corpo tenro. Às vezes, é possível ver a *Pectinaria* trabalhando, pois enquanto faz isso ela

Verme anelídeo *Arenicola*

deixa seu tubo ligeiramente projetado para cima da superfície. É mais comum, no entanto, encontrar tubos vazios entre os detritos da maré. Apesar da aparência frágil, eles permanecem intactos até muito depois de seus arquitetos falecerem. São mosaicos naturais de areia, da espessura de um grão de cereal e cujos blocos constituintes são reunidos com cuidado meticuloso.

Em certa ocasião, um escocês chamado A. T. Watson passou muitos anos estudando os hábitos desse verme. Uma vez que a produção de tubos acontece sob o solo, ele viu que era quase impossível observar o ajuste dos grãos de areia e sua adesão, até que ele teve a ideia de coletar larvas muito jovens, que pudessem viver e ser observadas numa fina camada de areia no fundo de uma placa de laboratório. A construção do tubo iniciou-se logo após as larvas terem cessado de nadar, época em que elas se fixaram no fundo da placa. De início, cada uma secretava um tubo membranoso ao redor de si. Isso se tornaria o revestimento interno do cone e o alicerce para o mosaico de grãos de areia. As jovens larvas tinham apenas dois tentáculos, os quais eram usados para coletar os grãos de areia e passá-los para a boca. Nesta, os grãos eram revolvidos e testados; se aprovados, eram depositados num local escolhido na extremidade do tubo. Em seguida, um fluido era expelido de uma glândula e o verme atritava certas estruturas parecidas com um escudo sobre o tubo, como se o estivesse alisando.

"Cada tubo", escreveu Watson, "é o trabalho de toda a vida do inquilino que ali habita, e é maravilhosamente construído com grãos de areia, cada grãozinho posicionado com a habilidade e a precisão de um artesão... No momento em que um encaixe preciso é obtido, é notoriamente certificado por uma delicada percepção táctil. Numa ocasião, eu vi o verme mudar (antes da colagem) a posição de um grão de areia que ele acabara de depositar."

Os tubos servem para alojar os seus donos durante o tempo de uma vida de escavação de túneis subterrâneos, pois, do mesmo modo que o verme *Areni-*

Vermes anelídeos *Pectinaria* e seus tubos

cola, essa espécie encontra alimento nas areias abaixo da superfície. Os órgãos escavadores, assim como os tubos, transmitem uma falsa ideia de fragilidade. São delgadas cerdas pontiagudas, distribuídas em dois grupos ou "pentes", que mais se parecem criações fantásticas. Poderíamos facilmente acreditar que alguém, por capricho, produziu as cerdas usando uma lâmina dourada brilhante, franjando as margens por meio de repetidas incisões com tesoura, como se estivesse fazendo um ornamento para árvore de Natal.

Observei o trabalho desses vermes num mundo de areia e mar em miniatura, criado para eles em meu laboratório. Mesmo numa fina camada de areia num recipiente de vidro, os pentes são usados com eficiência e energia que lembram as de um trator. O verme emerge ligeiramente de dentro do tubo, dirige os pentes para a areia, apanha uma porção e lança-a sobre seu "ombro"; em seguida, ele parece raspar suas escavadeiras, como que para limpá-las, recolhendas-o até a borda do tubo. Tudo é feito com vigor e determinação, com movimentos alternados da direita para a esquerda. As douradas escavadeiras afofam a areia, permitindo que os tenros tentáculos coletores de alimento explorem os grãos e tragam até a boca toda comida que possa estar ali contida

Ao longo da linha formada pela barreira de ilhas que ficam entre o continente e o mar, as ondas entalharam passagens ou estreitos por entre os quais as marés invadem as baías e ressoam atrás das ilhas. As praias das ilhas que ficam voltadas para o mar são banhadas por correntes costeiras que transportam cargas de areia e silte, quilômetro após quilômetro. Na confusão do encontro entre as marés que correm em direção às baías e as que vêm em sentido contrário, a velocidade das águas é diminuída e elas perdem parte de sua capacidade de reter sedimentos. Com isso, próximo à entrada de muitos desses estreitos, formaram-se regiões de águas rasas que se estendem para o mar. São as areias perigosas de Diamond Shoal e Frying Pan Shoal, e muitas outras, com ou sem nome. Mas nem todos os sedimentos são depositados. Muitos são colhidos pelas marés e transportados através dos estreitos; com isso, são sendo deixados nas águas mais tranquilas da parte interna das baías. No interior de cabos e nas entradas de estreitos, assim como nas baías e braços de mar, vão se formando bancos de areia. E onde quer que tais formações ocorram, ali se encontram as larvas e os organismos jovens em desenvolvimento; são criaturas cuja vida requer quietude e águas rasas.

Nas áreas mais tranquilas do cabo Lookout, há bancos como esses, alguns até emergindo brevemente à luz do sol e ao ar durante o intervalo da maré baixa, após o qual submerge de novo. Raramente ondas fortes passam sobre eles; além disso, embora as correntes de maré que se volteiam sobre esses bancos ou ao seu redor possam alterar gradualmente sua forma e extensão – hoje tomando algo de sua substância e amanhã devolvendo-lhe areia e lodo trazidos de outras áreas –, eles constituem um mundo estável e pacífico para os animais da areia.

Alguns dos bancos de areia têm nomes de criaturas do ar e da água que os visitam – Shark (tubarão), Sheepshead (sargo-de-dente) ou Bird (ave) são exemplos. Para chegar até Bird Shoal, vai-se de bote por canais que serpenteiam através de Town Marsh, Beaufort, e chega-se até uma orla arenosa que se mantém firme graças às raízes de gramíneas da praia – é a parte do banco voltada para o continente. A praia mais lamacenta, voltada para os pântanos, é crivada de orifícios de caranguejos-violinistas. Nas planícies, os caranguejos se agitam à aproximação de um intruso, e o som de seus pés quitinosos é semelhante ao de uma folha de papel sendo amassada. Quem cruza a orla arenosa depara-se com o banco de areia. Se ainda falta uma ou duas horas para a maré baixar totalmente, vê-se apenas um filme de água brilhando à luz do sol.

Na praia, quando a maré vai descendo, o limite da areia úmida avança gradualmente em direção ao mar. Mais adiante, rumo ao mar aberto, um enorme trecho de aparência aveludada vai-se formando entre as águas brilhantes, como o dorso de um imenso peixe que se move lentamente fora da água. Trata-se de uma grande extensão de areia que começa a vir à tona.

Nas marés grandes, o pico desse vasto banco eleva-se mais alto para fora d'água e fica mais tempo exposto; nas marés mortas, quando o pulso da maré é débil e os movimentos da água são mais morosos, o banco permanece quase oculto, com uma fina camada de água sobre ele, mesmo no ponto mais baixo da maré. Mas em qualquer baixa-mar lunar, com o tempo sereno, é possível aventurar-se para além dos limites das dunas arenosas que cobrem imensas áreas do banco, sobre águas tão rasas e cristalinas que acabam por revelar todos os detalhes do chão submerso.

***Hepatus epheliticus*. Manchas vermelhas com contorno escuro espalham-se por toda a carapaça clara.**

Até mesmo em marés moderadas, avancei tão longe que a orla de areia seca parecia distante. Então, profundos canais começaram a atravessar as partes mais periféricas do banco. Ao aproximar-me deles, pude ver o chão descendo, passando de uma claridade cristalina para um verde túrbido e opaco. A declividade do fundo se acentuou quando vi um cardume de peixinhos ciprinídeos passando céleres pelas áreas rasas e invadindo a escuridão numa cascata de lâminas prateadas. Peixes maiores vinham do mar pelas estreitas passagens entre os bancos. Eu sabia que havia leitos do mexilhão *Macrocallista* nessas regiões mais profundas, e caramujos *Nucella* dirigindo-se para baixo para persegui-los. Caranguejos nadavam por ali ou se escondiam, enterrando-se no fundo arenoso; atrás de cada caranguejo, duas pequenas listas apareciam na areia, sinalizando as correntes respiratórias sugadas pelas brânquias.

Mesmo nas mais rasas camadas de água que cobriam o banco de areia, a vida saía de seus abrigos e se expunha. Um jovem caranguejo-ferradura correu para a água mais profunda; um pequeno peixe-sapo precipitou-se para o fundo e, dirigindo-se para uma moita de zostera, coaxou um protesto audível quando se deparou com meus pés, já que eu era um estranho em seu mundo raramente invadido por seres humanos. Um caramujo com espirais negras ao redor de sua concha em forma de búzio, as quais combinavam com pés e sifões tubulares da mesma cor, deslizava rapidamente sobre o fundo, deixando um evidente rasto pela areia.

Aqui e ali, a área era tomada por zosteras, as primeiras angiospermas pioneiras a se aventurar em águas salgadas. Suas planas lâminas foliares elevavam-se acima da areia e suas raízes entrelaçadas conferiam firmeza e estabilidade ao fundo do mar. Foi numa dessas regiões que eu encontrei colônias de uma curiosa anêmona habitante da areia. Por causa de seus hábitos e estrutura, as anêmonas requerem um firme substrato para fixar-se enquanto exploram o mar em busca de alimento. No norte (ou onde quer que o fundo do mar seja firme), elas agarram-se

Caranguejo *Ovalipes*

às rochas; no local em que vi essas anêmonas, elas conseguiam o mesmo efeito ao aprofundar-se na areia, deixando apenas a coroa de tentáculos sobre a superfície. A anêmona da areia escava contraindo a extremidade inferior de seu tubo e impelindo todo o corpo para baixo; então, quando uma lenta onda de expansão percorre o seu corpo, a criatura afunda na areia. Era estranho ver a tenra coroa de tentáculos das anêmonas florescer ali no meio da areia, pois temos a impressão de que as anêmonas estão sempre ligadas às rochas; no entanto, enterradas nesse firme fundo de mar, sem dúvida elas estavam tão seguras quanto as grandes e plumosas anêmonas que brotam na parede de uma piscina natural do Maine.

Sobre as partes do banco de areia cobertas de zostera, as chaminés gêmeas do verme poliqueto *Chaetopterus* emergiam ligeiramente acima da areia. O verme propriamente dito vive sempre sob a superfície, num tubo em U, cujas extremidades estreitadas são os meios de o animal entrar em contato com o mar. Para manter uma corrente de água fluindo através de seu tubo, ele usa projeções do corpo parecidas com ventarolas; assim, consegue trazer as pequeníssimas algas de que se alimenta e livrar-se dos dejetos; na época da reprodução, as águas levam embora uma nova geração de *Chaetopterus*.

A vida inteira do verme se passa dessa maneira, exceto pelo curto período do estágio larval. Bem cedo, a larva deixa de nadar, fica vagarosa e estabelece-se no fundo do mar. Começa então a deslizar pela região, talvez procurando alimento nas diatomáceas que ficam nos vales das ondulações de areia. Enquanto desliza, ela deixa uma trilha de muco. Algum tempo depois, talvez alguns dias, o jovem verme começa a produzir túneis curtos e revestidos de muco, escavando em meio a espessas camadas de diatomáceas misturadas com areia. De um túnel assim, simples, possivelmente com extensão algumas vezes maior que o comprimento de seu corpo, a larva constrói extensões em direção à superfície, para produzir a forma em U. Todos os outros túneis a partir de então são remodelações e prolon-

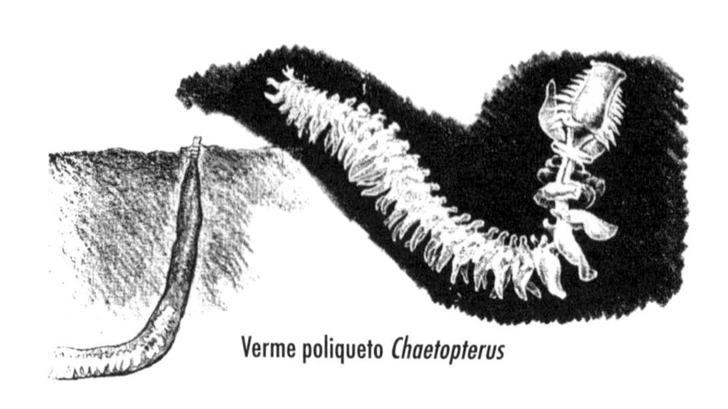

Verme poliqueto *Chaetopterus*

gamentos desse túnel inicial, para acomodar o corpo em crescimento. Depois que os vermes morrem, os tubos vazios são levados pelas ondas e tornam-se parte dos resíduos que se acumulam na praia.

Por algum tempo, quase todos os vermes *Chaetopterus* aceitam hóspedes: os pequenos caranguejos-ervilhas, cujos parentes habitam os túneis de camarões--fantasmas. Frequentemente a associação dura a vida toda. Os caranguejos, seduzidos pelo contínuo fluxo de água carregada de alimento, entram no tubo construído pelo verme enquanto são ainda jovens, mas logo ficam grandes demais para passar pelas estreitas saídas. Na verdade, também o verme não abandona o tubo, embora ocasionalmente se possa ver um espécime com a cabeça ou a cauda regenerada, uma evidência silenciosa de que ele emergiu do túnel por tempo suficiente para atrair a atenção de um peixe ou caranguejo que estivesse passando. Contra tais ataques, não existe defesa, apesar de que a bizarra luz azul esbranquiçada, que irradia de seu corpo quando ele é perturbado, possa algumas vezes alarmar um inimigo.

Outras pequenas chaminés que se erguiam da superfície do banco de areia pertenciam ao verme plumoso *Diopatra*. Elas ocorriam isoladamente e eram curiosamente adornadas com pequenas porções de concha ou algas que efetivamente enganavam o olho humano. Aquelas protuberâncias não passavam de extremidades expostas de tubos que às vezes estendiam-se para baixo na areia por até 90 centímetros. Talvez a camuflagem seja eficiente também contra inimigos naturais, mas, para coletar os materiais que ele adere a todas as partes expostas do tubo, o verme tem que expor vários centímetros de seu corpo. Do mesmo modo que o *Chaeropterus*, o *Diopatra* é capaz de regenerar partes perdidas do corpo, como defesa contra peixes famintos.

Quando a maré baixou totalmente, grandes caramujos predadores *Nucella* podiam ser vistos deslizando em busca de presas, ou seja, mexilhões que ficavam enterrados na areia, transportando por seu corpo um fluxo de água do mar e retirando dela algas microscópicas. No entanto, a busca realizada pelos caramujos

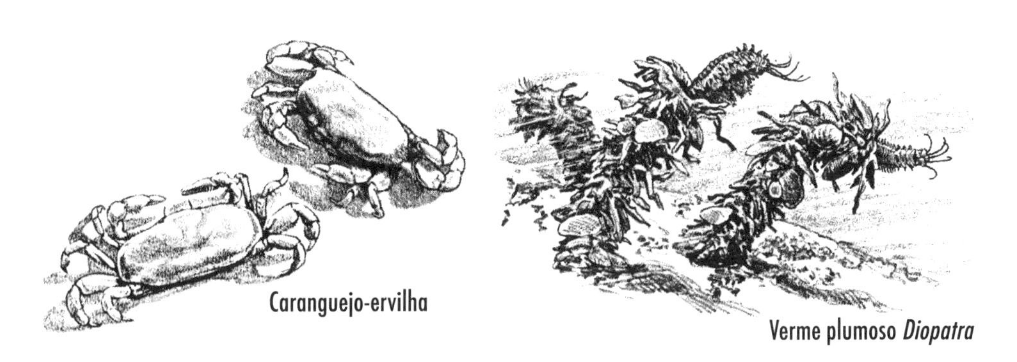

Caranguejo-ervilha

Verme plumoso *Diopatra*

Nucella não foi frustrada, pois seu aguçado sentido os guiou até as invisíveis correntes de água que saíam dos sifões dos mexilhões. Tal capacidade de percepção pode guiar o caramujo até um robusto mexilhão *Siliqua patula*, cujas conchas provêm apenas a mais escassa cobertura para o seu avolumado corpo, ou então para um mexilhão de concha dura, com valvas firmemente fechadas. Mas mesmo essas valvas podem ser abertas por *Nucella*, que prende o mexilhão em sua enorme pata e, por meio de contrações musculares, aplica uma série de golpes (parecidos com os de martelo) com sua própria concha rígida.

O ciclo da vida, ou seja, a intricada dependência de uma espécie em relação à outra, não para por aí. Nas escuras tocas do fundo do mar vivem os inimigos do *Nucella*, os caranguejos-negros-da-pedra, com corpos pesados, de tonalidade púrpura, e quelas esmagadoras brilhantemente coloridas, capazes de romper a concha do *Nucella* em muitos pedaços. Os caranguejos escondem-se em cavidades entre as colunas de píeres, em buracos abertos pela erosão de pedras formadas por conchas ou em abrigos feitos pelo homem, tais como velhos pneus descartados. Em torno de suas tocas, como nas proximidades das cavernas de gigantes lendários, ficam os restos partidos de suas presas.

Se os caramujos *Nucella* escapam desse inimigo, outro vem do ar. As gaivotas visitam o banco de areia em grande número. Elas não têm grandes quelas para esmagar as conchas de suas vítimas, mas certa sabedoria herdada de antepassados tem-nas ensinado outro recurso. Ao encontrar um indivíduo exposto de *Nucella*, uma gaivota o prende e o leva embora. Ela procura uma rodovia pavimentada, um píer, ou mesmo a própria praia, voa bem alto e deixa a presa cair. Então, ela segue instantaneamente a vítima em queda, em direção à terra, e recupera o tesouro entre os fragmentos despedaçados da concha.

Voltando da visita ao banco de areia, vi um filamento enrolado e torcido saindo da areia e percorrendo a borda de uma verde ravina submarina: um fio

Busycon carica

Caranguejo-negro-da-pedra

duro de pergaminho, no qual estava enfileirado um grande número de pequenas cápsulas com a forma de bolsas. Era a fileira de ovos de uma fêmea de *Nucella*, pois era junho, época de desova da espécie. Eu sabia que, em todas as cápsulas, as misteriosas forças de criação estavam trabalhando, produzindo milhares de bebês de *Nucella*, dos quais talvez algumas centenas sobrevivessem para emergir da fina porta arredondada na parede de cada cápsula, cada bebê no interior de uma concha em miniatura, semelhante àquelas de seus pais.

Em todo lugar em que passam as ondas vindas do Atlântico aberto, sem ilhas que lhes obstruam como barreiras e sem braços encurvados de terra que quebrem a força de seu ataque sobre a praia, a área entre as linhas das marés é uma zona inóspita para os seres vivos. É um mundo de violência, mudança e agitação constante, onde até mesmo a areia adquire algo da fluidez da água. Essas praias expostas têm poucos habitantes, pois apenas as criaturas mais especializadas podem viver em meio ao pesado movimento das ondas.

Os animais das praias abertas são tipicamente pequenos, sempre de movimentos rápidos. Seu modo de vida é estranho. Cada onda que quebra na praia é ao mesmo tempo sua amiga e inimiga; embora ela traga alimento, também ameaça levá-lo embora, num turbilhão que recua para o alto-mar. Somente tornando-se extraordinariamente especializado na rápida e constante escavação, é possível a um animal explorar a agitação turbulenta e as areias sempre inconstantes, recebendo como recompensa os abundantes suprimentos de alimento trazidos pelas ondas.

Um dos exploradores bem-sucedidos é o caranguejo *Emerita*, um pescador das ondas, o qual usa redes tão eficientes que conseguem catar até microrganismos à deriva na água. Populações inteiras de *Emerita* vivem onde as ondas quebram, seguindo a maré cheia em direção à praia e retornando ao mar na maré baixa. Várias vezes durante a subida da maré, todo um leito deles alterará sua po-

Caramujo *Busicotypus canaliculatus*; as cápsulas que abrigam seus ovos têm bordas afiadas; as de *Busycon carica* têm bordas largas.

sição, cavando novamente mais para cima na praia, numa área com profundidade mais favorável para alimentação. Nesse espetacular movimento em massa, a zona de areia de repente parece borbulhar, pois, numa ação estranhamente simultânea de todos os membros, como nas revoadas de pássaros ou na reunião dos cardumes de peixes, os caranguejos emergem da areia quando uma onda passa sobre eles. Na agitação das águas turbulentas, eles são carregados para cima na praia; então, quando a força da onda diminui, cavam buracos na areia com facilidade fantástica, por meio de um movimento de turbilhão provocado pelos apêndices de sua cauda. Com a descida da maré, os caranguejos retornam à marca das águas baixas, novamente fazendo a jornada em várias etapas. Se por acaso uns poucos acabam se atrasando e deixam de ser arrastados pela maré retirante, eles escavam até alguns centímetros na areia úmida e esperam pelo retorno da água.

Como o nome inglês[4] sugere, há algo nesses pequenos crustáceos que os torna semelhantes às toupeiras, com membros achatados, parecidos com patas. Seus olhos são pequenos e praticamente inúteis. Como todos os outros animais que vivem dentro da areia, os caranguejos dependem menos da visão do que do tato, que se tornou maravilhosamente eficiente pela presença de cerdas sensoriais. Mas sem as longas, espiraladas e plumosas antenas, construídas com tal eficiência que até pequenas bactérias ficam aprisionadas em seus filamentos, o *Emerita* não poderia sobreviver como um pescador em meio às fortes ondas. Ao preparar-se para se alimentar, o caranguejo retorna para dentro da areia molhada deixando apenas a boca e as antenas expostas. Embora permaneça encarando o oceano, ele não tenta recolher alimento da onda que chega. Em vez disso, ele aguarda até que a onda tenha perdido a força na praia e as águas comecem a recuar para o mar. Quando a profundidade da onda é de uns poucos centímetros, o *Emerita* estende suas antenas na água que flui para o mar. Depois de "pescar" por um momento, ele recolhe as antenas passando-as por entre os apêndices que envolvem sua boca, a qual retira o alimento capturado. Há nessa atividade uma curiosa exibição de comportamento de grupo, pois enquanto um caranguejo lança para cima suas antenas, todos os outros da colônia prontamente seguem seu exemplo.

Quem passar por bancos onde haja uma colônia desses caranguejos terá a extraordinária experiência de ver a areia despertar para a vida. Num momento, ela pode parecer desabitada. Então, naquele efêmero momento em que a água de uma onda em recuo corre para o mar como um fluido ralo de cristal líquido,

4 *Mole crab* (*mole*: toupeira, *crab*: caranguejo). (NE)

Caranguejos *Emerita*

surgem de repente centenas de faces parecidas com as de gnomos, espreitando por entre a superfície arenosa. Olhos que se parecem com miçangas, faces com longas suíças e corpos de cor tão semelhante à de seu hábitat os tornam criaturas dificilmente visíveis. E quando, de modo quase instantâneo, suas faces se tornam novamente invisíveis, como um bando de estranhos e pequenos trogloditas que momentaneamente olham através das cortinas de seu oculto mundo e abruptamente se recolhem, tem-se a forte ilusão de que nada se viu, exceto em imaginação. É como se tivesse acontecido somente uma aparição induzida pela qualidade mágica desse mundo de areias mutáveis e água espumante.

Uma vez que as atividades de coleta de alimento os mantêm no limite das ondas, os caranguejos *Emerita* ficam expostos a inimigos tanto do mar quanto da terra; exemplos são as aves que exploram a areia úmida, os peixes que nadam para a praia com a maré, alimentando-se na água que sobe, e os caranguejos-azuis que saem disparados da onda para agarrar seus parentes. Assim, na economia marinha, os *Emerita* funcionam como um importante elo entre os alimentos microscópicos das águas e os grandes predadores carnívoros.

Embora individualmente o *Emerita* possa escapar das criaturas maiores que caçam entre as linhas de maré, a duração de sua vida é curta, compreendendo um verão, um inverno e outro verão. A vida do caranguejo começa como uma diminuta larva que eclode de um ovo de cor alaranjada, o qual fora carregado durante meses pela mãe, um ovo entre muitos, que ficam agregados em uma massa aderida sob o corpo da fêmea. Quando se aproxima a época de eclosão, a mãe deixa de participar dos movimentos dos outros caranguejos (que se movem para cima e para baixo na praia) e permanece perto da zona da maré baixa, evitando, desse modo, o perigo de expor seus descendentes nas areias da parte superior da praia.

Quando sai da cápsula protetora do ovo, a jovem larva é transparente, tem cabeça e olhos grandes – como todos os jovens crustáceos – e é estranhamente adornada com espinhos. É uma criatura do plâncton e nada sabe sobre a vida nas areias.

Ao crescer ela passa por muda, desfazendo-se dos trajes de vida larval. Então, embora ainda nade num estilo larval, com os movimentos ondulantes de suas pernas cerdosas, ela passa a procurar o fundo na turbulenta zona da arrebentação, onde as ondas agitam e afofam a areia. Perto do final do verão, há outra muda, que desta vez inicia a fase adulta, com o comportamento de alimentação dos caranguejos já crescidos.

Durante a alongada fase larval, muitos dos jovens caranguejos *Emerita* fazem longas jornadas nas correntes pela costa, de modo que seu estabelecimento definitivo na praia (caso tenham sobrevivido durante a viagem) pode acontecer num local distante das areias onde viveram seus pais. Na costa do Pacífico, onde as fortes correntes superficiais fluem para o mar, Martin Johnson descobriu que grandes números de larvas de caranguejo carregadas para longe sobre grandes profundidades oceânicas são condenadas a uma destruição inevitável, a não ser que encontrem um caminho numa corrente que flua para a praia. Devido à longa vida larval, alguns dos jovens caranguejos são carregados por até 300 quilômetros em mar aberto. Talvez, na predominante corrente costeira dos litorais do Atlântico, eles viajem por distâncias maiores.

Com a chegada do inverno, os *Emerita* permanecem ativos. Na parte setentrional de sua distribuição, onde a geada ataca profundamente as areias e o gelo se forma nas praias, eles vão além da zona da maré baixa para passar os meses frios, em locais onde aproximadamente 2 metros ou mais de água isolante separam-nas do ar invernal. A primavera é a estação de acasalamento. Em julho, a maioria dos machos eclodidos durante o verão precedente terá morrido. As fêmeas carregam seus agregados de ovos durante vários meses, até que os jovens eclodam; antes do inverno, todas essas fêmeas também terão morrido, de modo que apenas uma única geração da espécie permanecerá na praia.

As únicas outras criaturas que se sentem sempre em casa entre as linhas de maré das praias do Atlântico solapadas pelas ondas são os minúsculos mexilhões *Donax*. Sua vida é de extraordinária e quase incessante atividade. Quando são lavados pelas ondas, eles precisam escavar de novo, usando sua robusta e pontuda pata como se fosse uma pá, impelindo-se para baixo e prendendo-se firmemente no fundo, após o que a lisa concha é puxada rapidamente para dentro da areia. Uma vez abrigado com segurança, o mexilhão ergue os sifões. O sifão para tomada de água tem mais ou menos o comprimento da concha e sua abertura é bastante resplandecente. Diatomáceas e outros materiais alimentícios trazidos pelas ondas ou agitados por elas no fundo do mar são atraídos para dentro do sifão.

Do mesmo modo que os caranguejos *Emerita*, o mexilhão *Donax* move-se para baixo ou para cima na praia em movimentos em massa de multidões de centenas de indivíduos, talvez para aproveitar a profundidade mais favorável da água. Então, a areia cintila com as conchas brilhantemente coloridas à medida que os mexilhões emergem de seus abrigos e se deixam levar pelas ondas. Às vezes, outros pequenos escavadores movem-se junto com os *Donax* nas ondas, como faz seu predador, o pequeno caramujo carnívoro *Terebra*, com conchas em parafuso. Outros inimigos são as aves marinhas. A gaivota-de-bico-riscado, ou gaivota-de--delaware, caça os mexilhões com persistência, tirando-os para fora da areia na água rasa.

Em qualquer praia, os mexilhões *Donax* são habitantes transitórios; eles parecem explorar uma área em busca de alimento, e, então, mover-se para outra região. A presença de milhares de conchas lindamente diversificadas, com a forma de borboletas e atravessadas por faixas radiadas coloridas, pode assinalar apenas o local de uma colônia que habitou a praia tempos atrás.

Ocupada pelo mar apenas breve e esporadicamente, naqueles períodos recorrentes do avanço mais acentuado da maré, a zona de marés altas de qualquer praia tem em sua própria natureza algo característico da terra e algo do mar. Essa qualidade transitória e intermediária impregna não apenas o mundo físico da área superior da praia, mas também sua vida. Talvez a descida e o fluxo das marés tenham contribuído para que alguns animais da zona entremarés se habituassem, pouco a pouco, a viver fora da água. Possivelmente seja essa a razão da existência, entre os habitantes dessa zona, de alguns animais que, no atual momento de sua história, não pertencem inteiramente nem à terra nem ao mar.

O caranguejo-fantasma, tão pálido quanto a areia seca da região mais alta da praia na qual ele habita, parece quase um animal terrestre. Frequentemente, os orifícios profundos que ele faz ficam mais para trás, no local onde as dunas começam a se erguer na praia. Porém, esse caranguejo não respira ar; ele carrega

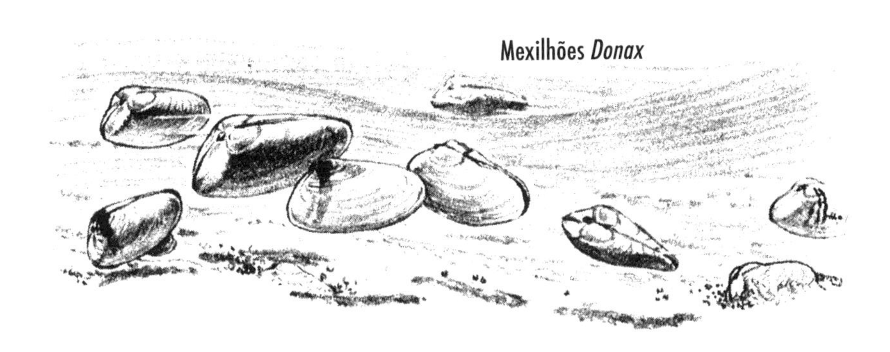
Mexilhões *Donax*

consigo um pouquinho do mar na câmara branquial que envolve suas guelras; de tempos em tempos, ele precisa visitar o mar para colher água. Há ainda outro retorno ao mar, quase simbólico. Cada um desses caranguejos iniciou sua vida como uma pequena criatura do plâncton; após a maturidade e na estação de desova, cada fêmea vai para o mar novamente para liberar a sua prole.

Não fosse por essas necessidades, a vida dos caranguejos-fantasmas adultos seria quase como a dos verdadeiros animais terrestres. Mas diariamente, durante alguns intervalos, eles devem descer até a linha da água para molhar suas brânquias, procurando conseguir esse objetivo com o menor contato possível com o mar. Em vez de avançar diretamente e invadir a água, eles tomam uma posição um pouco acima do lugar onde, no momento, a maioria das ondas está quebrando na praia. Eles ficam de lado em relação à água, firmando-se na areia com as pernas voltadas para o lado da terra. Banhistas humanos sabem que, a qualquer momento, uma onda ocasionalmente poderá ser mais alta que as outras e então avançar mais adiante na praia. Os caranguejos aguardam, como se também soubessem disso, e, depois que uma dessas ondas passa sobre eles, retornam à região mais alta da praia.

Mas eles não são sempre tão cuidadosos em relação ao contato com o mar. Tenho na memória a imagem de um caranguejo montado na haste de uma aveia-do-mar numa praia da Virgínia, durante um dia tempestuoso de outubro. Ele estava muito ocupado, pondo na boca partículas de alimento que pareciam ter sido retiradas da haste. Ele mastigava vigorosamente, muito concentrado nessa atividade e ignorando o mar agitado às suas costas. De repente, as espumas de uma onda que acabara de quebrar-se o encobriram, afastando o caranguejo da haste e fazando ambos escorregarem na praia molhada. Qualquer caranguejo--fantasma, se acuado por uma pessoa que tenta apanhá-lo, correrá em direção às ondas, como se estivesse escolhendo um mal menor. Nessas situações, eles não nadam, mas andam sobre o fundo do mar, até que a situação de alarme se atenue; só então eles aventuram-se para fora da água novamente.

Embora em dias nublados, e mesmo ocasionalmente em pleno sol, os caranguejos possam ficar expostos em pequenos números, eles são predominantemente caçadores praianos noturnos. Extraindo da ecuridão uma coragem que lhes falta durante o dia, à noite eles enxameiam valentemente sobre a areia. Às vezes eles cavam pequenas fossas perto da linha d'água, nas quais eles ficam à espreita do que o mar possa lhes trazer.

Em sua breve vida, o caranguejo resume a longa história de sua espécie, como a saída evolutiva de uma criatura do mar para a terra. Sua larva, assim como a do caranguejo *Emerita*, é oceânica; uma vez que tenha eclodido do ovo que a mãe incubara e provera de ar, a forma larval torna-se uma criatura do plâncton. Ao migrar pelas correntes, o jovem caranguejo troca de cutícula várias vezes para acomodar o crescente tamanho de seu corpo; a cada muda, ele passa por ligeiras alterações em sua forma. Finalmente, chega-se ao último estágio larval, chamado megalopa. Essa é a forma na qual todo o destino da espécie é simbolizado, uma vez que a larva – um pequeno ser solitário do mar – deve obedecer a qualquer instinto que a conduza em direção à costa e ser bem-sucedida em seu estabelecimento na praia. Os longos processos de evolução a adaptaram a sobreviver a todas as vicissitudes. Sua estrutura é extraordinária se comparada com fases correspondentes de espécies próximas de caranguejos. Ao estudar as larvas de várias espécies de caranguejos-fantasmas, Jocelyn Crane descobriu que a cutícula é sempre espessa e pesada, e o corpo arredondado. Os apêndices são entalhados e esculpidos de forma que possam ser dobrados estreitamente contra o corpo, cada um ajustando-se precisamente aos adjacentes. No arriscado ato de chegar à praia, essas adaptações estruturais protegem o jovem caranguejo contra os golpes das ondas e o atrito da areia.

Uma vez na praia, a larva escava um pequeno buraco, talvez como proteção contra as ondas, ou quem sabe um abrigo no qual passará pela muda que lhe dará a forma de adulto. A partir de então, a vida do jovem caranguejo é um movimento gradual para as partes mais altas da praia. Enquanto é pequeno, ele cava seus abrigos na areia úmida que será coberta pela maré em ascensão. Quando seu corpo atinge aproximadamente a metade do tamanho que terá quando adulto, ele cava acima da linha da maré alta; ao atingir a fase adulta, ele vai bem para cima na praia ou mesmo entre as dunas, atingindo então o ponto máximo que sua espécie alcançou em seu movimento em direção à terra.

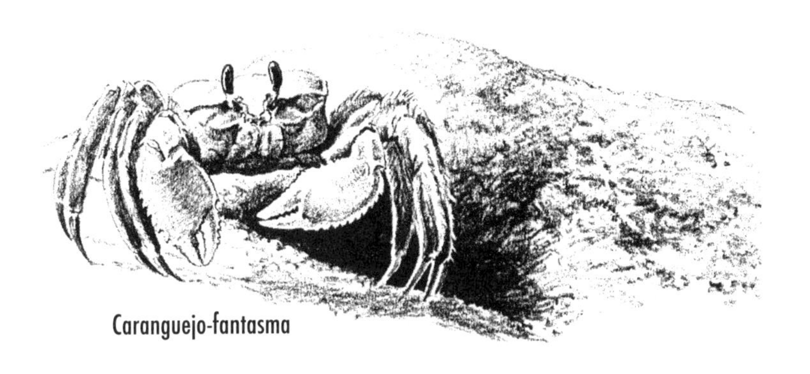

Caranguejo-fantasma

Em qualquer praia habitada por caranguejos-fantasmas, suas covas aparecem e desaparecem num ritmo diário e sazonal, relacionado com os hábitos de seus moradores. Durante a noite, as aberturas das covas ficam abertas enquanto os caranguejos estão fora, alimentando-se na praia. Mais ou menos na alvorada, os caranguejos retornam. Não se sabe ao certo se cada um se dirigirá, como é de regra, à cova que ocupava antes, ou se irá a qualquer uma que lhe seja conveniente. O hábito pode variar com a localidade, a idade do caranguejo e outros fatores.

Os túneis, em sua maioria, são simples canais que correm debaixo da areia, num ângulo de aproximadamente 45º, terminando numa câmara mais alargada. Alguns têm um canal acessório que vai da câmara até a superfície. Ele fornece uma saída de emergência que pode ser usada no caso de um inimigo – quem sabe um caranguejo maior e hostil – vir pelo canal principal. Esse segundo canal geralmente dirige-se até a superfície quase que verticalmente. Ele se situa mais distante da água do que o túnel principal e pode ou não estar aberto na superfície da areia.

As primeiras horas da manhã são empregadas na tarefa de aumentar ou melhorar o abrigo selecionado para o dia. Um caranguejo subindo para a areia, vindo de seu túnel, sempre emerge de lado, com uma carga de areia transportada como um pacote sob as pernas da extremidade funcionalmente posterior do corpo. Às vezes, assim que alcança a saída do túnel, ele arremessa a areia energicamente para fora e dispara de volta para o buraco; às vezes, ele carrega a areia até uma pequena distância, antes de depositá-la na superfície. Frequentemente, os caranguejos recolhem-se no interior de seus túneis, onde armazenam algum alimento. Perto do meio-dia, quase todos os caranguejos fecham as entradas dos túneis.

Ao longo de todo o verão, a ocorrência de buracos na praia segue um padrão diurno. Quando chega o outono, a maioria dos caranguejos terá se movido para cima, na areia seca além da maré; seus túneis adentram mais para o fundo da areia, como se seus donos estivessem sentindo o frio de outubro. Então, ao que parece,

Larva de caranguejo-fantasma, fase inicial (à esquerda); megalopas (à direita)

as portas de areia são fechadas, e não serão reabertas até que chegue a primavera. De fato, no inverno as praias não mostram sinais nem de caranguejos nem de seus túneis. Todos os caranguejos, desde os que medem apenas um centímetro de diâmetro até os adultos, desaparecem, presumivelmente mergulhados no longo sono da hibernação. Mas, ao andar pela praia num ensolarado dia de abril, é possível ver aqui e ali um túnel aberto. Então, um caranguejo-fantasma, num casaco primaveril evidentemente novo e brilhante, pode aparecer à porta do túnel cuidadosamente, e expor-se à luz solar da primavera. Se o ar ainda estiver frio, ele rapidamente se recolherá e fechará a porta. Mas a estação favorável já terá retornado, e em toda essa faixa superior da praia, os caranguejos estão despertando de seu sono.

Do mesmo modo que o caranguejo-fantasma, o pequeno anfípode conhecido como pulga-do-mar ou pulga-da-areia[5] representa um daqueles dramáticos momentos da evolução nos quais uma criatura abandona um antigo modo de vida para adotar um novo. Seus ancestrais eram completamente marinhos; se pudéssemos enxergar o futuro agora, saberíamos que seus descendentes, daqui a centenas ou milhares de anos, serão terrestres. Neste momento, ela está a meio caminho na transição da vida marinha para a terrestre.

Como em todas as existências transitórias, há algumas pequenas e estranhas contradições e ironias no modo de vida desse animal. Embora a pulga-da-areia tenha progredido até a parte superior da praia; ela tem a desvantagem de ainda ser dependente do mar e, ao mesmo tempo, ser ameaçada pelo elemento que originou sua vida. Aparentemente, ela nunca entra na água voluntariamente. É uma sofrível nadadora e pode afogar-se se for submersa por tempo prolongado. No entanto, a pulga-da-areia necessita de umidade e provavelmente também do sal da areia da praia, pelo que permanece ligada ao mundo aquático.

Os movimentos da pulga-da-areia seguem o ritmo das marés e a alternância do dia e da noite. Nas marés baixas que descem durante as horas noturnas, essas criaturas perambulam por longas distâncias na zona entremarés em busca de alimento. Enquanto elas mordiscam pedacinhos de alface-do-mar, zosteras ou laminárias, seus pequenos corpos balançam com a força da mastigação. Nos resíduos que ficam nas linhas de maré, elas encontram partículas de peixe morto ou conchas de caranguejos contendo restos de carne. Com isso, a praia é limpa e os fosfatos, nitratos e outros minerais são recuperados dos animais mortos para serem usados pelos vivos.

5 *Talitrus saltator*. (NT)

Se a água baixar nas altas horas da noite, os anfípodes continuam a se alimentar até pouco antes do amanhecer. Antes que o céu se ilumine, porém, todas as pulgas-da-areia começam a mover-se para cima na praia, em direção à linha da maré alta. Ali, cada uma começa a cavar o orifício no qual se recolherá para defender-se da luz do dia e da maré ascendente. Trabalhando rapidamente, ela passa para trás os grãos de areia de um par de pés para o outro, até que, com o terceiro par de pernas torácicas, ela vai amontoando a areia atrás de si. De vez em quando, a pequena escavadora estica o corpo num movimento abrupto, de modo que a areia acumulada é lançada para fora do buraco. Ela trabalha vigorosamente numa parede do túnel, firmando-se com o quarto e o quinto par de pernas, e então começa a cavar a parede oposta. A criatura é pequena e suas pernas parecem frágeis; contudo, o túnel pode ficar pronto no prazo de dez minutos, isso incluindo a abertura de uma câmara que é aberta na extremidade do canal. Em sua profundidade máxima, o túnel representa um trabalho tão prodigioso quanto o de um homem que, trabalhando sem ferramentas, apenas com as mãos, tivesse cavado para si próprio um túnel de aproximadamente 18 metros de profundidade.

Uma vez concluído o trabalho de escavação, a pulga-da-areia frequentemente retorna à superfície para testar a segurança da porta de entrada, formada pelo acúmulo de areia das partes mais profundas do canal. Eventualmente, ela introduz as longas antenas na abertura do túnel para testar a areia, arrastando alguns grãos para o interior do buraco. Então, recolhe-se no interior da câmara escura, onde mantém o corpo enrolado.

Quando a maré sobe até a parte alta da praia, as vibrações das ondas que se quebram e das marés exercendo pressão podem chegar até as pequenas criaturas em seus abrigos, alertando-as de que devem permanecer lá dentro, a fim de evitar a água e os perigos por ela trazidos. É menos fácil entender o que

Pulga-do-mar ou pulga-da-areia

desperta o instinto protetor de evitar a luz do dia, com todos os perigos das aves inimigas que ficam pela praia. Provavelmente, há pequena diferença entre o dia e a noite naquele profundo abrigo. Contudo, de algum modo misterioso, a pulga-da-areia é mantida dentro da segurança da câmara embaixo da areia até que duas condições essenciais novamente prevaleçam na praia: escuridão e maré baixa. Nessas ocasiões, ela desperta de seu sono, sobe pelo longo túnel e empurra a porta arenosa do abrigo. Uma vez mais a escura praia estende-se ante ela; uma linha de alva espuma no limite da maré que se afasta, marcando a fronteira de seu sítio de caça.

Cada túnel que é cavado com tanto esforço é meramente uma proteção para uma noite, ou para um intervalo de maré. Depois do forrageamento durante a maré baixa, cada pulga-da-areia cavará para si um novo refúgio. Os buracos que vemos na parte superior da praia conduzem a túneis vazios, dos quais os antigos ocupantes se foram. Um refúgio habitado tem a "porta" fechada, de modo que sua localização não pode ser detectada.

Na orla arenosa do mar há, portanto, a vida abundante das praias e dos bancos protegidos, a escassa diversidade de vida das areias golpeadas pelo mar violento e as formas de vida pioneiras que alcançaram a linha da maré alta e parecem estar avançando no tempo e espaço para invadir a terra.

Mas as areias contêm também o registro de outras vidas. Sobre as praias, espalha-se uma fina rede de resíduos vindos do oceano e ali deixados. Trata-se de uma malha de estranha composição, tecida com incansável energia pelo vento, pelas ondas e pelas marés. O suprimento de material é infinito. Colhidos nas populações de algas e gramíneas da areia seca, há garras de caranguejos e pequenas porções de esponjas, conchas de moluscos arranhadas ou quebradas, pedaços de antigos mastros recobertos de incrustações, espinhas de peixes e penas de aves. Os tecelões usam os materiais disponíveis e o padrão tecido varia de norte a sul. Ele reflete o tipo do fundo do mar aberto (ondulantes colinas arenosas ou recifes de coral); sutilmente, ele também dá sinais da aproximação de uma corrente morna tropical, ou sugere a vinda de águas frias do norte. Em meio à confusão de detritos da praia, pode haver poucas criaturas vivas, mas há também indícios de que milhões de seres viveram nas areias próximas ou chegaram a esse local trazidos de longas distâncias marinhas.

Nos resíduos da praia, há muitas vezes materiais que ficaram à deriva na superfície da água do oceano aberto, vestígios do fato de que a maioria das criaturas do mar é prisioneira das massas de água que habita. Quando correntes de suas águas nativas, forçadas pelos ventos ou movidas pelos variados padrões de temperatura ou salinidade, dirigem-se para um território incomum, essas vidas à deriva são involuntariamente carregadas com elas.

Nos vários séculos durante os quais homens de mentes curiosas exploraram as praias de todo o mundo, muitos animais desconhecidos foram descobertos porque seus destroços se desviaram dos oceanos abertos e chegaram às linhas de maré sob a forma de resíduos flutuantes. Um dos misteriosos elos entre o mar aberto e a praia é a espírula. Por muitos anos, apenas a concha era conhecida – uma pequena espiral branca de duas ou três voltas. Ao olhar uma dessas conchas à luz, pode-se notar que ela é dividida em câmaras, mas raramente há qualquer indício do animal que a habitava. Em 1912, aproximadamente uma dúzia de espécimes vivos havia sido encontrada, mas ninguém sabia ainda em que parte do mundo os animais viviam. Então, Johannes Schmidt conduziu suas clássicas pesquisas sobre a história natural da enguia, cruzando e recruzando o Atlântico e lançando redes de plâncton em diferentes níveis, desde a superfície até profundidades do mar eternamente escuras. Junto com as larvas de aspecto cristalino das enguias, que eram o objetivo de sua busca, ele recolheu outros animais, entre eles muitos espécimes de espírula, que haviam sido capturados em vários níveis, chegando até 1.600 metros. Na zona em que são mais abundantes, entre 270 e 450 metros de profundidade, as espírulas provavelmente ocorrem em densos cardumes. Elas são animais parecidos com lulas, com dez tentáculos e um corpo cilíndrico; em uma extremidade de seu corpo, há barbatanas parecidas com hélices. Quem as observa

Saco de ovos de raias; bolacha-da-praia; aglomerados de ovos do caracol *Lunatia*

abrigadas num aquário vê que elas nadam com movimentos em solavanco, graças a jatos de água propulsores, lançados para trás.

Pode parecer misterioso que remanescentes de um animal de regiões tão profundas do mar acabem sendo deixados junto aos resíduos encontrados na praia. No entanto, a razão disso não é obscura. Quando os animais morrem e começam a se decompor, os gases da decomposição provavelmente erguem a concha, que é extremamente leve, até a superfície. Ali, a frágil concha começa a ser levada pelas correntes, tornando-se uma natural "garrafa à deriva", cujo local de chegada final não é tanto uma pista sobre a distribuição da espécie, mas sobre o curso das correntes que a transportaram. Os animais propriamente ditos vivem sobre oceanos profundos, talvez mais abundantemente sobre íngremes montanhas submarinas que descem das margens dos continentes até as regiões abissais. Em tais profundidades, eles parecem ocupar os cinturões tropicais e subtropicais ao redor do mundo. Agora, nessa pequena concha retorcida parecida com chifre de carneiro, temos um dos poucos remanescentes dos dias em que grandes "sépias" com conchas espiraladas reuniam-se em multidões nos oceanos do Jurássico e de períodos anteriores. Todos os outros cefalópodes, exceto o *Nautilus pompilius* dos oceanos Pacífico e Índico, abandonaram as conchas ou transformaram-na em remanescentes internos.

Às vezes, entre os resíduos das marés, aparece uma concha fina como papel, com ondulações parecidas com costelas esculpidas em sua branca superfície, semelhante às que as correntes das praias deixam na areia. É a concha do argo-

Fileira de ovos de litorinídeo; caravela-portuguesa; caramujo *Lunatia*; caranguejo-fantasma

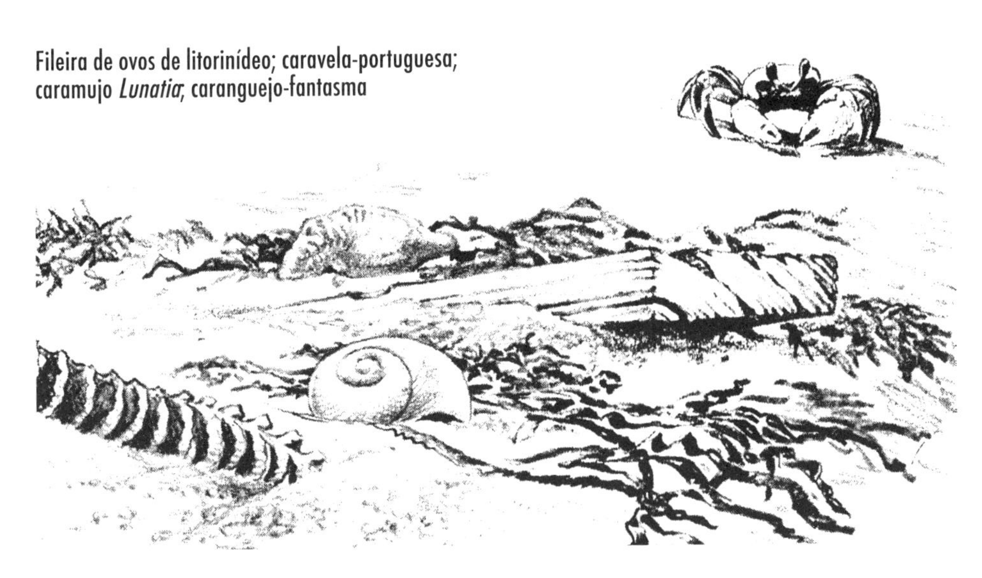

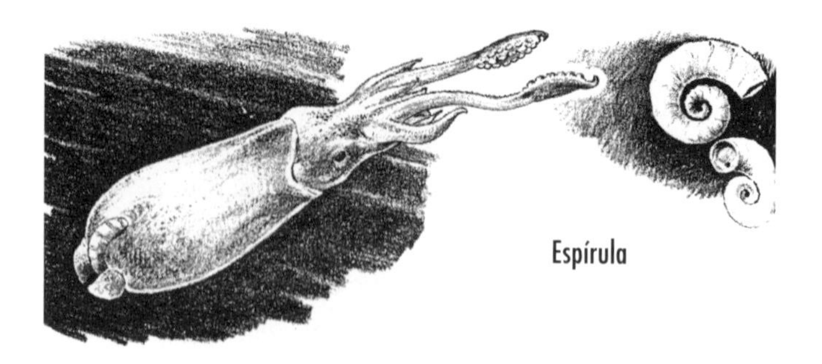

nauta, um animal que tem parentesco distante com o polvo, com quem partilha a característica de possuir oito tentáculos. O argonauta vive em alto-mar, nos oceanos Atlântico e Pacífico. A "concha", na verdade, é uma elaborada ooteca[6] secretada pela fêmea para proteção de sua descendência. Trata-se de uma estrutura avulsa, que ela pode invadir ou deixar quando quiser. O macho, muito menor (aproximadamente um décimo do tamanho da fêmea), não secreta concha. Ele insemina a fêmea no estranho modo dos cefalópodes: um de seus tentáculos se rompe e entra na cavidade do invólucro da fêmea, levando uma carga de espermatóforos. Durante um tempo, o macho dessa espécie permaneceu desconhecido. Cuvier, um zoólogo francês do início do século XIX, sabia a respeito do tentáculo que se destacava do corpo do animal, mas pensou que se tratava de um animal independente, provavelmente um verme parasita. O argonauta não é o *Nautilus pompilius* do famoso poema de Holmes.[7] Embora também seja um cefalópode, *Nautilus pompilius* pertence a um grupo distinto de animais e possui uma concha verdadeira, secretada pelo manto. Ele habita mares tropicais; como a espírula, é descendente dos grandes moluscos com conchas espiraladas que dominaram os mares dos tempos do Mesozoico.

As tempestades trazem muito material de águas tropicais. Numa loja que vende conchas em Nags Head, Carolina do Norte, uma vez tentei comprar um belo caracol-de-bolhas (*Janthina*). A proprietária recusou-se a vendê-lo, pois era seu único espécime. Eu entendi suas razões quando ela me contou que o havia achado ainda vivo na praia após um furacão; o pequeno animal tinha sua boia ain-

6 Bolsa com ovos. (NT)
7 "The chambered nautilus", poema de Oliver Wendell Holmes, poeta norte-americano (1809-1894). (NT)

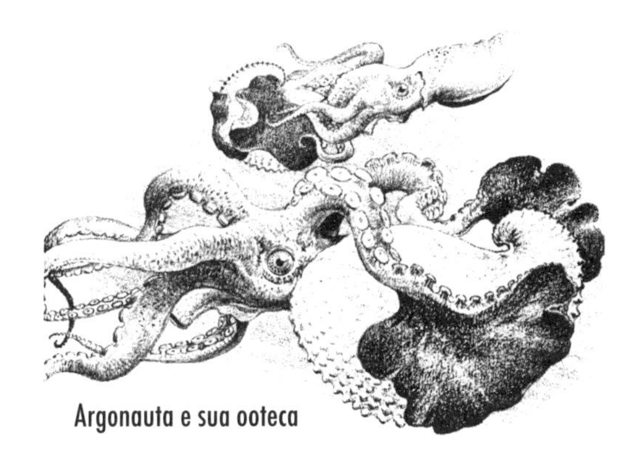
Argonauta e sua ooteca

da intacta e a areia ao redor manchada de púrpura, porque tentava, agonizante, usar sua única defesa contra o desastre. Mais tarde, eu encontrei uma concha vazia, pequena como um fruto de cardo, deixada por alguma maré mansa, na depressão de uma rocha coralina de Key Largo. Nunca tive tanta sorte quanto a pessoa que conheci em Nags Head, pois nunca vi o animal vivo.

O *Janthina* é um caramujo pelágico que fica à deriva na superfície do alto--mar, suspenso numa balsa de bolhas espumosas. A balsa é formada com muco secretado pelo animal; essa substância viscosa aprisiona o ar e forma um material claro e endurecido, parecido com celofane. Na estação de acasalamento, o caramujo prende cápsulas de ovos no lado inferior da balsa, a qual ao longo do ano serve para manter o pequeno animal flutuando.

De modo semelhante à maioria dos caramujos, o *Janthina* é carnívoro; sua presa encontra-se entre os animais do plâncton, incluindo pequenas medusas, crustáceos e até mesmo cracas pedunculadas.[8] De vez em quando, uma gaivota desce rapidamente e pega um caramujo; mas, na maioria das vezes, a balsa de bolhas é uma camuflagem excelente, quase indistinguível de uma pequena porção de espuma à deriva. Deve haver outros inimigos que ficam mais ao fundo, pois as colorações azul-violáceas da concha (que fica pendurada na balsa) são tonalidades usadas por muitas criaturas que vivem na superfície, ou próximo a ela, como um disfarce contra inimigos que vêm de baixo.

A grande força da corrente do Golfo, dirigindo-se para o norte, mantém em sua superfície frotas de veleiros vivos: os sifonóforos, estranhos celenterados do mar aberto. Por causa dos ventos e correntes adversas, essas pequenas embarcações algumas vezes chegam às águas rasas e acabam sendo deixadas nas praias.

8 Ordem *Pedunculata*. (NT)

Isso acontece com maior frequência no sul, mas a costa meridional da Nova Inglaterra também recebe materiais flutuantes da corrente do Golfo, pois as águas menos profundas a oeste de Nantucket atuam como uma armadilha para apanhá-los. Há entre esses materiais as lindas velas de cor celeste da caravela-portuguesa, *Physalia*, conhecidas de quase todo o mundo, pois um objeto tão evidente dificilmente deixa de ser percebido por qualquer pessoa que passe pela praia. O pequeno veleiro de cor púrpura, o hidrozoário *Velella*, é conhecido por poucas pessoas, talvez devido ao seu tamanho, muito menor, e ao fato de que, uma vez deixado na praia, ele seca rapidamente, tornando-se um objeto difícil de identificar. Ambos são habitantes das águas tropicais, mas, no calor da corrente do Golfo, podem às vezes percorrer um longo caminho e chegar à costa da Grã-Bretanha, onde, em certos anos, aparecem em grande número.

Em vida, o flutuante hidrozoário *Velella* tem uma linda coloração azul, com uma crista ou vela elevada passando diagonalmente pela medusa. O disco tem aproximadamente 4 centímetros de comprimento e 2 centímetros de largura. Não é um animal, mas um grupo ou colônia de animais indissociáveis, de modo que cada colônia resulta de um único ovo fertilizado. Os vários indivíduos desempenham funções distintas. Um deles, o que recebe alimentação, fica suspenso no centro da colônia. Pequenos indivíduos encarregados da reprodução agrupam-se ao redor. Na periferia da colônia, há indivíduos com a forma de longos tentáculos que pendem para baixo, os quais também se alimentam por meio da captura de partículas de alimentos do mar.

Às vezes, ocupantes de navios veem uma frota inteira de caravelas-portuguesas cruzando a corrente do Golfo; isso ocorre quando alguma peculiaridade do vento e do padrão da corrente faz que elas se juntem. Então, pode-se singrar por dias tendo os sinóforos sempre à vista. Com o flutuador (ou vela) disposto diagonalmente sobre sua base, a criatura segue de vento em popa; pode-se ver os

Caracol-de-bolhas, *Janthina*, suspenso em sua balsa de bolhas

tentáculos sendo arrastados bem abaixo do flutuador. A caravela-portuguesa é como um pequeno barco de pesca arrastando uma rede de deriva, mas sua "rede" é mais semelhante a um grupo de fios de alta voltagem, de tão mortal que é o veneno dos tentáculos para quase todos os peixes ou outros pequenos animais infelizes que as encontrem.

A verdadeira natureza da caravela-portuguesa é difícil de compreender, e, de fato, muitos de seus aspectos biológicos são desconhecidos. Mas, tal como acontece com o *Velella*, embora pareça um animal, a caravela é na realidade uma colônia de muitos animais diferentes, apesar de que nenhum deles possa existir independentemente. Imagina-se que o flutuador e sua base seja um indivíduo e que cada um dos longos tentáculos que se arrastam atrás da caravela seja outro. Os tentáculos que capturam alimento (os quais, nos grandes espécimes, podem estender-se por uma distância de 12 a 15 metros), são providos de abundantes nematocistos, ou seja, células com veneno urticante. Devido à toxina injetada por essas células, a *Physalia* (caravela) é o mais perigoso de todos os celenterados.

Para os banhistas das praias, até o ligeiro contato com um desses tentáculos produz um vergão que arde intensamente, e alguém que venha a ter extenso contato com os tentáculos corre sério risco de óbito. A natureza exata da toxina é desconhecida. Algumas pessoas acreditam que há três substâncias envolvidas, uma que paralisa o sistema nervoso, outra que afeta a respiração, e uma terceira que causa extrema prostração e morte, caso a dose recebida seja grande. Nas áreas em que a *Physalia* é abundante, os banhistas aprenderam a temê-la. Em algumas partes da costa da Flórida, a corrente do Golfo passa tão perto do continente que muitos desses celenterados são levados às praias pelos ventos que sopram em direção à terra. A guarda costeira de Lauderdale-by-the-Sea e de outros locais, ao apresentar

Urtiga-do-mar, uma medusa comum no sul dos Estados Unidos

informações sobre marés e temperaturas da água, frequentemente inclui previsões sobre números relativos de caravelas-portuguesas na região litorânea.

Devido à natureza altamente tóxica dos venenos dos nematocistos, é espantoso encontrar uma criatura que aparentemente não é afetada por eles, mas esse é o caso do pequeno peixe *Nomeus*, que sempre vive à sombra de uma *Physalia*. Ele nunca foi encontrado em outra localização e nada célere para dentro e para fora da região dos tentáculos com aparente impunidade, supostamente encontrando entre eles refúgio contra inimigos. Como recompensa, provavelmente ele atrai outros peixes para perto da caravela-portuguesa. Mas o que dizer a respeito de sua segurança? Será que ele é realmente imune aos venenos? Ou será que sua existência é incrivelmente arriscada? Um pesquisador japonês relatou anos atrás que o *Nomeus*, na verdade, devora pequenas porções de tentáculos urticantes, talvez expondo-se a diminutas doses de veneno e adquirindo imunidade ao longo de toda a vida. Mas recentemente alguns pesquisadores têm argumentado que o peixe não tem nenhuma imunidade, e que cada indivíduo de *Nomeus* é simplesmente um peixe de muita sorte.

A vela, ou flutuador, da caravela-portuguesa fica cheia de um gás secretado pela dita glândula de gás. Esse gás é, em sua maior parte, nitrogênio (85 a 91%), com pequena quantidade de oxigênio e traços de argônio. Embora alguns sifonóforos possam desinflar a bolsa de ar e mergulhar em água profunda, caso a superfície esteja agitada, a *Physalia* aparentemente não consegue fazê-lo. No entanto, ela tem, sim, algum controle sobre a posição e o grau de expansão da bolsa. Uma vez, obtive uma demonstração vívida disso, quando encontrei uma caravela de tamanho médio encalhada numa praia da Carolina do Sul. Depois de deixá-la por uma noite num balde com água salgada, tentei devolvê-la ao mar. A maré estava baixando. Avancei para dentro da água gelada de março mantendo a caravela-portuguesa em seu balde, por temer sua capacidade urticante, e então

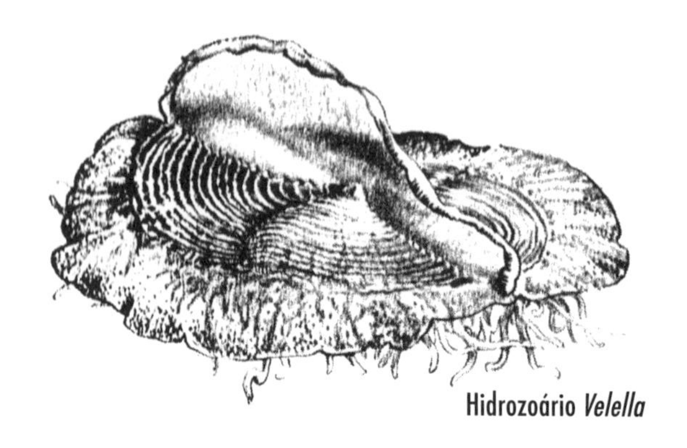

Hidrozoário *Velella*

lancei-a no mar o mais distante que consegui. Repetidas vezes, as ondas que vinham apanhavam-na e a devolviam para as águas rasas perto da praia. Algumas vezes com minha ajuda, outras vezes sem, ela conseguia avançar, visivelmente ajustando a forma e a posição da vela enquanto movia-se rapidamente com o vento, que soprava do sul em direção à praia. Em certas ocasiões, ela conseguia passar sobre uma onda; outras vezes, era apanhada e jogada, chocando-se contra as águas rasas. Porém, quer passasse por dificuldades, quer desfrutasse sucessos momentâneos, nada havia de passivo na atitude da caravela. Havia, em vez disso, uma nítida aparência de noção do que estava acontecendo. Ela não era um mero material flutuante à deriva, mas uma criatura viva exercendo todos os meios de que dispunha para controlar seu destino. Quando a vi pela última vez, parecendo um veleiro azul já bem distante da praia, ela estava voltada para o mar, esperando o momento em que poderia avançar mais uma vez.

Embora alguns dos resíduos deixados na praia reflitam o padrão das águas superficiais, outros revelam com igual clareza a natureza do fundo oceânico no alto-mar. Por milhares de quilômetros, do sul da Nova Inglaterra até a ponta da Flórida, o continente tem uma orla contínua de areia, estendendo-se numa ampla faixa que vai das colinas de areia seca na região mais alta das praias até bem longe, nas terras submersas da plataforma continental. No entanto, aqui e ali, dentro desse mundo de areia, há ocultas áreas rochosas. Uma delas é uma dispersa cadeia descontínua de escarpas e recifes submersos sob as águas verdes ao largo das Carolinas, algumas vezes perto da costa, outras vezes bem longe, no extremo ocidental da corrente do Golfo. Os pescadores chamam essas formações de "rochas negras", porque peixes escuros reúnem-se ao seu redor. Os mapas referem-se a "corais", embora os mais próximos recifes formados por corais estejam centenas de quilômetros distantes, no sul da Flórida.

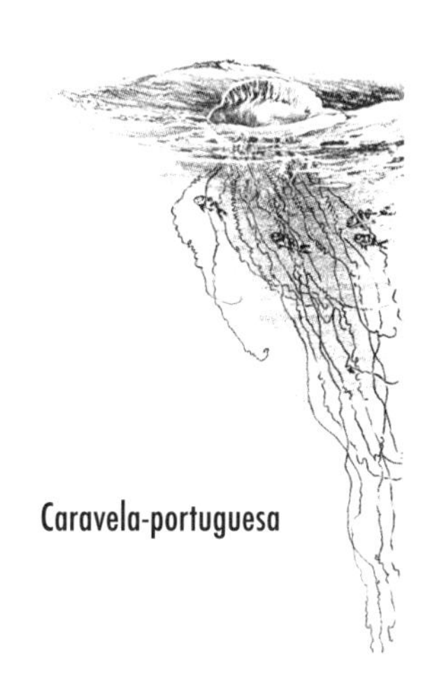

Caravela-portuguesa

Na década de 1940, biólogos mergulhadores da Universidade de Duke exploraram alguns desses recifes e descobriram que eles não são de corais, mas consistem em afloramentos de uma rocha mole semelhante à argila, conhecida como marga. Eles foram formados durante o Mioceno, muitos milhares de anos atrás. Depois, foram recobertos por camadas de sedimentos e, em seguida, submersos por um mar que estava em processo de ascensão. Do modo como os mergulhadores os descreveram, esses recifes são massas de rochas de pequena altura, às vezes elevando-se aproximadamente uns poucos metros acima da areia, às vezes erodidos até o nível de plataformas, sobre as quais crescem ondulantes florestas de sargaços pardos. Outras algas encontram locais para fixação em fendas profundas. Boa parte da rocha é forrada por organismos curiosos, tanto animais quanto algas. As algas coralinas, cujos parentes tingem as rochas da zona de maré baixa da Nova Inglaterra com uma tonalidade rosa opaca, incrustam as partes mais altas dos recifes e preenchem os seus interstícios. Grande parte dos recifes é coberta por uma espessa camada de tubos calcários torcidos e sinuosos. É o trabalho de caramujos e de vermes formadores de tubos, que produzem um estrato de calcário sobre a velha e fóssil rocha. Ao longo de muitos anos, o acúmulo de algas e a proliferação de caramujos e vermes de tubo acrescentaram, pouco a pouco, material para a estrutura do recife.

Nas partes da rocha do recife que ficam livres de crostas de algas e vermes de tubo, moluscos escavadores – como os mexilhões-tâmaras, os taralhões[9] e pequenos mexilhões escavadores – abriram orifícios nos quais se abrigam, enquanto alimentam-se de pequenos seres trazidos pela água. Devido ao firme substrato provido pelo recife, jardins multicoloridos florescem na obscuridade monótona de areia e limo. Esponjas de cor laranja, vermelha ou ocre estendem seus ramos nas correntes que passam através do coral. Hidroides frágeis, delicados e ramificados elevam-se das rochas; a seu tempo, de suas pálidas "flores" saem minúsculas medusas que nadam para longe. As gorgônias parecem gramas altas e ouriçadas, com colorações laranja e amarela. Um curioso briozoário com forma arbustiva vive ali; seus ramos de estrutura firme e gelatinosa apresentam milhares de pequenos pólipos que lançam para cima numerosas cabeças tentaculadas para alimentar-se. Frequentemente, esse briozoário cresce em torno das gorgônias, parecendo uma fita isolante cinza envolvendo um núcleo escuro de arames.

Se não fosse pelos recifes, nenhum desses seres poderia existir nessa orla arenosa. Mas, como as velhas rochas do Mioceno, por circunstâncias que mudam

9 *Pholas dactylus*. (NT)

Alcyonidium, um briozoário

ao longo da história geológica, estão agora aflorando nesse chão de mar raso, há locais onde as larvas planctônicas que ficam à deriva nas correntes podem finalizar sua longa busca por um substrato firme.

Depois de qualquer tempestade, em lugares como Myrtle Beach, na Carolina do Sul, as criaturas dos recifes começam a aparecer nas areias entremarés. Sua presença aí é o resultado visível de uma turbulência nas águas do mar aberto, com ondas que se lançam para baixo para varrer violentamente as velhas rochas que não conheciam o estrépito do mar agitado desde que as águas as encobriram, há milhares de anos. As ondas das tempestades arrastam algumas formas de vida livre e arrancam muitos animais fixos e sésseis, carregando-os para mundos distantes e estranhos, com fundos arenosos, sob águas que vão ficando cada vez mais rasas, até chegar à praia.

Eu percorri essas praias sob um vento cortante que soprava após uma tempestade no nordeste, com ondas bem delineadas no horizonte e o mar com uma tonalidade fria e plúmbea. Fiquei então comovida com tudo o que vi: massas de brilhantes esponjas *Ptilocaulis* de cor laranja, deixadas sobre a praia; pedaços menores de outras esponjas nas cores verde, vermelha e amarela; cintilantes porções alaranjadas, vermelhas ou branco-acinzentadas do tunicado *Aplidium stellatum*; seringas-do-mar parecidas com velhas e nodosas batatas; ostras formadoras de pérolas, ainda segurando finos ramos de gorgônias. Às vezes, havia espécies meridionais vivas de *Asterias*, estrelas-do-mar vermelho-escuras que vivem sobre rochas. Numa ocasião, havia um polvo aflito sobre as areias úmidas, onde as ondas o tinham lançado. Mas ele ainda estava vivo; quando eu o levei além da zona de arrebentação, ele disparou em direção ao alto-mar.

Pedaços do próprio recife antigo são comumente encontrados na areia em Myrtle Beach e, presumivelmente, em qualquer lugar onde tais recifes existam no mar aberto. A marga é uma rocha cinzenta escura parecida com cimento, cheia de orifícios feitos por moluscos e, algumas vezes, retendo suas conchas. O número total de escavadores é sempre tão grande que se imagina como deve ser intensa a competição por qualquer centímetro disponível de superfície firme lá em baixo, naquela plataforma rochosa, e quantas larvas devem fracassar na busca de um local para estabelecer-se.

Outro tipo de "rocha" ocorre na praia em porções de tamanho variado e talvez até mais abundantemente do que a marga. Ela tem estrutura similar à de favos de abelhas, completamente crivada por pequenos túneis sinuosos. Ao vê-la pela primeira vez na praia, especialmente se ela estiver parcialmente enterrada na areia, uma pessoa pode supor que se trata de uma esponja, mas uma observação mais detalhada revelará que ela é dura como rocha. Contudo, ela não tem origem mineral, mas é construída por pequenos vermes marinhos, com corpos escuros e cabeças providas de tentáculos. Esses vermes, que vivem em agregados de muitos indivíduos, secretam em torno de si uma matriz calcária que endurece até assumir a solidez de rocha. Acredita-se que ela incruste os recifes ou forme massas sólidas no fundo do oceano. Esse tipo especial de "rocha de vermes" não era conhecido na costa do Atlântico até que a dra. Olga Hartman identificou meus espécimes de Myrtle Beach como "uma espécie de *Dodecaceria* construtora de matriz", cujos parentes mais próximos são habitantes dos oceanos Pacífico e Índico. Como e quando essa espécie em particular alcançou o Atlântico? Quão extensa é a sua distribuição? Essas e muitas outras questões aguardam uma resposta; elas são uma pequena demonstração do fato de que nosso conhecimento é envolto por limites muito restritos, cujas janelas voltam-se para os espaços ilimitados do desconhecido.

Na parte alta da praia, além da zona para onde a maré cheia traz a água do mar duas vezes por dia, as areias dessecam. Então, elas ficam sujeitas ao excesso de calor; suas profundidades áridas são desprovidas de vida, com muito pouco a

Uma ascídia colonial, *Aplidium stellatum*

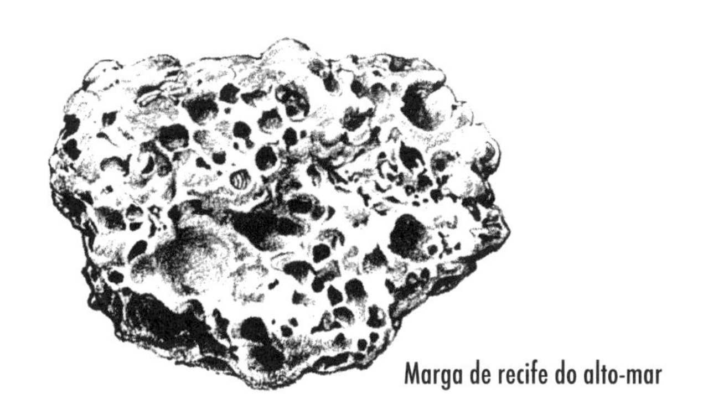

Marga de recife do alto-mar

oferecer para os seres vivos, ou até mesmo tornando a vida impossível. Os grãos da areia seca atritam-se uns contra os outros e são capturados pelos ventos, que os carregam numa fina névoa sobre a praia. O efeito cortante dessa areia levada pelo vento atua em pedaços de madeira flutuantes, dando-lhes um brilho prateado, polindo os troncos de velhas árvores tombadas, agora à deriva, e açoitando os pássaros que fazem ninho na zona da praia.

Mas se é verdade que essa área quase não tem vida, ela é plena de vestígios de outras vidas. Ali, acima da linha da maré alta, todas as conchas vazias de moluscos encontram repouso. Ao visitar a praia que margeia Shackleford Shoals na Carolina do Norte ou a ilha Sanibel na Flórida, chega-se quase a acreditar que os moluscos são os únicos habitantes da orla marítima. Isso porque os restos desses animais duram muitos anos, predominando sobre os resíduos deixados na praia, muito depois que os remanescentes mais frágeis dos caranguejos, ouriços-do-mar e estrelas-do-mar já tenham tornado a ser resquícios dos elementos que os compuseram. Primeiro, as conchas foram depositadas na parte baixa da praia pelas ondas; então, maré após maré, elas foram arrastadas para cima, até a linha das mais altas marés. Ficarão aí, até serem enterradas na areia transportada pelo vento, ou então até serem levadas embora por uma rumorosa turbulência de ondas de tempestade.

De norte a sul, a composição dos amontoados de conchas se altera, refletindo mudanças nas comunidades de moluscos. Cada pequena bolsa de areia empedrada que se acumula em locais favoráveis entre as rochas do norte da Nova Inglaterra é repleta de mexilhões e caramujos litorinídeos. Quando penso nas praias protegidas do cabo Cod, vejo na memória os montes de *Anomia simplex*[10] sendo

10 Mexilhão bivalve. (NT)

movidos suavemente pela maré; as valvas finas desse mexilhão, semelhantes a escamas (como elas conseguem abrigar uma criatura viva?), cintilam com brilho de cetim. A valva superior, arqueada, é mais frequentemente vista entre os despojos deixados na praia do que a valva inferior, que é mais achatada e perfurada para a passagem do forte cordão do bisso que prende a concha a uma rocha ou a outra concha. Prata, ouro e damasco são as cores dessas valvas, contrastando com o azul profundo dos mexilhões que dominam essas zonas costeiras setentrionais. Espalhados aqui e ali, há as conchas em leque com superfície ondulada das pectinídeas vieiras e as alvas chalupas das lapas americanas[11] espalhadas pela praia. A lapa americana é um caramujo com uma concha curiosamente modificada, apresentando um pequeno "meio deque" em sua superfície inferior. Em geral, ela fica aderida a outros indivíduos da mesma espécie em cadeias de meia dúzia de indivíduos ou mais. Ao longo de sua vida, cada lapa passa por uma fase em que é caracterizada como macho e depois por outra, como fêmea. Nas cadeias de conchas grudadas umas às outras, as que ficam na base são sempre fêmeas, e as de cima, machos.

Nas praias de Jersey e nas ilhas costeiras de Maryland e da Virgínia, as robustas estruturas das conchas e a falta de espinhos ornamentais têm um significado: o mundo das areias móveis do mar aberto é profundamente agitado por sucessões infinitas de ondas que rolam sobre essa região costeira. A espessa concha da amêijoa-branca[12] é sua defesa contra a força das ondas. Nessas zonas costeiras, há também abundantes e pesadas conchas de litorinídeos e lisos globos dos caramujos *Lunatia*.

A partir do sul das Carolinas, o mundo da praia parece pertencer a várias espécies de moluscos do gênero *Arca*, cujas conchas superam o número de todos os outros moluscos. Embora variados em forma, suas conchas são robustas, com longas e retas articulações. A concha do caramujo *Noetia ponderosa* tem um envoltório preto, parecido com uma barba, chamado perióstraco; ele é pesado nos espécimes frescos e vestigial nas conchas desgastadas que se veem na praia. Conchas de *Arca zebra* são alegremente coloridas,[13] com faixas avermelhadas sobre um fundo amarelado. Também elas possuem um perióstraco espesso e vivem em fendas no profundo mar aberto, onde se aderem a rochas, ou a qualquer outro suporte, por meio de um forte cordão, ou bisso. Enquanto uns poucos moluscos

11 Moluscos *Crepidula fornicata*. (NE)
12 *Spisula solida*. (NT)
13 Parecem asas de peru, daí o nome que consta no original, *turkey wing*. (NT)

"Rocha de vermes" de praias da Carolina

Arca estendem sua distribuição por toda a Nova Inglaterra (por exemplo, as pequenas *Anadara transversa* e *Anadara ovalis*, sendo esta última um dos poucos moluscos que têm sangue vermelho[14]), é nas praias do sul que o grupo se torna dominante. Na famosa ilha Sanibel, na costa ocidental da Flórida, onde a variedade de conchas é provavelmente maior do que em qualquer outro local da costa atlântica norte-americana, os *Arca* perfazem 95% dos depósitos deixados na praia.

As conchas de moluscos da família *Pinnidae* começam a aparecer em grande número nas praias abaixo dos cabos Hatteras e Lookout, mas vivem também, possivelmente em números muito maiores, na costa do golfo da Flórida. Eu observei quantidades fantásticas delas na praia de Sanibel, mesmo em períodos inverno sem muita agitação no mar. Em furacões tropicais violentos, a destruição desse molusco provido de concha tão leve é quase incrível. A ilha Sanibel apresenta aproximadamente 25 quilômetros de praia até o golfo do México. Estimou-se que aproximadamente um milhão de moluscos *Pinnidae* foram arremessados nessa faixa litorânea por uma única tempestade, de modo que as conchas foram rompidas por ondas que afetaram profundidades de até 9 metros. As frágeis conchas são moídas pelos severos golpes da agitação do mar nas tempestades; muitas se partem, mas mesmo que não fiquem tão destruídas, os animais que nelas habitam não têm meios para voltar ao mar e, desse modo, ficam condenados a perecer. Como se soubesse disso, o caranguejo *Pinnotheres pisum*, um comensal que habita suas conchas, arrasta-se para fora delas como os proverbiais ratos que abandonam um navio naufragante; caranguejos dessa espécie podem ser vistos aos milhares, nadando a esmo, em aparente pânico diante da tempestade.

14 Daí o nome que consta no original, *bloody clam*. (NT)

Anomia simplex

Lapas americanas

Os *Pinnidae* tecem fios de bisso para ancoragem dotados de cor dourada e textura notável. Os antigos fiavam suas roupas douradas usando o bisso de moluscos *Pinnidae* do Mediterrâneo, produzindo um tecido tão fino e suave que poderia passar pela parte interna de um anel. A indústria persiste em Taranto, no Mar Jônico, onde luvas e outras pequenas peças de vestuário tecidas com essa fibra natural são comercializadas como curiosidade ou suvenires.

A sobrevivência de uma concha de asa-de-anjo ilesa entre os resíduos da parte alta da praia parece algo extraordinário em vista de sua aparência tão delicada. No entanto, quando habitadas por animais vivos, essas valvas tingidas de um branco imaculado são capazes de penetrar a turfa ou a argila firme. O molusco asa-de-anjo é um dos mais poderosos entre os mexilhões escavadores; ele possui sifões muito longos, com os quais mantém comunicação com a água do mar, sendo capaz de escavar profundamente. Fiz escavações procurando-os em leitos de turfeiras na baía Buzzards e os encontrei em trechos de turfa expostos em praias da costa de Nova Jersey; ao norte da Virgínia, porém, sua ocorrência é localizada e rara.

Esses seres, com tal pureza de cor e de estrutura tão delicada, ficam enterrados por toda a vida em bancos de argila, de modo que a beleza da espécie asas-de-anjo parece ser destinada a permanecer oculta à visão até que, após a morte do animal, as conchas sejam liberadas pelas ondas e carregadas à praia. Em sua escura prisão, o mexilhão esconde uma beleza ainda mais misteriosa. Seguros contra os inimigos, escondidos de todas as outras criaturas, o animal propriamente dito brilha com uma estranha luz verde. Por quê? Para quais olhos? Por qual razão?

Além das conchas, entre os despojos flutuantes há outros objetos misteriosos em sua forma e estrutura. Os opérculos de caramujos marinhos são discos achatados, espiralados ou em forma de concha, com várias formas e tamanhos. São as portas protetoras que fecham a concha quando o animal se recolhe para dentro. Alguns opérculos são arredondados; uns têm forma de folha; outros são

Conchas de *Noetia ponderosa*

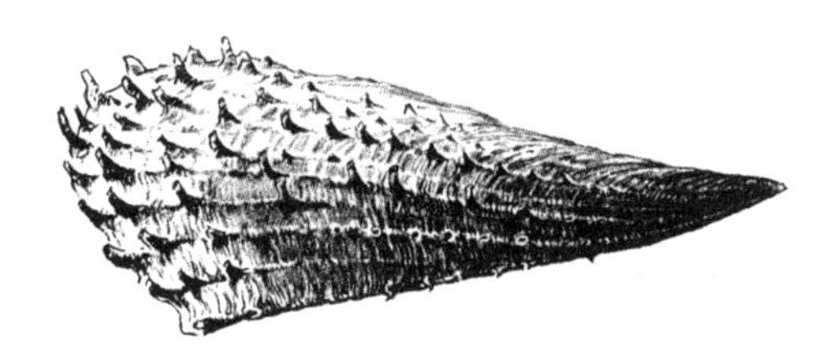

Concha de molusco *Pinnidae*

como adagas delgadas e encurvadas. (A pedra "olho de gato" do Pacífico Sul é o opérculo de um caramujo, arredondado em uma superfície e polido como uma bolinha de gude.) Os opérculos de várias espécies são tão característicos em suas formas e estruturas, bem como no material de que são feitos, que se tornam um meio útil para identificar espécies de difícil reconhecimento por outros modos.

O material de resíduo flutuante nas marés também é abundante em muitas pequenas ootecas vazias, nas quais várias criaturas marinhas passaram seus primeiros dias de vida. Elas têm várias formas e são compostas por diversos materiais. As negras "bolsas de sereias" pertencem a uma espécie de raia. São retângulos espessos e achatados, com duas prolongações espiraladas, ou gavinhas, em cada extremidade. Com elas, a raia prende a bolsa, contendo um ovo fertilizado, a algas no fundo do mar aberto. Depois que a jovem raia cresce e eclode, o berço descartado é frequentemente levado para a praia. Ootecas de *Fasciolaria hunteria* parecem vagens secas, com aparência de finos pergaminhos presos a um pedúnculo central. As ootecas dos caramujos *Busycotypus* e *Busycon* são longos cordões espiralados de pequenas cápsulas, também com textura de pergaminho. Cada cápsula achatada e ovoide contém grande número de caramujos bebês, cuja perfeição das conchas em escala tão pequena os torna criaturas incríveis. Às vezes, uns poucos permanecem num cordão de ovos encontrado na praia; eles se agitam contra as duras paredes da cápsula como as ervilhas no interior da vagem seca.

Talvez o mais espantoso de todos os objetos encontrados nas praias sejam os receptáculos de ovos do caramujo *Lunatia*. Se alguém fizesse um poncho para uma boneca com uma lixa muito fina, o resultado seria bem semelhante aos berços das formas jovens desses animais. Os "colarinhos" produzidos por várias espécies da família dos *Lunatia* diferem em tamanho e, ligeiramente, em forma. Em alguns, as bordas são lisas; em outros, onduladas. O arranjo dos ovos também segue padrões ligeiramente diferentes nas várias espécies. Esse estranho receptáculo para

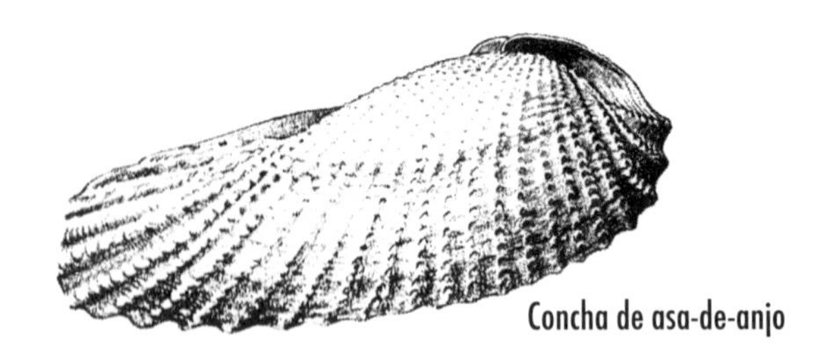
Concha de asa-de-anjo

os ovos do caramujo consiste em uma camada de muco que é empurrada para fora, saindo da base do pé, e moldada na parte externa da concha, o que resulta na forma de um colarinho. Os ovos ficam presos à parte inferior da estrutura, que fica completamente impregnada com grãos de areia.

Junto aos fragmentos dos animais marinhos, encontram-se sinais da invasão do mar pelos seres humanos: mastros, pedaços de corda, garrafas, barris, caixas de muitas formas e tamanhos. Entre esses objetos, os que ficam no mar por muito tempo trazem sua própria coleção de vida marinha, pois, durante o período em que estão à deriva nas correntes, eles servem como um sólido local para fixação das larvas do plâncton que buscam por um substrato.

Na costa atlântica da América do Norte, os dias que se seguem a um forte vento vindo do nordeste ou a uma tempestade tropical são épocas propícias para a procura de resíduos que chegam do alto-mar. Lembro-me de um dia como esses, na praia de Nags Head, após um furacão que passou pelo mar durante a noite. O vento ainda soprava com fúria; o mar estava agitado, com fortes ondas. Naquele dia, a praia estava repleta de restos de madeira, galhos de árvores, pranchas de embarcações e mastros, muitos dos quais carregavam incrustações de *Lepas*, uma craca do alto-mar. Uma longa prancha estava cheia de pequenas cracas do tamanho de uma orelha de camundongo; em outros pedaços de madeira que ficaram à deriva, havia cracas que tinham crescido até o comprimento de 3 centímetros ou mais, excluindo-se o pedúnculo. O tamanho das cracas incrustadas é um índice aproximado do tempo em que a madeira ficou no mar. Na profusão de seu crescimento em qualquer pedaço de madeira, tem-se uma dimensão da incrível abundância de larvas à deriva no mar, prontas para agarrar-se a qualquer objeto à deriva que passe por seu mundo flutuante. Por estranha ironia, nenhuma dessas larvas completa seu desenvolvimento apenas na água do mar. Cada um desses seres de aparência bizarra, remando com apêndices plumosos, precisa encontrar uma superfície firme em que possa se fixar, antes de assumir a forma adulta.

Caramujo *Lunatia* e seu estranho receptáculo de ovos

A história de vida dessas cracas pedunculadas é muito semelhante àquela das cracas bolotas-do-mar que ficam nas rochas. No interior das rígidas conchas, há o corpo de um pequeno crustáceo, com apêndices parecidos com penas, usados para levar alimento às suas bocas. A principal diferença é que as conchas das cracas pedunculadas ficam sobre um pedúnculo carnoso, em vez de sair de uma base achatada firmemente colada ao substrato. Quando os animais não estão se alimentando, as conchas podem ficar firmemente fechadas, como acontece com a craca-das-rochas; quando eles se abrem para alimentar-se, observa-se o mesmo movimento rítmico de varredura dos apêndices.

Ao se deparar, na orla costeira, com um tronco de árvore que evidentemente ficou muito tempo à deriva e agora está abundantemente povoado por carnosos pedúnculos marrons e conchas de cracas de coloração marfim, com bordas tingidas de azul e vermelho, alguém pode refletir com tolerante compreensão sobre a concepção equivocada dos tempos medievais, que conferiam a esses estranhos crustáceos o nome de *lepas*. O botânico inglês do século XVII John Gerard concebeu a descrição de uma "árvore-ganso" ou "árvore de cracas", com base na seguinte experiência: "Viajando pela orla de nossa costa britânica entre Dover e Rummey, encontrei o tronco de uma velha árvore em decomposição, que [...] tiramos da água e trouxemos para a terra; observei que nessa árvore podre cresciam muitos milhares de vesículas avermelhadas [...]. em cuja extremidade havia um marisco, com a forma de um pequeno mexilhão [...] no qual, quando o abri, [...] descobri seres desnudos, com a forma de ave; em outros, que sem dúvida eram cracas, a 'ave' era coberta com suave penugem, e a concha estava semiaberta, como se a 'ave' estivesse pronta para sair." Evidentemente, o olho imaginativo de Gerard viu nos apêndices das cracas a semelhança com as penas de uma ave. Sobre um fundamento assim tão frágil, ele construiu o seguinte mito: "Eles desovam em março e abril; os gansos são formados em maio e junho, atingindo a plenitude de formação de penas um mês depois." Dessa época em diante, nos antigos trabalhos de história não natural, vemos desenhos de árvores apresentando frutos com a forma de cracas e gansos emergindo das conchas, prontos para alçar voo.

Velhos mastros e pedaços de madeira encharcados deixados na praia são repletos das obras de moluscos teredinídeos: longos túneis cilíndricos percorrendo todo o interior da madeira. Geralmente, nada resta das próprias criaturas, a não ser eventuais fragmentos de suas conchas calcárias. Tal fato é um testemunho de que os teredinídeos são moluscos verdadeiros, a despeito de seu corpo longo e delgado.

Os teredinídeos existem há muito mais tempo do que o ser humano; porém, dentro de sua curta permanência na Terra, os humanos contribuíram muito para aumentar o número desses animais. Os teredinídeos conseguem viver apenas em madeira; se as suas formas jovens fracassam na tentativa de descobrir alguma substância lenhosa num período crítico de sua existência, elas morrem. Essa absoluta dependência de uma criatura marinha de algo derivado dos continentes parece estranha e incongruente. Não poderia haver teredinídeos até que aparecessem plantas lenhosas no ambiente terrestre. Seus ancestrais provavelmente eram seres semelhantes a mexilhões escavadores de lama ou argila, usando meramente seus túneis como base de exploração do plâncton marinho. Então, com a evolução das árvores, esses precursores dos teredinídeos se adaptaram a um novo hábitat: as árvores de florestas, trazidas ao mar em quantidade relativamente pequena pelos rios. Mas o número de teredinídeos em todo o mundo deve ter sido pequeno até que, há apenas uns poucos milhares de anos, os humanos começaram a mandar navios de madeira pelos mares e a construir cais em suas orlas; em todas essas estruturas de madeira, os teredinídeos encontraram um espaço enormemente ampliado para exploração, graças à espécie humana.

A atuação histórica dos teredinídeos é bem conhecida. Eles foram um castigo para as galés lançadas ao mar por romanos, gregos e fenícios, bem como pelos exploradores do Novo Mundo. No século XVIII, eles infestaram os diques que os holandeses haviam construído para conter o mar; desse modo, os teredinídeos foram uma ameaça à própria existência da Holanda. (Como subproduto acadêmico,

Cracas *Lepas*

os primeiros estudos extensivos sobre os teredinídeos foram feitos por cientistas holandeses, para os quais o conhecimento de sua biologia tinha se tornado um assunto de vida ou morte. Snellius, em 1733, demonstrou pela primeira vez que esse animal é semelhante ao mexilhão, e não um verme, como se pensava.) Mais ou menos em 1917, os teredinídeos invadiram o porto de São Francisco, nos Estados Unidos. Antes que sua invasão fosse até mesmo objeto de suspeita, ancoradouros de balsas começaram a se romper, fazendo que portos e veículos, com toda a sua carga, caíssem nas águas. Durante a Segunda Guerra Mundial, especialmente nas águas tropicais, os teredinídeos eram um inimigo invisível, porém poderoso.

A fêmea do teredinídeo retém a jovem prole em seu abrigo até que os bebês cheguem à fase de larva. Então, os jovens vão para o mar. Cada um é um minúsculo ser encerrado em duas conchas protetoras, semelhante a qualquer outro bivalve. Se ele encontra madeira ao atingir o limiar entre os estágios larval e adulto, tudo vai bem. Ele produz um delgado filamento de bisso que lhe serve de âncora, um pé se desenvolve e as conchas se tornam eficientes ferramentas cortantes, com fileiras de arestas afiadas aparecendo em suas superfícies externas. A escavação começa. Com um músculo poderoso, o animal atrita a concha afiada contra a madeira e, ao mesmo tempo, vai se revolvendo, de modo a abrir um orifício liso e cilíndrico. Enquanto o orifício vai se aprofundando, geralmente em paralelo aos veios da madeira, o corpo do teredinídeo cresce. Uma extremidade do animal permanece presa à parede próxima ao pequeno ponto de entrada. Ali ficam os sifões por meio dos quais o contato com o mar é mantido. A outra extremidade carrega as pequenas conchas. Fino como um lápis, o teredinídeo pode atingir comprimentos de até 45 centímetros. Embora um pedaço de madeira possa ser infestado por centenas de larvas, o túnel de um animal nunca interfere com o de outro. Se um teredinídeo está chegando próximo ao túnel de outro, invariavelmente ele desvia sua rota. Ao escavar, ele passa os fragmentos da madeira pelo trato digestório. Parte da madeira é digerida e convertida em glucose. Essa capacidade de digerir celulose é rara no mundo animal: apenas alguns caramujos, certos insetos e pouquíssimos outros animais a possuem. Mas o teredinídeo faz pouco uso dessa difícil arte, alimentando-se principalmente do rico plâncton que flui por seu corpo.

Outros pedaços de madeira na praia possuem marcas de *Martesia*. Trata-se de rasos orifícios que penetram apenas as porções mais próximas da superfície, logo abaixo da casca, mas são largos e perfeitamente cilíndricos. O *Martesia* busca apenas abrigo e proteção. Diferente do teredinídeo, ele não digere madeira, mas vive apenas do plâncton que atrai para si por meio do sifão.

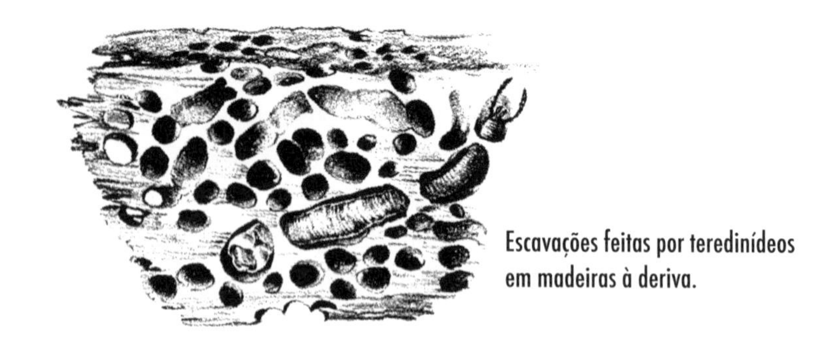
Escavações feitas por teredinídeos em madeiras à deriva.

Buracos vazios produzidos por *Martesia* às vezes atraem outros ocupantes, do mesmo modo que ninhos de pássaros abandonados se tornam lares de insetos. Nos bancos argilosos de regatos salinos em Bears Bluff, na Carolina do Sul, coletei madeiras totalmente esburacadas. Houve uma época em que robustos indivíduos de *Martesia* moravam neles. Os animais haviam morrido fazia tempo, e até suas conchas estavam perdidas, mas, em cada orifício, havia um escuro corpo reluzente, como uma uva-passa num bolo. Eram tecidos contraídos de pequenas anêmonas que encontravam ali, naquelas águas cheias de lodo e lama, a parcela de substrato firme de que as anêmonas precisam. Quem vê esses animais num lugar tão improvável logo se pergunta como as larvas chegaram àquele local, prontas para aproveitar a oportunidade apresentada por aquela madeira, com seus apartamentos tão bem escavados. Então, alguém pode novamente ficar perplexo diante do enorme desperdício de vidas ao lembrar-se de que para cada anêmona que teve a felicidade de encontrar um lar, muitos milhares devem ter fracassado.

Assim, com esses refugos e produtos de naufrágios das linhas das marés, nos damos conta de que um estranho e distinto mundo existe em alto-mar. Embora o que vemos nas praias possam ser apenas envoltórios e fragmentos de seres um dia vivos, por meio deles sabemos algo sobre a sua vida e morte, movimentos e modificações, e seu transporte por correntes oceânicas, marés e ondas impulsionadas por ventos. Alguns dos animais migrantes involuntários são adultos. Eles podem perecer no meio da jornada. Uns poucos, se transportados para um novo lar e ali encontrarem condições que lhes sejam favoráveis, podem sobreviver e até produzir descendentes que irão persistir, contribuindo para ampliar a distribuição da espécie. Mas muitos outros são larvas; se serão ou não bem-sucedidas em chegar à praia depende de muitos fatores: da duração de sua vida larval (será que elas poderão aguardar até chegar a um local distante, antes de atingir a fase em que devam assumir uma existência adulta?), da temperatura da água que encontrarão e do conjunto de correntes que as transportarão a uma praia favorável ou a águas profundas, onde se perderão.

Desse modo, andando pela praia, deparamos com um problema dos mais fascinantes: a colonização da orla, especialmente daquelas "ilhas" de rocha (ou semelhantes a rochas) que ocorrem em meio a um mar de areia. Toda vez que um quebra-mar ou píer é construído, ou quando estacas são fincadas para suportar um cais ou uma ponte, ou em casos nos quais uma rocha enterrada sob o fundo do mar e há muito intocada pelo sol acaba emergindo no chão do oceano, essas superfícies duras são imediatamente ocupadas por animais típicos de rochas. Mas como a fauna colonizadora de rochas aparece nesse local, na faixa de costa arenosa que se estende por centenas de quilômetros de norte a sul?

Ao refletirmos sobre a resposta, tomamos conhecimento das intermináveis migrações, em sua maior parte condenadas à inutilidade; no entanto garantindo sempre que a Vida estará à espera, pronta para agarrar-se a uma oportunidade, se as condições permitirem. Isso porque as correntes não são apenas um movimento de água; elas são o fluxo da vida, sempre transportando ovos e indivíduos jovens de incontáveis espécies marinhas. As correntes têm carregado os seres mais resistentes através dos oceanos, etapa por etapa em longas jornadas ao longo da costa. Elas têm transportado alguns ao longo de profundas passagens, onde correntes frias fluem ao longo do fundo oceânico. Elas têm trazido habitantes para povoar novas ilhas que se erguiam na superfície do oceano. Podemos supor que elas vêm fazendo todas essas coisas desde o início da vida no mar.

Bugula, um briozoário.
Seus restos em decomposição na praia são tufos parecidos com plantas.

Enquanto as correntes moverem-se ao longo de suas rotas, haverá a possibilidade, a probabilidade, ou até a certeza de que alguma forma de vida ampliará sua zona de distribuição; em outras palavras, ocupará um novo território.

Melhor do que qualquer outra demonstração, isso para mim expressa a dimensão da força que a vida possui: a intensa, cega e inconsciente vontade de sobreviver, de ir avante, de expandir-se. É um mistério da vida que a maioria dos participantes dessa migração cósmica esteja condenada ao fracasso; não é menos misterioso que seu insucesso se transforme em vitória quando, entre todos os bilhões de seres que se perderam, uns poucos acabem sendo bem-sucedidos.

O mar de corais

DUVIDO QUE ALGUÉM possa viajar pela extensão de Florida Keys sem ter a sensação de singularidade dessa paisagem de céu, água e ilhas de mangue. A atmosfera de Keys é forte e peculiarmente única. Pode ser que ali, mais do que em qualquer outro lugar, a lembrança do passado e as expectativas do futuro estejam conectadas à realidade do presente. Em rochas nuas e fortemente erodidas, esculpidas com os padrões de corais, percebe-se a desolação de um passado extinto. Nos multicoloridos jardins do mar, que podem ser avistados de um barco ao se passar sobre eles, há uma exuberância tropical e um mistério, um sentimento pulsante da pressão exercida pela vida na natureza; embora obscuros, no recife de coral e no pantanoso mangue há prenúncios do futuro.

Esse mundo de Keys não tem paralelo em nenhuma outra parte dos Estados Unidos; de fato, poucas regiões costeiras no mundo se comparam a ele. Ao largo da costa, os recifes de coral circundam a cadeia de ilhas, enquanto algumas das próprias ilhas são os remanescentes de um velho recife, construído por animais que viveram e se expandiram num mar de águas mornas, talvez mil anos atrás. Trata-se de uma costa que não é formada por rochas ou areias desprovidas de vida, mas criada pela atividade de seres vivos que, embora possuam corpos com protoplasma semelhante ao nosso, são capazes de transformar a substância do mar em rocha.

Em todo o mundo, as costas de corais vivos estão confinadas a águas nas quais a temperatura raramente cai abaixo de 20 °C (e nunca por períodos prolongados), pois as compactas estruturas dos recifes só podem ser produzidas onde os corais são banhados por águas suficientemente mornas que favoreçam a secreção de esqueletos calcários. Recifes e todas as estruturas associadas a uma costa de corais são, portanto, restritos à área delimitada pelos trópicos de Câncer e de Capricórnio. Além disso, eles ocorrem apenas nas costas orientais dos continentes, onde as correntes de água tropical vão em direção aos polos, num padrão determinado pelo sentido de rotação da Terra e pela direção dos ventos. As costas ocidentais são inóspitas aos corais, porque nelas ocorre a ascensão, até a superfície do mar, de águas frias e profundas, em consequência da qual as correntes ao longo da costa correm em direção ao equador.

Na América do Norte, portanto, a costa da Califórnia e a costa do Pacífico no México não têm corais, ao passo que nas regiões do Caribe eles ocorrem em profusão. O mesmo acontece na região costeira do Brasil, na costa oriental da África e no litoral nordeste da Austrália, onde a Grande Barreira de Corais cria uma parede viva por mais de 1.500 quilômetros.

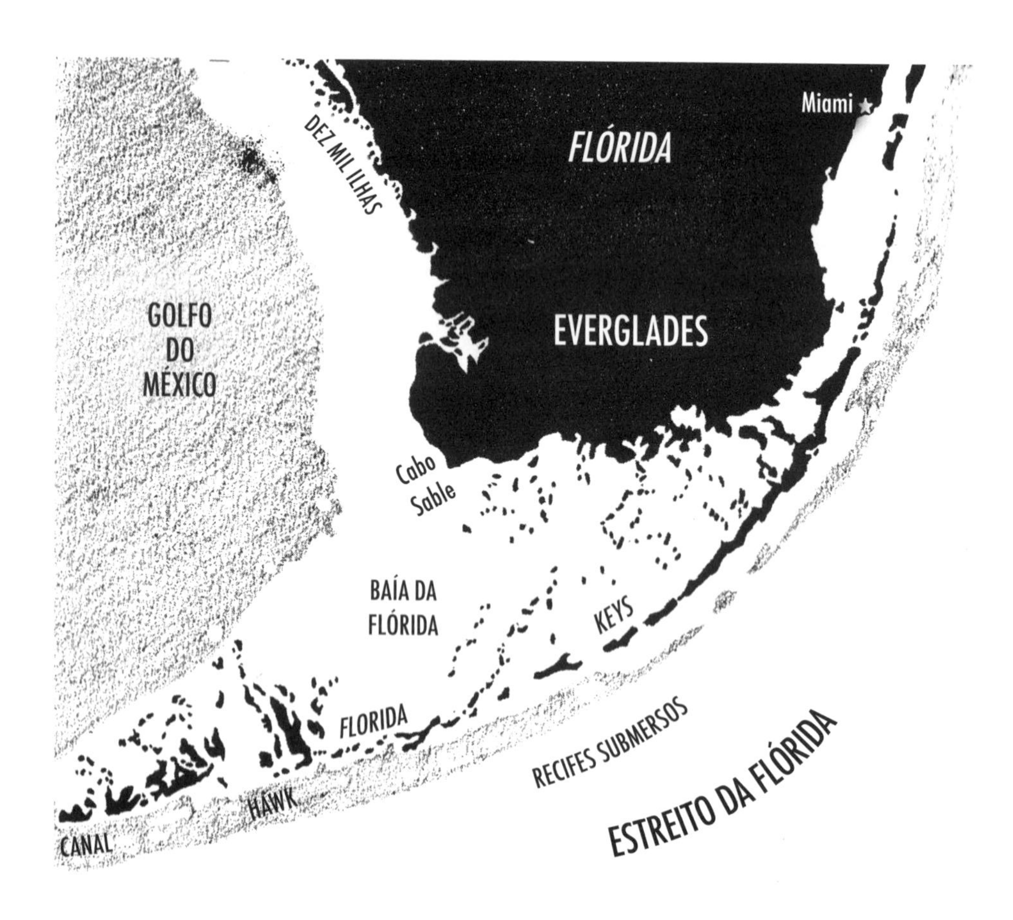

Nos Estados Unidos, a única costa de corais é a de Florida Keys. Por mais de 300 quilômetros, essas ilhas avançam na direção sudoeste até águas tropicais. Elas começam um pouco ao sul de Miami, onde as ilhas Sands, Elliot e Old Rhodes Keys marcam a entrada para a baía Biscayne; então, outras ilhas vão mais adiante rumo ao sudoeste, margeando a extremidade sul da Flórida continental, da qual se separa pela baía da Flórida. Por fim, formam um arco que avança para o mar e constitui uma estreita faixa entre o golfo do México e os Estreitos da Flórida, entre os quais, passa a corrente do Golfo, com suas águas cor de índigo.

Na zona costeira das ilhas Keys, há áreas com 5 a 10 quilômetros de largura, na qual o fundo do mar é uma plataforma com suave inclinação, cujas profundidades são geralmente inferiores a 10 metros. Um canal irregular (canal Hawk), com profundidades de até 18 metros, atravessa esses mares rasos, sendo possível navegá-lo por meio de pequenos barcos. Uma parede de recifes de corais vivos forma a fronteira, em direção ao alto-mar, da plataforma de recifes, já na margem do mar profundo.

As ilhas Keys dividem-se em dois grupos com natureza e origem duplas. As ilhas orientais, que se estendem em arco por 180 quilômetros, de Sands a Loggerhead Key, são os remanescentes expostos de um recife de corais do Pleistoceno. Seus construtores viveram e multiplicaram-se num mar morno um pouco antes do último dos períodos glaciais; mas hoje os corais, ou o que resta deles, são terra seca. Essas Keys orientais são longas e estreitas, cobertas de árvores e arbustos, ladeadas por corais de calcário em toda a margem exposta ao mar aberto, penetrando as águas rasas da baía da Flórida através de um labirinto de mangues no lado voltado para o continente. O grupo ocidental, conhecido como ilhas Pine, é um tipo de terra distinto, formado por rochas calcárias que tiveram origem no fundo de um mar raso interglacial. Agora, elas se erguem apenas ligeiramente acima do nível do mar. Mas todas as ilhas Keys, tenham elas sido formadas por corais ou por sedimentos marinhos, foram modeladas pelo mar.

Em sua natureza e significado, essa região costeira não representa meramente um equilíbrio instável de massas de terra e de água; ela é também uma eloquente e contínua mudança em progresso, uma mudança provocada por processos que ocorrem nos seres vivos. Talvez a constatação desse fato seja mais claramente visível quando nos postamos numa ponte entre as ilhas Keys, olhamos ao longe no horizonte e notamos quilômetros de água pontilhados de ilhas cobertas por mangue. Pode parecer uma terra onírica, mergulhada no passado. Mas, sob a ponte, flutua uma plântula verde de mangue, longa e esguia, com uma extremidade já começando a mostrar o desenvolvimento de raízes, preparando-se para mergulhar e enraizar-se firmemente em qualquer banco lamacento que encontrar em seu caminho. Com o tempo, os manguezais formam pontes entre os espaços que separam as ilhas; eles prolongam o continente, criam novas ilhotas. E as correntes que fluem sob a ponte, carregando as plântulas de mangue, são as mesmas que transportam plâncton para os corais que constroem o recife no alto-mar, criando uma barreira sólida como rocha, a qual um dia poderá ser acrescentada ao continente. Assim se forma a região costeira.

Para entender a vida no presente e as perspectivas do futuro, é necessário lembrar como foi o passado. Durante o Pleistoceno, a Terra passou por pelo menos quatro períodos de glaciação, quando climas severos prevaleceram e imensos lençóis de gelo estenderam-se em direção ao sul. Durante cada um desses períodos, grandes volumes da água do planeta tornaram-se gelo, e o nível do mar desceu em todo o mundo. Os intervalos entre as glaciações se caracterizaram como períodos mais amenos, com a fusão dos glaciares, o retorno de água ao mar e a consequente elevação do nível dos oceanos. Desde a mais recente Era do Gelo, também conhecida como Episódio Wisconsin de Glaciação, a tendência geral no clima da Terra tem sido um gradual e não uniforme aquecimento. O período interglacial que precedeu a Glaciação Wisconsin é conhecido como Sangamon e a ele está intimamente ligada a história das ilhas Keys da Flórida.

Os corais que agora se encontram nas Keys orientais produziram recifes durante o período interglacial Sangamon, provavelmente há apenas umas poucas dezenas de milhares de anos. Na época, a superfície do mar ficava talvez 30 metros acima do nível atual, cobrindo toda a parte meridional da planície da Flórida.

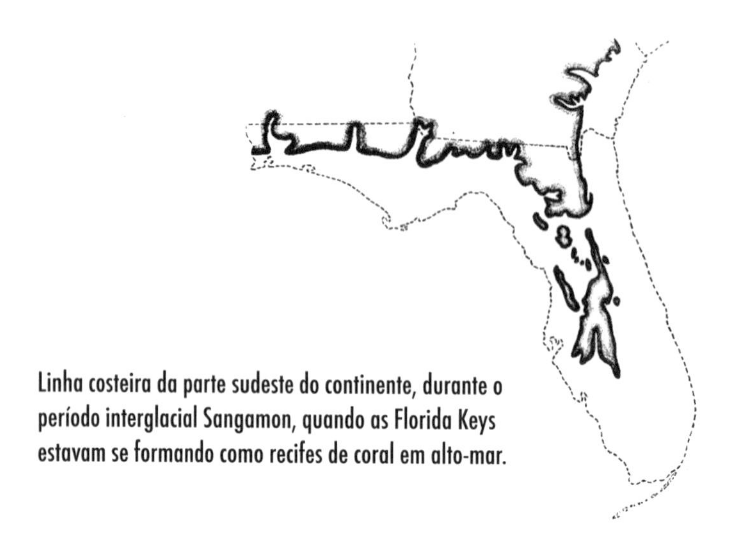

Linha costeira da parte sudeste do continente, durante o período interglacial Sangamon, quando as Florida Keys estavam se formando como recifes de coral em alto-mar.

Nas águas mornas sobre a borda da plataforma em declive, localizada no sudoeste da Flórida, os corais começaram a crescer, em profundidades acima de 30 metros. Mais tarde, o nível do mar desceu aproximadamente 10 metros (isso coincidiu com as primeiras fases de uma nova glaciação, quando águas tomadas do mar caíam como neve bem mais ao norte); em seguida, o mar desceu outros 10 metros. Nessas águas rasas, os corais desenvolveram-se de modo ainda mais exuberante, e os recifes elevaram suas estruturas até próximo à superfície do mar. Mas o nível do mar em descenso, que de início favoreceu o crescimento dos recifes, estava fadado a se tornar sua destruição: enquanto uma quantidade de gelo crescia no norte, no período glacial Wisconsin, o nível do oceano caía a níveis tão baixos que o recife ficava exposto fazendo que todos os corais, que eram animais vivos, não resistissem e perecessem. Outra vez em sua história, os recifes ficaram submersos por um breve período, mas isso não conseguiu restituir a vida que o havia criado. Tempos mais tarde, eles emergiram de novo e têm permanecido sobre a água, exceto nas porções mais baixas, que agora formam as passagens entre as Keys. Nos locais em que os velhos recifes ficam expostos, eles são profundamente desgastados e entalhados pela ação erosiva da chuva e do borrifo salgado; em muitos lugares, as coroas dos velhos corais são visíveis tão distintamente a ponto de possibilitar a identificação de suas espécies.

Enquanto o recife era algo vivo e estava sendo construído no mar do período Sangamon, os sedimentos que mais recentemente se tornaram o calcário do grupo ocidental das ilhas Keys estavam se acumulando no lado do recife voltado para o continente. Na época, a parte do continente mais próxima ficava 240 quilômetros ao norte, pois toda a região sul da atual península da Flórida estava submersa. Os restos de muitas criaturas marinhas, a dissolução das rochas de calcário e as reações químicas da água do mar contribuíram para formar o limo macio que cobria o fundo das regiões marinhas mais rasas. Com a mudança dos níveis do oceano, esse limo se compactou e se solidificou, tornando-se um calcário branco, de textura fina, contendo muitas esférulas de carbonato de cálcio que lembram ovas de peixe; devido a essa característica, ele às vezes é conhecido como "calcário oolítico" ou "oólito de Miami". Essa é a rocha que fica imediatamente abaixo da parte sul do continente na Flórida. Ela forma o leito da baía da Flórida sob a camada de sedimentos recentes e, então, sobe à superfície nas ilhas Pine, ou nas Keys ocidentais, de Big Pine Key até Key West. No continente, as cidades de Palm Beach, Fort Lauderdale e Miami ficam no limite desse calcário, formado quando as correntes passavam por uma antiga linha costeira da península, moldando os lodos macios na forma de uma barra encurvada. O oólito de Miami fica exposto no fundo de

Everglades como uma rocha de superfície estranhamente irregular, ora erguendo-se em picos agudos, ora exibindo orifícios formados por dissolução da rocha. Com o uso de dragas, os engenheiros que construíram a Trilha Tamiami e a rodovia que liga Miami a Key Largo retiraram esse calcário de regiões onde tinham licença para tal e com ele construíram as fundações para essas estradas.

Conhecendo essa história, podemos ver no presente a repetição de um padrão, a recorrência dos processos terrestres de um período passado. Agora, como antes, os recifes vivos estão se formando no mar aberto; os sedimentos estão se acumulando em águas rasas e o nível do mar, embora em ritmo quase imperceptível, certamente, está mudando.

Ao largo dessa costa de corais, o mar é verde nas regiões de águas rasas e azul nas regiões distantes. Depois de uma tempestade, ou mesmo após um período prolongado de ventos do sudeste, vem a "água-branca", um sedimento espesso, leitoso e rico em calcário lavado dos recifes, agitado e retirado de seus profundos bancos na base plana dessas formações. Durante esses dias, a máscara de mergulho e o *aqualung* podem ser deixados de lado, pois a visibilidade sob a água é apenas um pouco melhor do que em meio a um nevoeiro londrino.

A água-branca é o resultado indireto da altíssima taxa de sedimentação nas áreas rasas ao redor das Keys. Qualquer pessoa ao avançar até mesmo uns poucos passos mar adentro perceberá a substância branca, parecida com lodo, suspensa na água e acumulando-se no fundo. Visivelmente, a substância espalha-se por toda a superfície. Suas partículas depositam-se sobre as esponjas, as gorgônias e as anêmonas; ela asfixia e encobre as algas pequenas, e embranquecem a maior parte das escuras esponjas *Spheciospongia*. Aves pernaltas levantam nuvens do material branco; os ventos e as fortes correntes colocam-no em movimento. O seu acúmulo acontece a uma velocidade espantosa; às vezes, após uma tempestade, algo entre 5 e 7 centímetros de novo sedimento são depositados de uma maré a ou-

Concha em disco

tra. A água-branca vem de várias fontes. Pode ser originada mecanicamente pela decomposição de algas e animais mortos, como conchas de moluscos, algas que depositam calcário, esqueletos de coral, tubos de vermes e caramujos, espículas de gorgônias e esponjas, ou placas de esqueletos de pepinos-do-mar. Pode também derivar, em parte, da precipitação química do carbonato de cálcio existente na água, carbonato esse que, por sua vez, procede do desgaste de grandes extensões de rocha calcária que compõe a superfície do sul da Flórida e é carregado ao mar pelos rios e pela lenta drenagem da região de Everglades.

A poucas milhas para fora da atual cadeia de ilhas Keys, está o recife de corais vivos, formando o limite das águas rasas voltadas para o mar, no alto de um declive acentuado em direção aos estreitos da Flórida. Os recifes estendem-se de Fowey Rocks, ao sul de Miami, até as Marquesas e Tortugas, em geral marcando um contorno de 18 metros de profundidade. Mas frequentemente eles se erguem de profundidades menores, rompendo a superfície aqui e ali, como pequenas ilhas em alto-mar, muitas delas assinaladas por farois, por medida de segurança.

Ao navegar entre os recifes com um pequeno bote, olhando para baixo através de um fundo de vidro, nota-se que é difícil visualizar todo o fundo do mar, porque muito pouco dele é realmente visível em cada local visitado. Mesmo um mergulhador que explora com maior proximidade a região sabe que é difícil perceber que se está na crista de uma grande montanha, varrida por correntes em vez de ventos, onde as gorgônias são arbustos, e os corais chifres-de-alce[1] são árvores de pedra. Em direção à terra, o fundo do mar inclina-se suavemente para baixo a partir do alto dessa montanha, avançando para o amplo vale alagado do canal Hawk; então, ele eleva-se de novo e aflora como uma cadeia de ilhas de baixa altitude – as Keys. Mas, no lado do recife voltado para o mar, o fundo inclina-se rapidamente para grandes profundidades de águas azuis. Corais vivos crescem em profundidades de até 18 metros. Abaixo disso, talvez seja escuro demais, ou haja sedimento em demasia, pois, em vez de coral vivo, encontra-se a base morta do recife, formada algum tempo atrás, quando o nível do mar era mais baixo do que o atual. No mar mais distante, onde a água tem profundidade de aproximadamente 200 metros, há um fundo de mar de rochas limpas, o Platô de Pourtalès; sua fauna é rica, mas os corais que ali vivem não são formadores de recifes. Entre 500 e 900 metros, os sedimentos novamente se acumulam num declive que desce através do Estreito da Flórida; é o canal da corrente do Golfo.

1 *Acropora palmata*. (NT)

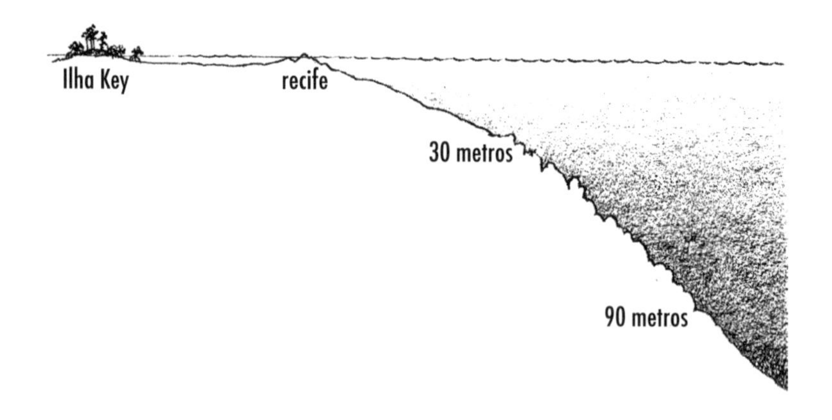

Quanto ao recife propriamente dito, muitos milhares de seres, tanto algas quanto animais, entraram em sua composição. Corais de muitas espécies, cujas taças de calcário formam muitas estruturas estranhas e lindas, constituem a base do recife. Mas, além dos corais, há outros construtores que preenchem todos os interstícios do recife com suas conchas e tubos calcários, ou com rochas de corais unidas a pedras formadoras de recifes de diversas origens. Há colônias de vermes formadores de tubos e moluscos pertencentes à tribo dos caramujos, cujas conchas contorcidas e tubulares podem se entrelaçar em estruturas compactas. Algas que têm a propriedade de depositar calcário em seus tecidos vivos fazem parte do próprio recife ou, depois de crescerem abundantemente sobre as zonas rasas no lado voltado para o continente, depois de mortas acrescentam seu material à areia do coral, com a qual mais tarde se formará a rocha calcária. Todas as gorgônias contêm espículas de calcário em seus tenros tecidos. Essas espículas, juntamente com o calcário de estrelas-do-mar, ouriços-do-mar, esponjas e um imenso número de criaturas menores, com a passagem do tempo e por meio da ação química do mar, acabarão se tornando parte do recife.

Assim como há os que constroem, há os que destroem. A esponja *Aplysina*, que acumula enxofre, dissolve a rocha calcária. Moluscos escavadores fazem inúmeros túneis na rocha, e vermes, com mandíbulas afiadas e devoradoras, comem fragmentos da rocha, enfraquecendo sua estrutura e, assim, antecipando o dia em que a massa de coral se renderá à força das ondas, será desfeita e, talvez, arrastada ao longo do declive no lado do mar, mergulhando em águas profundas.

A base de toda essa complexa associação é a diminuta criatura de aparência enganadora: o pólipo de coral. O pólipo é formado segundo as mesmas linhas gerais da anêmona. É um tubo de parede dupla com forma cilíndrica, fechado na base e aberto na extremidade superior, onde uma coroa de tentáculos envolve a boca. A importante diferença é que o pólipo de coral é capaz de secretar calcário, formando uma dura taça ao seu redor; desse fato depende a existência dos recifes de coral. A secreção é feita por células da camada externa, de modo semelhante ao que ocorre com uma concha de molusco, que é secretada por uma camada externa de tecido mole, o manto. Assim, o pólipo de coral, parecido com uma anêmona, acaba fixando-se sobre uma base formada por uma substância dura como rocha. Em razão de a "pele" do pólipo ficar voltada para o interior, em intervalos de uma série de dobras verticais, e porque toda essa "pele" se mantém secretando calcário, a taça não tem uma circunferência lisa, mas é marcada por partições que se projetam para dentro, formando o padrão estelar ou floral, familiar a quem tenha examinado um esqueleto de coral.

A maioria dos corais constrói colônias de muitos indivíduos. Todos os animais de qualquer colônia, no entanto, derivam de um único ovo fertilizado, que maturou e começou a formar novos pólipos por brotamento. A colônia tem a forma característica da espécie: ramificada, com aspecto de pedra, incrustada de maneira achatada, ou em forma de taça. Seu núcleo é sólido, pois apenas a superfície é ocupada por pólipos vivos, que podem ficar muito separados em algumas espécies ou estreitamente agrupados em outras. Em geral, quanto mais compacta a colônia, tanto menores serão os indivíduos que a compõem; os pólipos individuais de uma colônia de coral ramificado mais alta que um homem podem ter apenas 3 milímetros de altura.

A rígida substância de uma colônia de corais é geralmente branca, mas pode assumir as cores das diminutas células de algas que vivem em seus tenros tecidos, num relacionamento que propicia mútuo benefício. Há geralmente um intercâm-

Mexilhões *Lima* fazem ninhos de fragmentos de coral e outros detritos. Às vezes, o recife de coral cresce ao redor desses abrigos e enclausura os mexilhões.

bio em tais relacionamentos, de modo que as algas recebem dióxido de carbono e os animais fazem uso do oxigênio por elas liberado. Contudo, essa associação pode ter um significado mais profundo. Os pigmentos amarelos, verdes e pardos das algas pertencem ao grupo das substâncias químicas denominadas carotenoides. Estudos recentes sugerem que esses pigmentos podem atuar nos corais, servindo como "correlacionadores internos" que influenciam o processo de reprodução. Sob condições normais, a presença das algas parece beneficiar o coral mas, sob baixa intensidade luminosa, os corais livram-se das algas, excretando-as. Talvez isso signifique que, com pouca luz ou no escuro, toda a fisiologia das algas seja alterada e o seu metabolismo passe a produzir substâncias danosas, de modo que o animal precisa expulsar a alga que ele hospeda.

No interior da comunidade de coral há outras estranhas associações. Em Florida Keys e em partes da região do Caribe, o caranguejo-galha (*Cryptochirus*) faz uma cavidade em forma de forno na superfície superior de uma colônia de corais-cérebro vivos. À medida que o coral vai crescendo, o caranguejo consegue manter nele uma abertura semicircular pela qual entra e sai, enquanto o coral é jovem. Uma vez que o coral esteja completamente formado, porém, acredita-se que o caranguejo fique aprisionado em seu interior. Há poucos detalhes conhecidos sobre a existência desse caranguejo da Flórida, mas numa espécie aparentada que habita a Grande Barreira de Corais, apenas as fêmeas formam galhas. Os machos são pequenos e aparentemente visitam as fêmeas nas cavidades, onde elas ficam aprisionadas. A fêmea dessa espécie depende da retirada de alimento de correntes de água do mar que penetram na cavidade, de modo que seu aparelho digestor e seus apêndices são muito modificados.

Em toda a estrutura do recife, assim como na região costeira, as gorgônias são abundantes, às vezes superando em número os corais. A gorgônia leque-do--mar, de coloração violeta, abre a sua ventarola nas correntes que passam. Em

Coral *Montastraea* (à esquerda), coral-cérebro *Diploria* (no centro) e coral *Siderastrea* (à direita): espécies compactas que ajudam a construir o recife em alto-mar.

toda a estrutura de leque, inúmeras bocas projetam-se para fora de pequenos poros e tentáculos se estendem na água para capturar alimento. Sobre os leques, frequentemente há pequenos caramujos conhecidos como línguas-de-flamingo,[2] trajando uma sólida concha, muito polida. O suave manto desse molusco cobre a concha e tem uma coloração pálida de carne, com numerosas marcas negras grosseiramente triangulares. As gorgônias conhecidas como corais-chicotes são mais abundantes, formando populações que lembram densas moitas de arbustos, com altura que chegam aproximadamente à linha da cintura e às vezes atingem o tamanho de um homem. Lilás, púrpura, amarelo, cor-de-laranja, marrom ou ocre são as cores que essas gorgônias dos recifes de coral podem apresentar.

Esponjas incrustadas podem espalhar seus mantos de cor amarela, verde, púrpura ou vermelha sobre as paredes do recife; moluscos de lindo aspecto, como o *Arcinella* e a ostra-espinhosa, prendem-se a ele; ouriços-do-mar com longos espinhos formam trechos escuros e cintilantes nas cavidades e fissuras do recife; cardumes de peixes de coloração brilhante cintilam ao longo da fachada do recife, onde caçadores solitários, como a caranha e a barracuda, aguardam para apanhá-los.

À noite o recife agita-se com vivacidade. De qualquer ramo pétreo, torre ou fachada abobadada, os pequenos pólipos de coral que, ao evitar a luz do dia, permaneceram retraídos no interior de suas taças protetoras até que caísse a noite, agora lançam para fora as suas cabeças tentaculadas e alimentam-se com o plâncton que sobe em direção à superfície. Pequenos crustáceos e muitas outras formas de microplâncton, quer estejam à deriva, quer nadem em direção aos ramos de coral, são vítimas instantâneas das miríades de células urticantes com as quais os tentáculos são guarnecidos. Independentemente de quão diminutos os indivíduos planctônicos possam ser, as probabilidades de passarem incólumes pelos entrelaçados ramos de um coral chifre-de-alce parecem muito pequenas.

Outras criaturas do recife também respondem à noite e à escuridão, muitos deles emergindo de grutas e fendas que lhes servem de abrigo durante o dia. Mesmo a estranha e oculta fauna que vive entre as compactadas populações de esponjas – pequenos camarões, estrelas-serpentes e outros animais que vivem como hóspedes indesejados dentro de canais da esponja –, à noite saem de suas escuras e estreitas galerias e se reúnem próximo de seus abrigos, mantendo-se sempre atentos aos perigos do mundo do recife.

2 *Cyphoma gibbosum*. (NT)

Em certas noites do ano, eventos extraordinários ocorrem nos recifes. O afamado verme palolo do Pacífico Sul, que numa determinada fase da lua em um determinado mês – e só nessa ocasião – desloca-se em direção a um enorme ajuntamento para desovar, tem um parente menos conhecido que vive nos recifes do Caribe e, pelo menos localmente, nas Florida Keys. A desova desses palolos do Atlântico tem sido observada repetidamente ao redor dos recifes de Dry Tortugas, no cabo da Flórida, e em várias localidades do Caribe. Nas Tortugas, ele aparece sempre em julho, geralmente quando a lua chega em seu terceiro quarto, embora também seja visto com menor frequência no primeiro quarto. Os vermes nunca desovam na lua nova.

O palolo habita fendas em rochas de coral morto, algumas vezes apropriando--se de túneis abertos por outros animais, outras vezes escavando uma abertura ao fragmentar a rocha em pequenos pedaços por meio de mordeduras. A vida dessa pequena e estranha criatura parece ser regida pela luz. Na imaturidade, o palolo é repelido por qualquer luminosidade, seja do sol, da lua cheia e até da mais fraca lua. Apenas nas horas mais escuras da noite, quando a forte inibição dos raios luminosos é reduzida, é que ele se aventura para fora de sua toca, arrastando-se alguns centímetros a fim de mordiscar as algas sobre a rocha. Então, quando a estação de desova aproxima-se, mudanças notáveis ocorrem nos corpos desses vermes. Com a maturação das células sexuais, os segmentos do terço posterior de cada animal assumem nova cor, um rosa profundo nos machos e um cinza-esverdeado nas fêmeas. Além disso, essa parte do corpo distende-se com ovos ou esperma e sua parede se torna extremamente delgada e frágil; uma constrição bem evidente se desenvolve entre essa região e a parte anterior do verme.

Finalmente, chega uma noite em que os vermes, tão alterados fisicamente, respondem de um novo modo à luz da lua. Agora a luz não mais os repele, retendo-

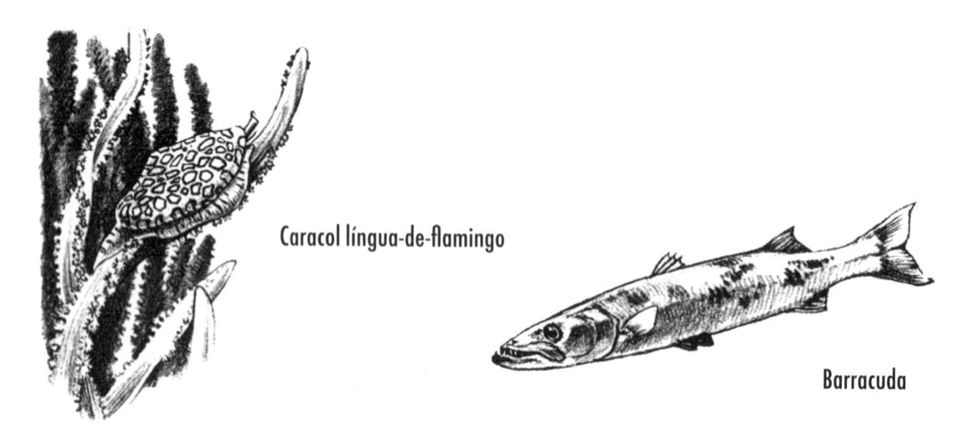

Caracol língua-de-flamingo

Barracuda

-os em fendas entre as rochas. Em vez disso, ela os atrai para fora, para a realização de um estranho ritual. De costas, os vermes saem dos abrigos estendendo fortemente para fora a dilatada e frágil extremidade, que imediatamente inicia uma série de movimentos de torsão, contorcendo-se em movimentos espiralados, até que, de repente, o corpo se rompe no ponto fraco, cada verme convertendo-se em dois. As duas partes têm destinos distintos: uma permanecerá dentro do abrigo e retomará a tímida existência de forrageadora das horas escuras; a outra irá nadar, subindo até a superfície do mar, para converter-se em um entre milhões de vermes que se reunirão nas atividades de desova da espécie.

Durante as últimas horas da noite, o número de vermes que vão se juntando aumenta rapidamente; quando chega a alvorada, o mar sobre o recife está quase que totalmente tomado por eles. Quando vêm os primeiros raios de sol, os vermes, fortemente estimulados pela luz, começam a se contorcer e a se contrair violentamente, e a parede finíssima de seu corpo estoura, de modo que os ovos de uns e os espermatozoides de outros são lançados no mar. Os vermes agora vazios poderão continuar nadando lentamente por um curto período de tempo; alguns serão devorados por peixes que se unem para um banquete. Em breve, tudo o que restar dos vermes exauridos terá descido ao fundo do mar e perecido. Porém, os ovos fertilizados estarão na superfície do mar, à deriva sobre áreas com muitos metros de profundidade e enorme extensão. Em seu interior, iniciam-se rápidas mudanças: a divisão das células e a diferenciação da estrutura. Na noite do mesmo dia, já há pequenas larvas nadando em movimentos espiralados na superfície. Após aproximadamente três dias, elas se tornam escavadoras dos recifes submersos até que, dali a um ano, os comportamentos de desova típicos da espécie se repitam.

Alguns vermes parentes do palolo, que periodicamente formam densos aglomerados em torno das Keys e no Caribe, são luminescentes, criando lindos espetáculos pirotécnicos em noites escuras. Algumas pessoas acreditam que as

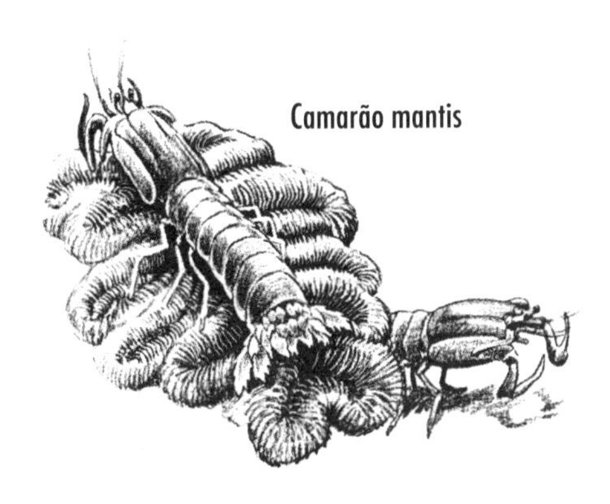

Camarão mantis

misteriosas luzes que Colombo disse ter visto na noite de 11 de outubro, "aproximadamente quatro horas após o desembarque e uma hora depois do surgimento da lua", podem ter sido exibições desses "vermes-de-fogo".

As marés que atravessam os recifes e varrem as planícies chegam para invadir a elevada rocha de coral da costa. Em algumas das ilhas Keys, a rocha é erodida e lisa, com superfícies achatadas e contornos arredondados; mas em muitas outras ilhas a ação erosiva do mar produziu uma superfície áspera e pontuada de orifícios, refletindo o efeito da dissolução exercida por séculos de ondas produzindo um borrifo salino. Sua aparência é quase a de um mar tempestuoso congelado em estado de solidez, ou a da suposta superfície lunar.[3] Pequenas cavernas e buracos produzidos pela dissolução das rochas do recife estendem-se acima e abaixo da linha de maré alta. Nesse local, fico sempre atenta ao velho e morto recife sob meus pés e aos corais, cuja estrutura, agora indistinta e em processo de desagregação, um dia foi o suporte delicadamente esculpido que abrigava os animais vivos. Todos os construtores estão mortos há milhares de anos, mas o que eles criaram permanece como uma parte da paisagem do presente.

Curvando-me sobre a rocha erodida, ouço os pequenos murmúrios e sussurros que vêm da movimentação do ar e da água sobre essas superfícies; é a voz audível desse inumano mundo entremarés. Há poucos sinais óbvios de vida que desfaçam a magia dessa melancólica desolação. Talvez um isópode de corpo escuro, como a barata-da-praia, corra em disparada sobre a rocha seca e desapareça numa das pequenas cavernas marinhas, ousando expor-se à luz e aos inimigos de visão aguçada, apenas durante a rápida passagem de um recesso escuro para outro. Há milhares de baratas-da-praia nas rochas de coral, mas apenas depois que a noite cobre a região costeira elas saem em grande número em busca de pequenos restos de animais e algas para alimentar-se.

Na linha da maré alta, populações de algas microscópicas escurecem a rocha coralina, produzindo aquela misteriosa linha escura que marca o limite do mar em todas as costas rochosas do mundo. Devido à superfície irregular e aos profundos entalhes da rocha de coral, o mar flui debaixo das rochas da zona de maré alta por entre fendas e depressões; as áreas mais escurecidas concentram-se nos picos desgastados, nas bordas, nos orifícios e nas pequenas cavernas, enquanto rochas mais claras, de coloração cinza amarelada, ficam abaixo do nível frequente da maré.

3 A primeira edição do original em inglês é de 1958, portanto, onze anos antes da primeira viagem do homem à Lua. (NT)

Peixe-anjo-preto

Pequenos caramujos com conchas nitidamente listradas ou em xadrez preto e branco – as neritinas – aglomeram-se em rachaduras e cavidades do coral, ou ficam sobre a superfície das rochas, aguardando o retorno da maré para alimentar-se. Outros, com conchas arredondadas e superfícies toscamente ornamentadas, pertencem ao grupo dos litorinídeos. Como muitos de seu grupo, esses moluscos estão fazendo uma tentativa de invasão do ambiente terrestre, vivendo sob rochas ou toras de madeira depositadas na parte alta da região costeira, ou mesmo penetrando em franjas de vegetação terrestre. Espírulas negras vivem em grande número logo abaixo da linha das marés altas, alimentando-se de camadas de algas sobre as rochas. Os caramujos são mantidos presos a esse nível da maré por laços indistintos, mas as conchas descartadas após a sua morte podem ser habitadas pelos menores dos caranguejos-ermitões, que as carregam até os níveis mais baixos da costa.

Essas rochas profundamente erodidas servem de lar para os quítons, cujas características primitivas sugerem que derivam de grupos muito antigos, dos quais atualmente são os únicos representantes vivos. Seus corpos ovais, cobertos por uma concha articulada de oito placas transversais, encaixam-se em depressões de rochas quando a maré está baixa. Eles agarram-se às rochas muito firmemente, e até mesmo fortes ondas não conseguem arrancá-los, pois o contorno de seu corpo não permite. Quando são cobertos pela maré alta, eles começam a se mover, retomando a atividade de raspar as algas presas às rochas. Seus corpos balançam para lá e para cá com os movimentos de raspagem da rádula, sua língua em forma de fita. Mês após mês, um quíton move-se apenas por uma distância de no máximo um metro ou pouco mais que isso. Devido ao hábito sedentário dos quítons, os esporos de algas e as larvas de cracas e de vermes formadores de tubos estabelecem-se sobre sua concha e começam a crescer ali. Às vezes, nas cavernas escuras, os quítons aglomeram-se uns sobre os outros, e cada um raspa as algas

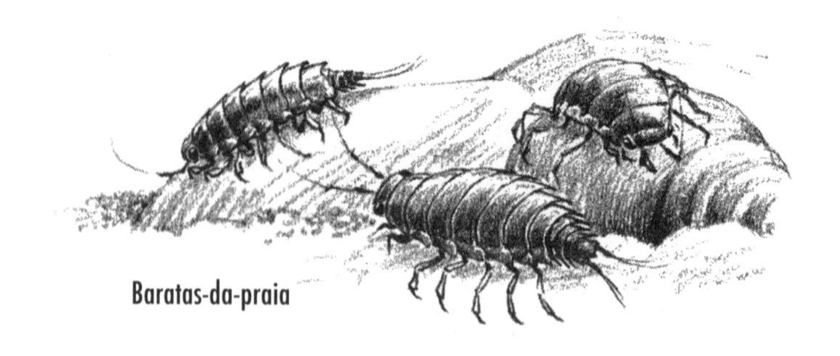
Baratas-da-praia

que cobrem as costas daquele que está embaixo. De maneira sutil, esses moluscos de características tão simples podem ser agentes de mudanças geológicas, ao alimentar-se de material preso às rochas. Enquanto se alimentam, eles removem minúsculas partículas de rocha juntamente com as algas. Desse modo, ao longo de séculos e milênios durante os quais essa antiga espécie tem vivido de modo tão singelo, ela tem contribuído para o processo de erosão, por meio do qual a superfície da terra é desgastada.

Em algumas Keys, um pequeno molusco da zona entremarés, chamado *Onchidium*, vive em profundas cavernas rochosas, cujas entradas são frequentemente povoadas por densas populações de mexilhões. Embora seja um molusco e um caramujo, o *Onchidium* não possui concha. Ele pertence a um grupo formado, sobretudo, por caracóis e lesmas terrestres que, em sua maioria, não têm concha ou têm concha oculta. O *Onchidium* habita regiões costeiras tropicais, vivendo geralmente em praias de cascalhos. Quando a maré baixa, grandes grupos de lesmas negras emergem de cavernas, movendo-se sinuosamente e vencendo a dificuldade que é passar pelos filamentos que os mexilhões deixam no caminho. Uma dúzia ou mais de indivíduos saem de cada caverna para alimentar-se nas rochas, raspando as algas, do mesmo modo que fazem os quítons. Ao emergir, cada um vem guarnecido com uma túnica de material viscoso, que dá ao animal o aspecto negro, úmido e brilhante. Sob o vento e o sol, a pequena lesma desidrata-se e assume uma profunda coloração negro-azulada, sobre a qual se percebe um ligeiro brilho leitoso.

Nessas jornadas, as lesmas parecem seguir uma trilha casual e irregular sobre as rochas. Elas continuam a se alimentar quando a maré desce ao nível mais baixo, e até mesmo depois que ela começa a subir. Aproximadamente meia hora antes que a maré ascendente chegue até eles, sem que sequer uma gota de água tenha atingido seus ninhos, todas as lesmas interrompem o pastejo e começam o retorno para casa. Enquanto o caminho de ida é sinuoso, o retorno é feito por uma rota direta. Os membros de cada comunidade voltam a seus ninhos, embora o trajeto possa incluir superfícies rochosas muito erodidas e cruzar o percurso de outras lesmas que também retornam aos ninhos. Todos os indivíduos pertencentes a uma comunidade que habita um mesmo ninho começam a jornada de volta quase ao mesmo tempo, ainda que durante a alimentação eles estivessem bem distantes uns dos outros. Qual será o estímulo para isso? Não é a maré que está voltando, pois ela não os havia tocado; quando ela alcançar novamente aquelas rochas, eles já terão retornado a salvo para os seus ninhos.

Todo o padrão de comportamento dessa pequena criatura é desconcertante. Por que ela deveria ser atraída a viver de novo na beira-mar abandonada por seus ancestrais milhares ou milhões de anos antes? Ela sai do abrigo apenas após a descida da maré. Depois, de algum modo percebendo a iminente subida das águas e parecendo lembrar-se de suas recentes afinidades com a terra, ela se apressa a correr para a segurança do lar, antes que a maré possa apanhá-la e levá-la embora. Como ela adquiriu esse comportamento, de um lado atraída, e de outro, repelida pelo mar? Essa é uma questão à qual não somos capazes de responder.

Para proteger-se durante as saídas para alimentação, o *Onchidium* é equipado com meios de detectar e afastar os inimigos. Em seu dorso há diminutas papilas sensíveis à luz e a sombras ocasionais. Outras papilas maiores, associadas ao manto, são providas de glândulas que secretam um fluido leitoso e altamente ácido. Se o animal é perturbado repentinamente, ele expele jatos de ácido que se dispersam no ar num fino borrifo que pode atingir distâncias de até 15 centímetros, o que representa umas doze vezes o comprimento do animal. O antigo zoólogo alemão Semper, que estudou uma espécie de *Onchidium* nas Filipinas, acreditava que esse duplo recurso servia para proteger a lesma de peixes blenídeos de muitos manguezais de costas tropicais, peixes esses que saltam acima da linha da maré, alimentando-se de *Onchidium* e de caranguejos. Semper achava que as lesmas poderiam detectar a

Quítons

sombra de um peixe que se aproximasse e afastar o inimigo pela descarga do branco jato ácido. Na Flórida e em partes do Caribe, não há peixes que saem da água em perseguição a suas presas. Nas rochas onde *Onchidium* deve alimentar-se, há, no entanto, caranguejos e isópodes rastejantes. Numa eventual rota de colisão com eles, as lesmas poderiam muito bem ser empurradas para a água, pois elas não têm meios de agarrar-se às rochas. Por uma razão ou outra, as lesmas reagem contra os caranguejos e isópodes, do mesmo modo que elas fazem contra inimigos perigosos, descarregando o repelente químico como resposta ao seu toque.

Na faixa entre as linhas de maré tropical, as condições são difíceis para quase todas as formas de vida. O calor do sol aumenta os perigos de exposição durante a retirada da maré. Camadas móveis de sedimento sufocante acumulam-se sobre superfícies planas ou ligeiramente declinadas, desencorajando muitas algas e animais de grupos que habitam costas rochosas das águas mais claras e frias do norte. Em vez dos vastos campos de cracas e mexilhões da Nova Inglaterra, há apenas manchas esparsas indicando a presença desses animais, variando de uma Key para outra, mas nunca de forma realmente abundante. Diferentemente das grandes florestas de algas de rochas encontradas no norte, há apenas populações dispersas de pequenas algas, incluindo várias espécies quebradiças e secretoras de calcário, nenhuma das quais pode oferecer abrigo ou segurança para um número razoável de animais.

Se a área marcada pelo avanço ou recuo das marés mortas é em geral inóspita, há, no entanto, duas formas de vida ali, uma de alga e outra de animal, que se sentem perfeitamente acomodadas e não vivem em profusão em nenhum outro lugar. A espécie de alga é especialmente linda, lembrando esferas verdes de vidro, agregadas em massas irregulares. Trata-se da *Valonia*, uma alga verde que forma grandes vesículas cheias de um líquido que contém uma relação química bem definida com a água ao seu redor, variando as proporções de seus íons de sódio e de potássio de acordo com as oscilações de intensidade da luz solar, a exposição às ondas e outras condições de seu ambiente. Sob saliências de rochas ou em outros

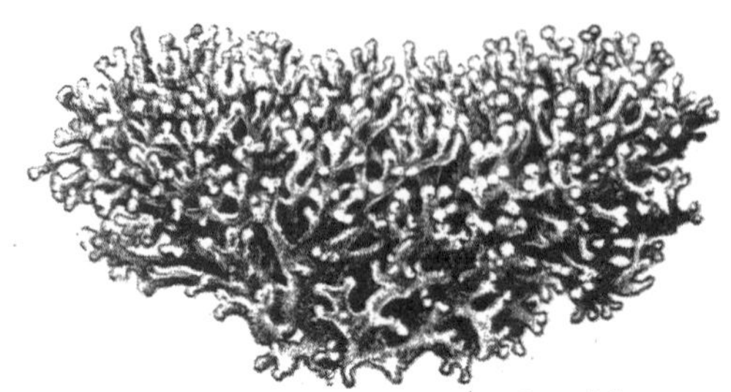

***Goniolithon*, uma alga secretora de calcário**

locais protegidos, ela forma lençóis ou massas de glóbulos cor de esmeralda e ficam semienterradas em espessas camadas de sedimento.

O animal que simboliza esse mundo entremarés repleto de corais é um grupo de caramujos cujas estrutura e biologia representam um contraste extraordinário com o meio de vida típico desse grupo de moluscos. Eles são chamados vermetídeos, ou seja, caramujos semelhantes a vermes. Sua concha não é nem espiralada nem cônica, como nos gastrópodes comuns, mas um tubo muito semelhante aos que são produzidos por muitos vermes. As espécies que habitam essa zona entremarés tornaram-se coloniais, e seus tubos formam massas entrelaçadas e densamente compactadas.

A verdadeira natureza desses caramujos vermetídeos e a distinção de sua forma e seus hábitos, em relação aos moluscos que são seus parentes próximos, são fatos eloquentes das circunstâncias do mundo em que vivem e da rapidez com que os seres vivos se adaptam a um nicho desocupado. Naquela plataforma de coral, a maré desce e sobe duas vezes por dia; cada maré cheia traz suprimentos renovados de alimento que vem do alto-mar. Há apenas uma maneira perfeita de explorar provisões tão ricas: permanecer em um lugar e explorar as correntes que chegam. Isso é feito em outras regiões costeiras por animais como as cracas, os mexilhões e os vermes formadores de tubos, mas não é o modo de vida típico dos caramujos. Porém, esses extraordinários moluscos adaptaram-se, tornando-se sedentários e abandonando o típico hábito perambulante dos animais de seu grupo. Deixando de ser solitários, eles tornaram-se gregários em grau extremo, vivendo em aglomeradas colônias, com conchas tão entrelaçadas que os antigos geólogos chamavam suas formações de "rochas de vermes". Eles abandonaram também os hábitos dos caramujos de raspar o alimento das rochas ou de caçar e devorar outros animais de tamanho grande; em vez disso, eles puxam a água do mar para os seus corpos e retiram dela diminutos organismos planctônicos para sua alimentação. As extremidades de suas brânquias são alçadas para fora na água e em seguida recolhidas, como se faz com as redes de pesca. Trata-se de uma adaptação provavelmente única em todo o grupo de moluscos relacionados aos caramujos. Os vermetídeos dão uma clara demonstração da ajustabilidade dos organismos vivos e de sua capacidade de responder ao mundo ao seu redor. Repetidamente, em muitos grupos distintos de animais sem relacionamento de parentesco, o mesmo problema tem sido enfrentado e resolvido pelo desenvolvimento de estruturas diversas que funcionam com um propósito comum. Assim, legiões de cracas retiram alimentos das marés da costa da Nova Inglaterra usando uma modificação de algo que em seus parentes seria um apêndice natatório; caranguejos *Emerita* juntam-se aos milhares nas regiões das praias do sul que são golpeadas pelas ondas, retirando alimento com as cerdas de suas antenas; e ali, na costa de corais, multidões de agregados desse estranho caramujo filtram com suas brânquias as águas da maré ascendente. Justamente por serem caramujos imperfeitos, atípicos, eles converteram-se em organismos perfeitamente adaptados a explorar as oportunidades de seu mundo.

O limite da maré baixa é uma linha escura produzida por colônias de ouriços-do-mar *Echinometra*, que têm espinhos curtos e são perfuradores de rochas. Os corpos escuros e diminutos desses ouriços ocupam cada orifício ou depressão existente na rocha de coral. Um local nas Keys permanece em minha memória como um paraíso de ouriços-do-mar. Trata-se do lado voltado para o mar de uma das ilhas do grupo oriental, na qual a rocha despenca num abrupto declive, parecendo ter sido erodida e entalhada na forma de buracos e pequenas cavernas, muitas destas com os tetos expostos. Postei-me sobre uma rocha seca acima do nível da maré e olhei para baixo, para dentro dessas pequenas grutas rochosas cheias de água; contei 25 ouriços em uma caverna que não era maior do que uma lata de 40 litros. Sob o sol, as cavernas brilham com uma luz esverdeada que faz os corpos globulares dos ouriços assumir uma coloração avermelhada luminosa e cintilante, em rico contraste com os negros espinhos.

Um pouco além desse local, o fundo do mar cai sob a água em declive mais gradual, sem entalhes. Ali, os ouriços *Echinometra* parecem ter assumido cada nicho que pudesse converter-se em abrigo; provocando a ilusão de que há sombras ao lado de cada pequena irregularidade do fundo. Não se sabe com certeza se eles usam os cinco dentes curtos e poderosos – que ficam em suas superfícies inferiores – para raspar e abrir os orifícios na rocha, ou se eles meramente aproveitam as depressões naturais usando-as como ancoradouro e proteção contra ocasionais tempestades que castigam a costa. Por alguma insondável razão, em outras partes do mundo, esses ouriços perfuradores de rochas e outras espécies próximas estão presos a esse

Vermetídeo solitário aninhado entre esponjas

Conchas de vermetídeos coloniais entrelaçadas

Anêmona *Zoanthus*. Anêmonas expostas (parte superior, à direita), mostrando sua estrutura, apesar de serem mais comumente achadas enterradas no lodo, até a altura dos tentáculos, como mostrado à direita.

nível particular de maré, precisa e misteriosamente ligados a ele por laços invisíveis que não os deixam ficar à deriva em regiões distantes sobre a planície de recifes, embora outras espécies de ouriços sejam abundantes neste local.

Acima e abaixo da zona dos ouriços-do-mar *Echinometra*, multidões compactas de pálidas criaturas tubulares avançam sobre o sedimento calcário. Quando a maré abandona a região, seus tecidos se retraem e tudo o que possa denunciar que eles são animais se torna oculto; então, alguém que os visse diria que eram estranhos fungos marinhos. Com o retorno das águas, suas características animais se revelam: do interior de cada tubo castanho-amarelado vai se desenrolando para fora uma coroa de tentáculos de linda cor esmeralda; simultaneamente, esses animais parecidos com anêmonas dirigem-se para as águas, em busca do alimento que elas trazem. Vivendo em locais em que sua própria existência depende da manutenção dos delicados tecidos dos tentáculos acima do sufocante pó do sedimento, esses zoantídeos são capazes de distender seus corpos até se tornarem delgados filamentos nas regiões em que os sedimentos são profundos, embora normalmente seus tubos sejam curtos e robustos.

Em muitas ilhas Keys, no lado voltado para o alto-mar, o fundo tem um suave declínio, com profundidades que permitem ir caminhando mar adentro até uns 400 metros ou mais. Ao chegar-se a uma região que fica além do hábitat dos ouriços *Echinometra*, dos caramujos vermetídeos e das verdes e marrons anêmonas-joias,[4] o fundo do mar, formado por areia grossa e fragmentos de corais, começa a apresentar manchas de plantas hidrocaritáceas *Thalassia*, e as planícies de coral passam a ser habitadas por animais maiores. Esponjas escuras e encorpadas crescem submersas em profundidade suficiente para que a água cubra seus robustos corpos. Corais pequenos e de águas rasas, de algum modo capazes de sobreviver à

4 *Corynactis viridis*. (NT)

chuva de sedimentos que seria fatal para construtores de recifes com porte maior, erigem no fundo do mar de rochas coralinas suas rígidas estruturas, profusamente ramificadas ou com amplas cúpulas. As gorgônias, cujo desenvolvimento se assemelha ao das plantas, lembram pequenas moitas de arbustos com delicada tonalidade rósea, marrom ou púrpura. Entre essas moitas, em seu interior ou embaixo delas, há uma fauna infinitamente variada do mar costeiro tropical, pois muitos animais que perambulam livremente pelas águas desse tépido mar engatinham, nadam ou deslizam sobre a planície.

Por sua aparência, as esponjas compactas e inertes do gênero *Spheciospongia* em nada sugerem a intensa atividade que acontece no interior de seus vigorosos corpos. Não há sinal de vida perceptível a um transeunte ocasional. Mas alguém que se detiver e observar por um tempo suficiente poderá, às vezes, perceber o fechamento deliberado de algumas das aberturas arredondadas – suficientemente grandes para a passagem de um dedo – que existem na superfície superior. Essas e outras aberturas são fundamentais para a esponja gigante que, de modo semelhante às menores esponjas de seu grupo, só pode existir enquanto conseguir manter a circulação das águas do mar por seu corpo. Suas paredes verticais são atravessadas por canais de pequeno diâmetro para entrada de água. Grupos desses canais são cobertos por placas com numerosas perfurações. A partir delas, os canais dirigem-se quase horizontalmente para o interior da esponja, ramificando-se em tubos de diâmetro progressivamente menor, conseguindo assim percorrer todo o maciço volume da esponja, para finalmente desembocar nos grandes canais de saída de água. Talvez esses orifícios de saída sejam mantidos livres de sedimento sufocante pela força das correntes de saída de água; de qualquer modo, eles são a única parte da esponja que mostra uma pura tonalidade negra, pois a brancura

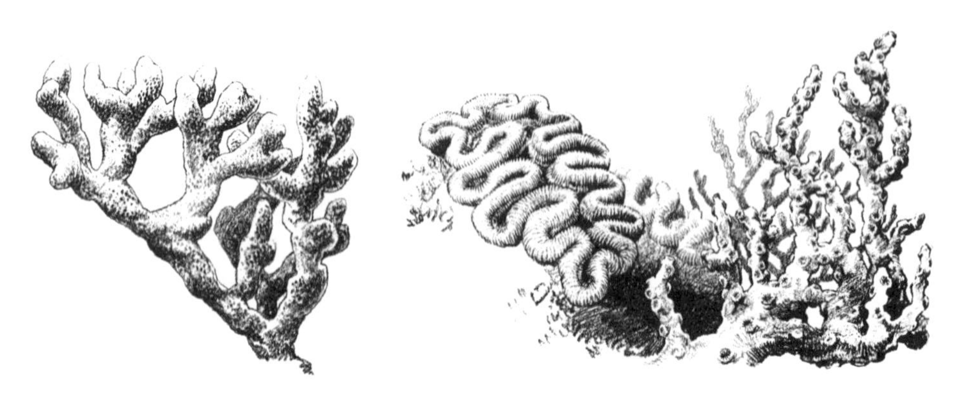

Porites compressa **(à direita); Manicina (abaixo, à esquerda);** ***Oculina*****: espécies de coral de planícies de águas rasas**

farinácea dos sedimentos do recife espalha-se sobre toda a superfície do escurado corpo da esponja.

Em sua passagem pela esponja, a água deixa uma camada de diminutos organismos alimentícios e detritos orgânicos sobre as paredes dos canais; as células da esponja recolhem o alimento, passam os materiais digeríveis de célula a célula, e devolvem o material residual para as correntes que percorrem o interior do animal. O oxigênio passa pelas células da esponja, as quais liberam dióxido de carbono. Algumas vezes pequenas larvas, após passarem pelas primeiras fases de desenvolvimento dentro da esponja parental, destacam-se e entram no escuro rio que flui no interior da esponja adulta e, então, chegam ao mar.

Os intricados canais de passagem, bem como o abrigo e a disponibilidade de alimento que eles proporcionam, atraem muitos pequenos animais para a vida no interior da esponja. Alguns vêm e vão; outros nunca abandonam a esponja, uma vez que ali fizeram residência. Um desses inquilinos permanentes é um pequeno camarão, pertencente ao grupo denominado camarão-de-estalo, ou camarão--pistola, por causa do som feito pela garra maior do crustáceo. Embora os adultos fiquem aprisionados, os camarões jovens, recém-eclodidos e aderidos aos apêndices de sua mãe, que são levados para o mar por fluxos de água e vivem durante algum tempo nas correntes e marés, à deriva, talvez acabem sendo levados para zonas distantes. Por infortúnio, eles podem, ocasionalmente, chegar a um local onde não crescem esponjas. Mas muitos dos camarões jovens, com o tempo, aca-

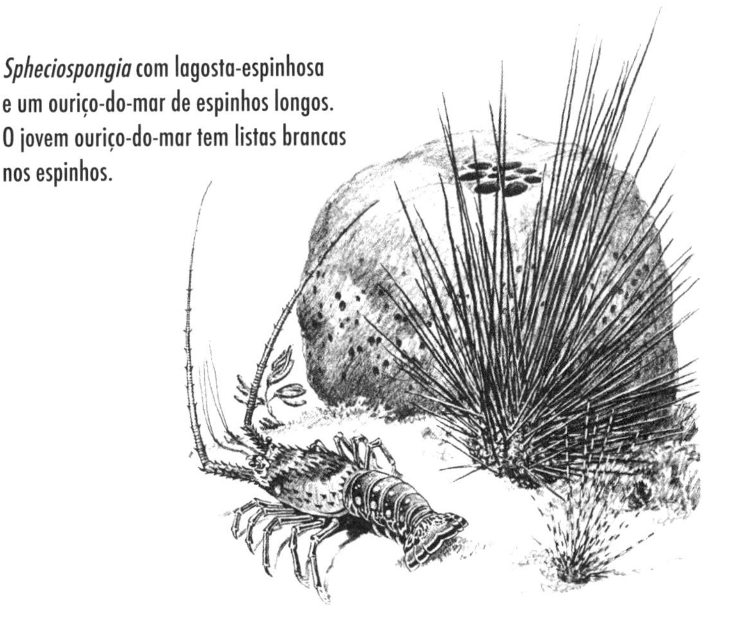

Spheciospongia **com lagosta-espinhosa e um ouriço-do-mar de espinhos longos. O jovem ouriço-do-mar tem listas brancas nos espinhos.**

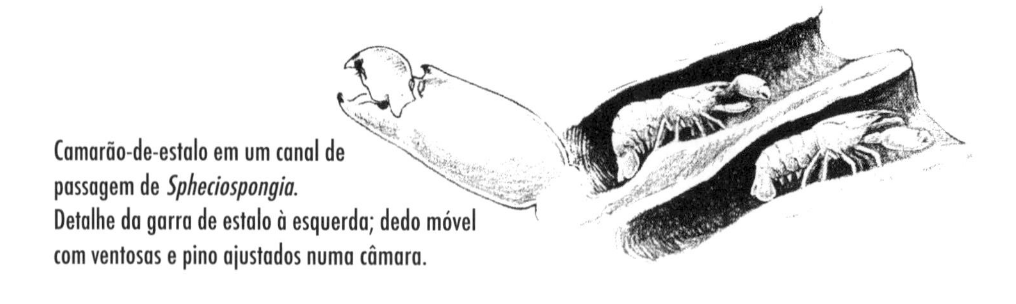

Camarão-de-estalo em um canal de passagem de *Spheciospongia*. Detalhe da garra de estalo à esquerda; dedo móvel com ventosas e pino ajustados numa câmara.

bam encontrando e se aproximando do grande e escuro volume de uma *Spheciospongia*. Uma vez na esponja, o jovem camarão assumirá o estranho modo de vida de seus pais. Perambulando pelos escuros átrios, eles raspam o alimento aderido nas paredes de sua hospedeira. Ao se arrastar ao longo dos cilíndricos canais, eles mantêm as antenas e as garras estendidas para a frente, como que para perceber a aproximação de uma criatura maior e possivelmente perigosa, pois a esponja tem ocupantes de muitas espécies: outros camarões, anfípodes, vermes, isópodes; se a esponja for grande, o número de hóspedes pode chegar a milhares.

Ali, nas planícies ao largo das Keys, abri pequenos indivíduos de *Spheciospongia* e ouvi os estalos de advertência das garras, enquanto pequenos camarões cor de âmbar corriam para cavidades mais profundas. Eu já tinha ouvido o mesmo som enchendo o ar ao meu redor quando, numa maré baixa noturna, eu passeava na praia. De todos os recifes expostos, partiam sons semelhantes a pequenas batidas e marteladas; no entanto, por mais que eu procurasse, era impossível localizá-los. Parecia certo que aquelas marteladas tão próximas vinham da pequena porção de rocha; mas, quando me ajoelhei e examinei com maior proximidade, tudo silenciou; então, de todas as rochas ao redor, de todo lugar exceto desse pedaço de rocha, o martelar dos pequenos seres recomeçou. Por mais que eu buscasse, não consegui encontrar os pequenos camarões nas rochas, mas eu sabia que eles eram parentes próximos daqueles que eu havia visto nas esponjas. Cada um deles tem uma imensa "garra-martelo", quase tão longa quanto o resto de seu corpo. O dedo móvel da garra tem um pino que se encaixa numa câmara no dedo rígido. Aparentemente, esse dedo móvel, ao ser erguido, é mantido nessa posição por sucção. Para baixá-lo, uma força muscular adicional é aplicada; quando a força de sucção é superada, ele desce com um som audível de estalo, e, ao mesmo tempo, ejeta um jorro de água da câmara. Provavelmente, o jato de água repele inimigos e ajuda na captura de presas, que podem também ser atordoadas por um golpe da garra que foi forçosamente retraída. Não importa qual seja o mecanismo, os camarões-de-estalo são tão abundantes nas águas de regiões tropicais e subtropicais e estalam suas garras tão incessantemente que eles são responsáveis pelos estranhos ruídos captados por dispositivos subaquáticos de escuta, preenchendo o mundo aquático com um contínuo som sibilante e crepitante.

Foi nas planícies de recife no mar aberto de Ohio Key, num dos primeiros dias de um mês de maio, que eu tive um primeiro encontro espantoso com lebres-do-mar tropicais. Eu estava avançando sobre uma parte da planície que tinha uma densa e incomum população de altas algas, quando uma súbita agitação desviou meus olhos para animais de corpos pesados e longas patas, movendo-se entre as algas. Eles tinham uma pálida tonalidade bronzeada, marcada por anéis negros. Quando cuidadosamente eu toquei um deles com meu pé, ele respondeu instantaneamente, expelindo uma nuvem dissimulante de um líquido com cor de suco de oxicoco.

A primeira vez que encontrei uma lebre-do-mar havia sido alguns anos antes, na costa da Carolina do Norte. Era um animal pequeno, com comprimento aproximadamente igual ao do meu dedo mínimo, pastejando pacificamente entre algumas algas perto de um píer de pedra. Deslizei suavemente minha mão sob ele e o peguei para observá-lo mais de perto; depois de confirmar sua identificação, devolvi cuidadosamente a pequena criatura às algas, entre as quais ela tornou a se alimentar. Apenas após severa revisão de minha imagem mental pude reconhecer essas criaturas tropicais, que, para mim, eram como personagens de um livro de mitologia, parentes do primeiro dos primeiros seres fantásticos do mundo dos duendes.

A grande lebre-do-mar do mar do Caribe habita as Florida Keys e também as ilhas das Bahamas, de Bermuda e do Cabo Verde. Dentro de sua área de distribuição, as lebres vivem geralmente em mar aberto, mas na estação da desova elas movem-se até os bancos de areia (onde as encontrei), para prender seus ovos em fios entrelaçados às algas perto da marca da maré baixa. Elas são caramujos marinhos, mas perderam as conchas externas, das quais possuem apenas um remanescente interno, escondido sob o tenro tecido do manto. O corpo tem a forma de um coelho e dois tentáculos proeminentes sugerem orelhas; daí, o nome vulgar do caramujo.

Quer por sua estranha aparência, quer devido aos seus fluidos defensivos, frequentemente proclamados como venenosos, a lebre-do-mar do Velho Mundo há muito tem tido um lugar seguro no mundo do folclore, da superstição e da feitiçaria. Plínio dizia que ela era venenosa ao simples toque, e recomendava como antídoto a mistura de ossos e leite asininos fervidos juntos. Apuleio, conhecido principalmente como autor de *O asno de ouro*, ficou curioso sobre a anatomia interna da lebre-do-mar e convenceu dois pescadores a trazer para ele um espécime; a partir de então, ele foi acusado de feitiçaria e envenenamento. Quinze séculos se passariam antes que alguém se aventurasse a descrever a lebre-do-mar. Então, em 1684, Redi publicou uma obra sobre a estrutura interna do animal. Embora a crença popular levasse as pessoas a considerá-la um verme, às vezes uma holotúria e às vezes um peixe, Redi classificou-a corretamente, pelo menos no que se refere aos seus aspectos mais gerais, como um caramujo marinho. Ao longo do último século, ou por um tempo ainda mais prolongado, a natureza inofensiva da lebre-do-mar tem sido reconhecida pela maioria dos estudiosos. Porém, embora o animal seja muito conhecido na Europa, na América do Norte as lebres-do-mar são criaturas menos conhecidas, em grande parte confinadas às águas tropicais.

Talvez esse anonimato seja em parte devido à infrequência de suas migrações de desova nas águas das marés. Cada indivíduo é tanto macho quanto fêmea; ele pode assumir um ou outro sexo, ou ambos. Ao depositar seus ovos, a lebre-do-mar libera gradativamente um longo fio, em curtas dimensões, cada uma de aproximadamente dois centímetros. O lento processo continua até que o fio atinja um comprimento que às vezes chega a 19 metros, com aproximadamente 100 mil ovos. Quando o fio, com coloração alaranjada ou rósea, é liberado, ele se enrola nas algas ao redor, formando uma massa confusa de ovos. Os ovos e as larvas que deles saem encaram o destino comum das criaturas marinhas: muitos ovos são destruídos – devorados por crustáceos e outros predadores (até mesmo de sua própria espécie) –, e muitas das larvas que eclodiram fracassam na tentativa de sobrevivência, diante dos perigos da vida no plâncton. À deriva nas correntes, as larvas são carregadas para alto-mar; quando passam por metamorfose para a forma adulta e buscam o fundo do mar, elas ocupam águas profundas. Sua cor muda conforme varia a alimentação, à medida que migram para a costa: primeiro, elas são de uma cor rosa profunda; depois, passam para o marrom; e, finalmente, para o verde-oliva, como os adultos. Pelo menos para uma das espécies europeias, a história de vida que se conhece sugere um curioso paralelo com a do salmão do Pacífico. Com a maturidade, a lebre-do-mar dirige-se à zona costeira para a desova. É uma jornada da qual não há retorno; elas não voltam para alimentar-se no alto-mar, mas, ao que parece, morrem após essa única desova.

O mundo das planícies de recife é habitado por equinodermos de todo tipo: estrelas-do-mar, estrelas-serpentes, ouriços-do-mar, bolachas-da-praia e holotúrias acham-se perfeitamente em casa na rocha de coral, nas areias móveis de coral, entre os jardins de gorgônias e os fundos acarpetados de algas. Todos são importantes na economia do mundo marinho – como elos nas cadeias vivas pelas quais os materiais são retirados do mar, passados de uns para os outros, devolvidos ao mar e novamente emprestados. Alguns são importantes também nos processos geológicos por meio dos quais a rocha é desgastada e triturada até se transformar em areia, processos esses em que os sedimentos que acarpetam o fundo do mar são acumulados, movidos, selecionados e distribuídos. Após a morte, seus esqueletos duros fornecem cálcio para as necessidades de outros animais e para a formação dos recifes.

Nos recifes, o negro ouriço-do-mar de espinhos longos faz cavidades ao longo da base da parede de coral; cada um aprofunda-se na depressão e volta os espinhos para fora, de modo que um banhista nadando pelos recifes vê florestas de hastes negras e pontiagudas. Esse ouriço também perambula pelas planícies de recifes, onde se aninha perto da base de esponjas *Spheciospongia*; às vezes, aparentemente por não sentir necessidade de abrigo, ele fica exposto em áreas abertas do fundo arenoso.

Um ouriço negro plenamente crescido pode ter um corpo ou carapaça com quase 10 centímetros de diâmetro e espinhos cujo comprimento varia de 30 a 38 centímetros. Esse é um dos poucos animais do mar costeiro venenosos ao toque. O efeito do contato com um dos pequenos espinhos ocos pode ser sério para uma criança ou um adulto particularmente vulnerável. Aparentemente, o muco que envolve os espinhos contém uma substância tóxica ou irritante.

Esse ouriço tem um extraordinário grau de percepção de suas redondezas. A mão de alguém estendida até ele fará todos os espinhos girarem sobre sua estrutura, apontando ameaçadoramente para o intruso. Se a mão for movida de um lado para o outro, os espinhos acompanharão o movimento. De acordo com o professor Norman Millott, da University College of the West Indies, nervos receptores espalhados amplamente sobre o corpo do animal recebem a mensagem gerada por uma mudança na luminosidade, respondendo eficientemente ao rápido decréscimo de intensidade de luz, como um indício sombrio de perigo. Diante disso, há quem diga que o ouriço pode de fato "ver" objetos que passam por ele.

Conectado de modo misterioso a um dos grandes ritmos da natureza, esse ouriço-do-mar desova na época da lua cheia. Os ovos e o esperma são liberados na água uma vez a cada mês lunar durante o verão, nas noites de luar mais intenso. Qualquer que seja o estímulo ao qual todos os indivíduos da espécie respondam, ele assegura aquela pródiga e simultânea descarga de células reprodutivas que a natureza exige para a perpetuação da espécie.

Ao largo de uma das Keys, em águas rasas, vive o ouriço-satélite, que possui espinhos curtos e robustos. Trata-se de um animal de hábito solitário; indivíduos isolados abrigam-se sob rochas do recife ou entre elas, perto do nível da maré baixa. Parece uma criatura preguiçosa e de reduzida percepção sobre o que ocorre ao redor; alheio à presença de intrusos, quando apanhado não faz esforços para prender-se à rocha por meio de seus pés tubulares. Esse ouriço pertence à única família de equinodermos modernos que também existiram na época do Paleozoico; os membros recentes do grupo mostram pouca mudança em comparação aos ancestrais que viveram centenas de milhões de anos atrás.

Outro ouriço possui espinhos finos e curtos e sua cor varia do violeta profundo ao verde, rosa ou branco. Algumas vezes, esses animais ocorrem abundantemente nos fundos arenosos acarpetados com *Thalassia*, camuflando-se com porções da planta e fragmentos de coral presos em seus pés tubulares. Como muitos outros ouriços, ele desempenha uma função geológica. Mordiscando alimento nas conchas e rochas de coral com seus dentes brancos, ele corta fragmentos que são então passados pelos moinhos trituradores de seu trato digestório; esses fragmentos orgânicos, ao serem aparados, moídos e polidos no interior dos ouriços, contribuem para a produção da areia das praias tropicais.

As tribos de estrelas-do-mar e estrelas-serpentes estão representadas em toda parte nas planícies de coral. A grande estrela-do-mar, *Oreaster*, com corpo imponente e poderoso, talvez viva mais abundantemente em certa distância mar adentro, onde verdadeiras constelações delas reúnem-se sobre a areia branca. Mas espécimes solitários perambulam no mar, procurando especialmente as áreas com populações de *Thalassia*.

Uma pequena estrela-do-mar marrom-avermelhada, a *Linckia*, tem o estranho hábito de partir e eliminar um de seus braços, de modo que, na parte amputada ocorre a regeneração de um feixe de quatro ou cinco braços, os quais, tempo-

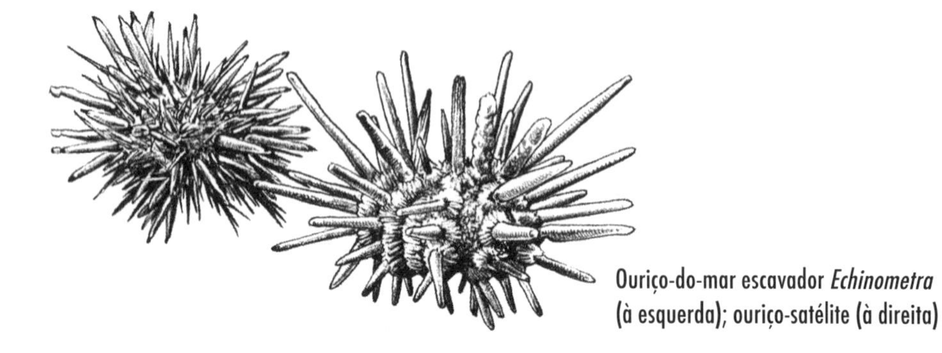

Ouriço-do-mar escavador *Echinometra* (à esquerda); ouriço-satélite (à direita)

rariamente, assumem a forma de um "cometa." Às vezes, a ruptura se dá na região central do disco; a regeneração, então, pode resultar em animais com seis ou sete raios. Essas divisões parecem ser um método de reprodução praticado pela forma jovem da estrela, pois animais adultos não se fragmentam nem produzem ovos.

Ao redor das bases de gorgônias, sob esponjas ou no interior delas, sob rochas móveis e em pequenas cavernas formadas por erosão na rocha de corais, vivem as estrelas-serpentes. Com seus longos e flexíveis braços, cada um composto de uma série de "vértebras" parecidas com ampulhetas, elas são capazes de realizar movimentos sinuosos e graciosos. Às vezes, elas ficam posicionadas verticalmente, apoiadas nas extremidades de dois braços, e balançam ao sabor do fluxo das correntes de água, dobrando os outros braços numa bela coreografia, como as de uma bailarina. Elas arrastam-se sobre o substrato lançando para frente alguns braços e puxando, para aquela direção, o disco e os outros braços. As estrelas-serpentes alimentam-se de diminutos moluscos, vermes e outros pequenos animais. Por sua vez, são devoradas por muitos peixes e outros predadores; às vezes, elas são vítimas de certos parasitas. Uma pequena alga verde pode viver na pele da estrela-serpente; ali, a alga dissolve as placas de calcário, e, com isso, os braços da estrela podem romper-se. Um pequeno e curioso copépode degenerado pode viver como parasita dentro das gônadas, destruindo-as e tornando o animal estéril.

Nunca me esquecerei do meu primeiro encontro com uma estrela-do-mar *Gorgonocephalus* do Caribe. Eu estava avançando mar adentro, na costa de Ohio Key, mas ainda com água um pouco acima dos joelhos. Foi então que a encontrei entre algumas algas, suavemente à deriva na maré. Sua superfície superior era da cor de uma jovem corça, enquanto a superfície inferior tinha tonalidades mais claras. Os ramos menores da estrela (usados para a busca, a exploração e a experimentação de alimentos), situados nas extremidades dos braços, lembravam as delicadas gavinhas que as videiras usam para identificar locais aos quais possam se

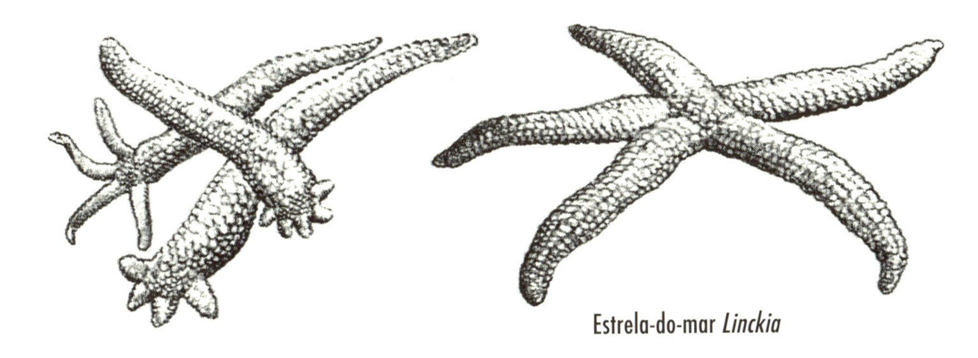

Estrela-do-mar *Linckia*

prender. Fiquei ao lado dela durante muitos minutos, alheia a tudo, exceto a sua extraordinária e frágil beleza. Não tive a intenção de "coletá-la", pois perturbar um ser como aquele seria uma profanação. Finalmente, como a maré subia e eu precisava visitar outras partes da planície antes que ela ficasse profunda demais, tive que me afastar. Quando retornei ao local, a estrela tinha desaparecido.

A *Gorgonocephalus* é parente das estrelas-serpentes, mas possuem notáveis diferenças estruturais: cada um dos cinco braços ramifica-se em V, de modo que cada ramo formado torna a se ramificar, formando ramos que novamente se ramificam, até que um labirinto de gavinhas retorcidas acaba formando o contorno do animal. Cedendo às suas tendências para o dramático, os antigos naturalistas deram a essas estrelas o nome de monstros da mitologia grega, as górgonas, que tinham serpentes no lugar dos cabelos e cujo aspecto horrendo transformava os homens em pedra; daí o nome científico desses bizarros equinodermos. Para algumas mentes imaginativas, sua aparência pode sugerir tufos de serpentes substituindo cabelos, mas o efeito confere beleza, graça e elegância ao animal.

Em toda a extensão do Ártico até o Caribe, há uma ou outra espécie de *Gorgonocephalus* vivendo em águas costeiras, e muitas descem até profundidades em que não chega luz, aproximadamente 1,5 quilômetro abaixo da superfície. Elas podem caminhar sobre o fundo do oceano, movendo-se delicadamente, apoiadas sobre as extremidades dos braços. Como Alexander Agassiz muito tempo atrás as descreveu, o animal fica como "se estivesse nas pontas dos pés, e as ramificações dos braços formam uma espécie de treliça em toda a volta, apoiando-se sobre o substrato, enquanto o disco forma um teto". Elas podem também prender-se a gorgônias ou outros seres fixos no fundo e erguer-se na água. As ramificações dos braços servem como uma fina malha para prender pequenas criaturas marinhas. Em alguns locais do fundo do mar, essas estrelas agrupam-se em multidões de in-

Estrela-serpente com marcas em cor de creme, animal comum em mar costeiro tropical. O disco pode ter de 2 a 3 centímetros de diâmetro, e os braços, 15 centímetros de comprimento.

divíduos, como se houvesse nisso um propósito que beneficiasse a todos. De fato, as ramificações dos braços de indivíduos vizinhos ficam entrelaçadas numa malha viva e contínua que captura todos os minúsculos animais que por ali se aventuram, ou que até ali são conduzidos, os quais são inevitavelmente enlaçados pelos milhões de gavinhas aprisionantes.

Ver de perto uma estrela *Gorgonocephalus* na praia é um dos daqueles raros acontecimentos que fica para sempre na memória, algo bem diferente do que ocorre quando se trata de determinados equinodermos com superfície espinescente: as holotúrias, ou pepinos-do-mar. Nunca avancei muito adiante nas planícies sem tê-los encontrado. Seus grandes corpos escuros, com a forma parecida à do fruto do qual seu nome deriva, destacam-se nitidamente contra a branca areia onde repousam preguiçosamente, às vezes parcialmente enterrados. Os pepinos-do-mar desempenham uma função no oceano grosseiramente comparável à das minhocas na terra, ingerindo porções de areia e lama e passando-as através de seus corpos. A maioria usa uma coroa de robustos tentáculos, movidos por fortes músculos, para coletar os sedimentos do fundo e trazê-los à boca; então, extraem as partículas de alimento desse detrito, à medida que ele passa por seu corpo. Talvez alguns materiais calcários sejam dissolvidos pela química do corpo do pepino-do-mar.

Devido à sua abundância e à natureza de suas atividades, os pepinos-do-mar influenciam profundamente a distribuição dos depósitos em torno dos recifes de coral e das ilhas. Estima-se que num único ano esses animais podem redistribuir mil toneladas de material de fundo do mar em uma área menor do que 5 quilômetros quadrados. Há evidências também sobre sua atividade em regiões abissais. Os sedimentos que forram o fundo do mar, acumulando-se lenta e incessantemente, dispõem-se em camadas sobrepostas, a partir das quais os geólogos são capazes de ler os capítulos passados da história da Terra. Mas, às vezes, essas camadas são curiosamente perturbadas. Porções de cinzas e fragmentos vulcânicos originados, por exemplo, de alguma erupção antiga do Vesúvio, podem, em alguns locais, constituírem não uma fina camada que represente e forneça a data da erupção, mas estarem amplamente distribuídos nas camadas formadas por outros sedimentos. Os geólogos atribuem isso ao trabalho de pepinos-do-mar em regiões profundas do oceano. Outras evidências resultantes de dragagens e de amostras de regiões profundas sugerem a existência de multidões de holotúrias no fundo do mar em grandes profundidades, trabalhando numa área do chão oceânico e depois partindo em procissão migratória, motivada não por mudança de estação, mas pela escassez de alimento naquelas zonas abissais desprovidas de luz.

Os pepinos-do-mar têm poucos inimigos, exceto nas partes do mundo onde são coletados como alimento humano (eles são os tripangos, ou bichos-do-mar, dos mercados orientais). Contudo, eles têm um estranho mecanismo de defesa que é empregado quando são fortemente perturbados. Nessas ocasiões, eles podem contrair-se intensamente, fazendo que a maior parte de seus órgãos internos seja arremessada com violência, através de uma ruptura da parede do corpo. Às vezes, essa ação é suicida, mas geralmente a criatura continua a viver e regenera um novo conjunto de órgãos.

O dr. Ross Nigrelli e seus colaboradores da New York Zoological Society recentemente descobriram que o grande pepino-do-mar do Caribe (também encontrado em torno das Florida Keys) produz um dos mais poderosos entre todos os venenos animais conhecidos, presumivelmente como um meio químico de

Coral-chicote, estrela *Gorgonocephalus*, leque-do-mar, peixe-anjo jovem e coral-chicote

defesa. Experimentos de laboratório revelaram que mesmo pequenas doses do veneno afetam todas as espécies de animais, de protozoários a mamíferos. Peixes confinados em um tanque com pepinos-do-mar sempre morrem quando o ato de evisceração ocorre. O estudo dessa toxina natural indica a perigosa existência de muitos animais pequenos que vivem em associação com outras espécies. As holotúrias atraem animais que são seus associados ou comensais. Frequentemente, um pequeno peixe carapídeo, o *Fierasfer*, vive abrigado na cavidade cloacal do pepino-do-mar. As atividades respiratórias do pepino mantêm a cavidade suprida de água bem oxigenada. Mas o bem-estar e até mesmo a própria vida do pequeno *Fierasfer* parecem ser constantemente ameaçados, pois o peixe comensal vive, na verdade, ao lado de um barril de veneno mortal, que a qualquer momento pode

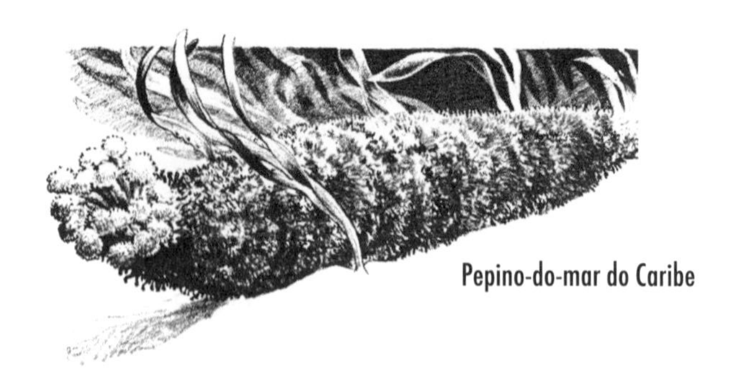
Pepino-do-mar do Caribe

ser rompido. Aparentemente, o peixe não desenvolveu imunidade contra o veneno do hospedeiro, pois o dr. Nigrelli verificou que, quando o pepino era perturbado, seu inquilino se retirava moribundo, mesmo quando a evisceração não acontecia.

Manchas escuras, parecidas com sombras de nuvens, espalham-se sobre os bancos de areia costeiros das planícies de recifes. Cada mancha é uma densa população de plantas marinhas, cada uma erguendo suas folhas por entre a areia, formando uma ilha alagada que representa abrigo e segurança para muitos animais. Em torno das Keys, essas manchas consistem, em grande parte, em populações de *Thalassia*, que podem ser acompanhadas de plantas de *Syringodium* e de *Halodule*. Todas pertencem ao grupo das angiospermas (plantas espermatófitas), sendo distintas, portanto, das algas. As algas estão entre os primeiros seres fotossintetizantes na história da vida na Terra e sempre habitaram o mar ou reservatórios de água doce. Mas as plantas espermatófitas originaram-se aproximadamente há apenas 60 milhões de anos.[5] As que vivem hoje no mar são descendentes de ancestrais que deixaram a terra e retornaram ao ambiente marinho – como e por que fizeram isso, é difícil dizer. Agora elas vivem encobertas pelo mar salgado. Essas plantas abrem suas flores sob a água, que transporta seu pólen: as sementes maturam, caem e são levadas para longe pela maré. Empurrando suas raízes para dentro da areia e dos sedimentos móveis originados dos recifes, elas conseguem uma fixação mais firme do que as algas, pois estas não possuem raízes. Nos lugares onde as populações dessas plantas crescem mais densamente, elas ajudam a segurar as areias do alto-mar, protegendo-as contra a ação das correntes, do mesmo modo que na terra as gramíneas das dunas seguram a areia que poderia ser movida pelo vento.

5 Estima-se atualmente que as angiospermas originaram-se cerca de 140 a 190 milhões de anos atrás. (NT)

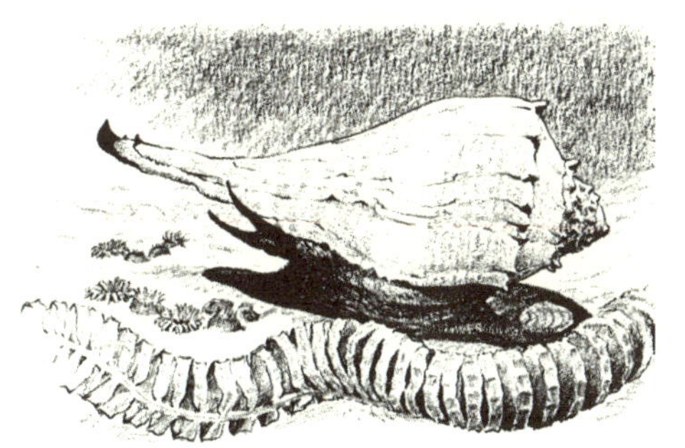

Busycon contrarium

Nas ilhas de plantas marinhas, muitos animais encontram alimento e abrigo. A estrela-do-mar gigante, *Oreaster*, vive ali. Também vivem nessas ilhas moluscos como a concha-rainha, a *Strombus alatus*, as fasciolárias, as cassidídeas e espécies da família *Tonnidae*. O peixe-vaca, um peixe estranho, que parece estar dentro de uma armadura, nada logo acima do fundo do mar, cortando folhas de plantas, às quais se prendem peixes singnatídeos. Polvos muito jovens escondem-se entre as raízes e, quando são perseguidos, mergulham profundamente na areia fofa e desaparecem de vista. Muitos outros animais pequenos, de espécies diversas, vivem na obscuridade fresca da região turfosa das raízes. Eles saem de lá apenas quando se sentem protegidos pela escuridão da noite.

Entretanto, durante o dia, muitos corajosos habitantes podem ser vistos quando se avança até as densas populações de plantas e olha-se para baixo, através de uma lente de aumento, ou quando se nada sobre aglomerados de plantas em zonas mais profundas, observando-se com uma máscara de mergulho. Ali, é possível encontrar grandes moluscos, familiares a nós porque suas conchas vazias são comuns na praia ou em acervos de colecionadores.

Nesses locais dominados pelas plantas, vive a concha-rainha que, em épocas passadas, era vista em quase todas as lareiras da época vitoriana; mesmo nos dias atuais, elas se encontram em grande número nas bancas de venda de suvenires, às margens de todas as rodovias da Flórida. Contudo, devido à coleta abusiva, ela está se tornando rara nas Florida Keys e agora é exportada das Bahamas para ser usada como peças de adorno. O peso e a robustez da concha, a espiral bem delineada e sua forte e espessa estrutura são demonstrações dos recursos de defesa que se desenvolveram por meio da lenta interação entre a biologia do animal e seu ambiente, ao longo de miríades de gerações ancestrais. Apesar da volumosa concha e do corpo robusto, que exigem do animal enorme esforço para mover-se sobre o fundo do mar, e dos consequentes tombos e saltos grotescos, a concha-rainha parece que é uma criatura alerta e de alta capacidade de percepção do ambiente. Talvez esse efeito seja ampliado pelos olhos localizados nas extremidades de dois longos tentáculos tubulares. O modo como os olhos se movem e se direcionam deixam poucas dúvidas de que esses caramujos recebem impressões do ambiente ao seu redor e as transportam aos centros nervosos que fazem as vezes de cérebro.

Embora essa força e capacidade de percepção pareçam ajustar a concha-rainha para uma vida predatória, ela é provavelmente um animal carniceiro que apenas ocasionalmente volta-se para a atividade de caça. Seus inimigos aparentemente são poucos e inexpressivos, mas a concha-rainha desenvolveu uma associação muito curiosa com um pequeno peixe que habitualmente vive dentro da cavidade de seu manto. Deve haver pouco espaço livre quando todo o corpo e as patas do molusco são recolhidos para dentro da concha, mas de algum modo há espaço suficiente para o peixe-cardeal, que tem 2,5 centímetros de comprimento. Toda vez que há ameaça de perigo, esse peixe segue em disparada para a profundidade da caverna carnosa dentro da concha. Ali, ele fica temporariamente aprisionado, de modo que o caramujo recolhe-se para dentro da concha e fecha o opérculo em forma de foice.

O caramujo reage com menos tolerância a outros seres pequenos que encontram caminho em direção ao interior da concha. Ovos de muitos animais marinhos carregados pelas correntes, larvas de vermes marinhos, minúsculos camarões e peixes ou partículas minerais (como grãos de areia) podem instalar-se na concha ou no manto e, então, provocar uma irritação no animal. Quando isso acontece, a concha-rainha responde com métodos antiquados de defesa, isolando a partícula de modo que esta não consiga irritar ainda mais os tecidos. As glândulas do manto secretam em torno do núcleo uma matéria estranha, camada sobre camada, de madrepérola – a mesma substância lustrosa que reveste o interior da concha. Desse modo, a concha cria a pérola rósea que às vezes se encontra em seu interior.

Fasciolária

Se for suficientemente paciente e observador, o mergulhador humano que flutuar sobre a população de *Thalassia* poderá ver outros seres vivos movendo-se sobre a areia de corais, das quais as finas e achatadas folhas das plantas erguem-se e balançam com as correntes de água, inclinando-se em direção à terra durante a maré ascendente, e em direção ao alto-mar na maré baixa. Se o mergulhador olhar bem cuidadosamente, perceberá que o que parecia verdadeiramente uma folha de planta, tanto pela forma e cor, quanto pelo movimento, de fato não está preso à areia e agora se afasta nadando.

Os singnatídeos são animais incrivelmente longos, delgados, com anéis ósseos, que não se parecem com os peixes, dos quais são uma espécie. O indivíduo desse peixe nada entre as plantas lentamente, com movimentos deliberados, ora com o corpo em posição vertical, ora pendendo horizontalmente na água. Ele avança a fina cabeça, com uma extremidade longa e ossuda, em movimentos exploratórios entre as moitas de folhas de *Thalassia* ou embaixo de rochas, em busca de pequenos animais que lhe sirvam de alimento. De repente, percebe-se uma rápida dilatação bucal, quando um minúsculo crustáceo é sugado pelo bico em forma de tubo, mais ou menos como uma pessoa suga refrigerante com um canudo.

O singnatídeo começa a vida de uma maneira estranha: mesmo depois concluída a fase em que o animal deixa de ser dependente, ele continua sendo cuidado e instruído pelo pai, que o mantém dentro de uma bolsa protetora. Durante o ato de acasalamento, os ovos são fertilizados e colocados nessa bolsa pela fêmea; ali, eles se desenvolvem e eclodem. A esse marsúpio, o peixe jovem pode retornar quantas vezes quiser, sempre que houver perigo, mesmo muito depois de já terem se tornado capazes de nadar de modo autônomo.

Tão eficiente é a camuflagem de outro habitante das populações de plantas – o cavalo-marinho – que apenas o olhar mais afiado pode detectar um deles em repouso, com sua cauda flexível presa a uma folha e seu pequeno corpo ósseo

Concha-rainha

inclinando-se ao sabor das correntes, como se fosse parte da planta. O cavalo--marinho é completamente envolto em uma armadura composta de placas de ossos que se encaixam; elas substituem as escamas comuns de outros peixes e parecem ser um tipo de recuo evolutivo ao tempo em que os peixes dependiam de uma pesada couraça para proteger-se dos inimigos. Nas regiões em que se tocam e se encaixam, as bordas dessas placas possuem saliências, nós e espinhos que geram a superfície característica do cavalo-marinho.

Os cavalos-marinhos frequentemente vivem entre algas ou plantas que estejam flutuando, em vez de habitar plantas enraizadas. Esses animais podem, assim, fazer parte de uma contínua deriva rumo ao norte, da qual tomam parte plantas, animais associados e larvas de um sem-número de formas de vida migrando para o mar aberto no oceano Atlântico, ou para leste, em direção à Europa

Caramujo *Pleuroploca gigantea*, polvo,

ou ao Mar de Sargaços. Esses cavalos-marinhos que viajam na corrente do Golfo às vezes são carregados para a praia na costa sul do Atlântico, juntamente com pedaços de sargaços, aos quais se prendem.

Em algumas das florestas de plantas *Thalassia*, todos os pequenos habitantes parecem tomar emprestada a cor protetora de seus arredores. Quando arrastei uma pequena rede num local como esse, descobri, enroscadas no punhado de folhas de plantas apanhadas pela rede, dúzias de pequenos animais de diferentes espécies, todos com uma linda tonalidade verde brilhante. Havia caranguejos-aranhas verdes com pernas articuladas e extremamente longas. Havia pequenos camarões, também verdes. Talvez mais fantástica ainda tenha sido a feição de vários peixes-vacas bebês. Do mesmo modo que os adultos de sua espécie, cujos vestígios se encontram frequentemente nos resíduos deixados na linha da maré

peixes singnatídeos, cavalos-marinhos, lebre-do-mar, estrela-do-mar gigante e peixe-vaca

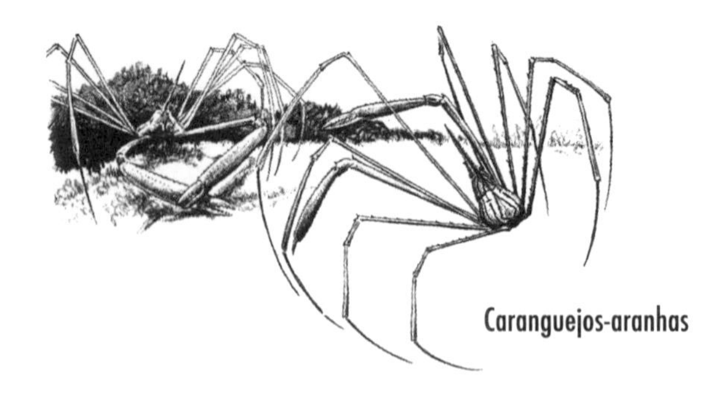
Caranguejos-aranhas

alta, esses pequenos peixes-vacas vivem fechados em caixas ósseas que prendem a cabeça e o corpo numa armadura inflexível, da qual emergem a cauda e as nadadeiras como únicas partes móveis. Da extremidade da cauda até as projeções anteriores, parecidas com chifres de boi, esses pequenos peixes-vacas são verdes como as plantas entre as quais eles vivem.

Especialmente nos locais que margeiam os canais das Keys, os bancos de areia atapetados por vegetação são visitados de tempos em tempos por tartarugas marinhas, que vivem em número considerável em torno dos recifes mais externos. A tartaruga-de-pente vive distante, no alto-mar, e raramente vem para a terra; mas a tartaruga-cabeçuda[6] comumente nada nas águas rasas do canal Hawk, ou procura as passagens entre as Keys, onde as marés correm aceleradamente. Nos locais onde essas tartarugas visitam os bancos forrados de plantas, elas estão geralmente procurando as gordas bolachas-da-praia (cujos lares encontram-se entre a vegetação), ou apanhando alguns caramujos graúdos, os quais, à exceção de outros caramujos carnívoros, não têm inimigos mais perigosos do que as grandes tartarugas.

Independentemente da distância máxima a que possam chegar as tartarugas-cabeçudas, as tartarugas-verdes e as tartarugas-de-pente, todas precisam retornar à terra na estação de desova. Não há lugar de desova para as tartarugas em locais de rocha coralina ou de calcário nas ilhas Keys. Porém, em algumas zonas arenosas das ilhas do grupo Tortugas, a tartaruga-cabeçuda e a tartaruga-verde saem do oceano e arrastam-se sobre a areia como seres pré-históricos, para cavar ninhos e enterrar seus ovos. Os principais locais de desova das tartarugas, contudo, ficam nas praias do cabo Sable e em outras faixas arenosas da Flórida, e bem mais ao norte, na Geórgia e nas Carolinas.

6 *Caretta caretta*. (NT)

Se as visitas predatórias das grandes tartarugas às extensas planícies dominadas pelas plantas são esporádicas, as relações entre várias espécies de grandes caramujos compreendem uma incessante e diária predação, uma espécie alimentando-se de outra, e todas elas caçando mexilhões, ostras, ouriços--do-mar e bolachas-da-praia. O principal dentre esses caramujos predadores é o *Pleuroploca gigantea*, com concha fusiforme vermelha e opaca. Basta ver o grande caramujo alimentando-se para notar como ele é vigoroso; quando o robusto corpo cor de tijolo (assim como a concha) estende-se para envolver e dominar a presa, fica difícil entender como tanta substância carnosa pode ser recolhida de volta à concha. Até mesmo o grande caramujo *Melongena corona*, um predador de muitos outros caramujos, não é forte o suficiente para resistir ao ataque de um *Pleuroploca*. Nenhum outro gastrópode norte-americano aproxima-se dele em tamanho. (Indivíduos com 30 centímetros de comprimento são muito comuns, sendo que os gigantes de sua espécie podem chegar ao dobro desse tamanho.) Os grandes caramujos da família *Tonnidae*, que também são vítimas de *Pleuroploca*, alimentam-se geralmente de ouriços-do-mar. No entanto, não tive grande percepção dessa inexorável predação ao fazer uma visita casual ao hábitat dos grandes caramujos. Há longos períodos de sonolência e de saciedade, durante os quais o dia no fundo do mar dominado pela vegetação parece pacífico. Um caramujo deslizando sobre a areia do coral, um pepino-do-mar cavando vagarosamente entre as raízes das plantas, ou os escuros e ligeiros vultos das lebres-do-mar numa súbita passagem podem ser os únicos sinais de vida em movimento. Isso porque durante o dia a vida está em recolhimento, entocada sob a areia ou oculta em fendas e espaços entre rochas. Animais arrastaram-se para esconder-se sob esponjas ou entre gorgônias e corais, ou ainda dentro de conchas vazias. Nas águas rasas do mar, muitas criaturas devem evitar o avanço rumo à luz do sol, que irrita seus tecidos e as revela aos predadores.

Mas o que aparenta ser quiescente – um mundo de sonhos habitado por criaturas que se movem preguiçosamente ou até mesmo permanecem imóveis – retorna rapidamente à vida quando o dia termina. Nas vezes em que me detive no recife até a noite cair, um estranho e novo mundo, cheio de tensão e alarme, substituiu o langor pacífico do dia. Pois, agora, predador e presa estão fora, em circulação. A lagosta-espinhosa sai de seu abrigo sob o volumoso corpo de uma esponja e corre rápido pelos espaços abertos. A caranha e a barracuda patrulham os canais entre as Keys e rumam para os bancos de areia em rápida perseguição às presas. Caranguejos emergem de cavernas; caramujos de várias formas e tamanho deslizam, saindo de

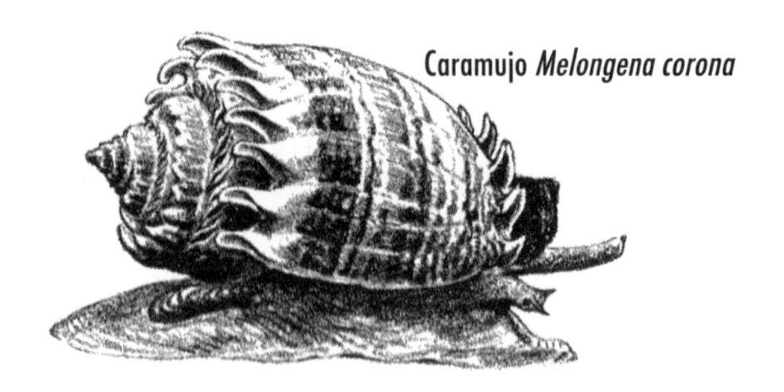

Caramujo *Melongena corona*

conduzida à deriva até as ilhas Cocos-Keeling e Christmas. Algumas plantas apareceram como novas colonizadoras na devastada ilha de Cracatoa, depois que ela foi virtualmente destruída por erupção vulcânica em 1883.

As plantas de manguezais pertencem ao grupo de plantas conhecido como espermatófitas (ou formadoras de semente), cujos ancestrais desenvolveram-se em terra. Por isso, elas são um exemplo botânico daquele fascinante retorno ao mar. Entre os mamíferos, as focas e as baleias fizeram semelhante regresso ao hábitat de seus ancestrais. As plantas marinhas foram ainda além das plantas dos manguezais, pois vivem permanentemente submersas. Mas qual foi a razão dessa volta à água salgada? Talvez as plantas dos mangues, ou seu grupo ancestral, sofreram pressão e migraram, saindo de ambientes com alta densidade populacional e forte competição com outras espécies. Qualquer que tenha sido o motivo, elas invadiram o difícil mundo do mar costeiro e ali se estabeleceram com tamanho sucesso que nenhuma outra espécie de planta ameaça seu domínio naquele local.

A saga de uma planta típica do manguezal,[7] o mangue-vermelho, começa quando uma longa plântula verde, até então pendente na planta que a formou, cai no solo encharcado. Isso talvez aconteça durante a maré baixa, quando toda a água tenha escoado; então, a plântula fica entre o emaranhado de raízes, aguardando até que a água salgada venha com o retorno da maré para erguê-la e então levá-la flutuando para o mar. De todas as centenas de milhares de mudas de plantas de mangue-vermelho produzidas anualmente no sul da Flórida, provavelmente

7 Há poucas espécies de árvores nos manguezais. A autora refere-se aqui à espécie arbórea mais notável, a *Rhizophora mangle*, cujos numerosos rizóforos (comumente chamados raízes-escora) saem do tronco da árvore, voltam-se para baixo e inserem-se no solo, ajudando no suporte da planta. A *Rhizophora mangle* é conhecida popularmente como mangue-vermelho. (NT)

menos da metade permanece e se desenvolve próximo de suas plantas parentais. O resto parte para o mar. A estrutura das plântulas é adaptada para que elas fiquem boiando nas águas superficiais, movendo-se com o fluxo das correntes. As pequenas mudas podem ficar à deriva por muitos meses, sendo capazes de sobreviver às vicissitudes normais de tal jornada: sol, chuva e golpes do mar agitado. De início, elas flutuam horizontalmente; mas, com a maturação e o desenvolvimento dos tecidos de uma nova fase de vida, pouco a pouco vão se posicionando verticalmente, com a futura raiz voltada para baixo, pronta para o contato com a terra, da qual sua futura existência irá depender.

Talvez, nos caminhos de tal plântula pelágica, possa aparecer um pequeno banco de areia, uma pequena elevação ao largo de uma costa insular, que tenha se elevado com o depósito, grão a grão, de sedimentos trazidos pelas ondas. Quando a maré leva a jovem planta flutuante a um local como esse, o ápice da raiz toca o solo no fundo do banco, sobre o qual exerce pressão, tornando a planta presa ao solo. Os movimentos da água das marés seguintes, subindo e descendo, pressionarão ainda mais a planta para dentro do chão receptivo. Mais tarde, possivelmente outras plântulas se instalarão ali perto.

Tão logo as jovens plantas do mangue-vermelho ancoram-se, elas começam a crescer, emitindo fileiras de raízes que se dobram para baixo e formam um círculo de escoras de suporte. Resíduos de toda sorte se depositam em meio a esse emaranhado de raízes que crescem rapidamente: restos de plantas em decomposição, madeira, conchas, fragmentos de coral, esponjas que foram arrancadas e outros materiais vindos do mar. De uma origem simples assim, nasce uma nova ilha.

Num prazo de vinte ou trinta anos, as jovens plantas do manguezal adquirem o porte de árvores. As plantas maduras conseguem resistir aos golpes de ondas consideráveis, mas podem ser destruídas por furacões violentos. De vez em quando, em intervalos de muitos anos, chega um desses furacões. Devido à

Caranha-do-mangue

de sua jornada evolutiva, encontra-se o grande caranguejo-branco das Bahamas e do sul da Flórida. É um habitante da terra, que respira ar e parece ter rompido todos os laços que o atavam ao mar, com exceção de um. Durante a primavera, os caranguejos-brancos engajam-se numa peregrinação ao mar, parecida com a dos lemingues, para liberar as larvas. Na ocasião própria, os caranguejos de uma nova geração, tendo completado sua vida embrionária no mar, emergem da água e procuram o ambiente terrestre de seus pais.

Por centenas de quilômetros, esse mundo de charcos e florestas criados pelos manguezais se estende para o norte, abrangendo as Keys, em torno da extremidade sul da Flórida, partindo da região setentrional do cabo Sable e percorrendo toda a costa do golfo do México, passando pelas Ten Thousand Islands. Essa é uma das grandes regiões de manguezal do mundo, uma área selvagem, indômita e quase intocada pelo ser humano. Voando sobre ela, pode-se ver o manguezal em ação.

Vistas do ar, as Ten Thousand Islands apresentam forma e estrutura singulares. Os geólogos as descrevem como parecendo um cardume de peixes migrando em direção ao sudeste – cada ilha com a forma de peixe, tendo um "olho" de água em sua extremidade dilatada; todas as cabeças dos pequenos "peixes" apontam para o sudeste. Pode-se admitir que, antes de essas ilhas aparecerem, pequenas ondas de um mar raso empilhavam a areia do fundo, formando pequenos cumes. Vieram então os mangues-vermelhos colonizadores, transformando as pequenas colinas de areia amontoada em ilhas e perpetuando-as em uma viva floresta verde.

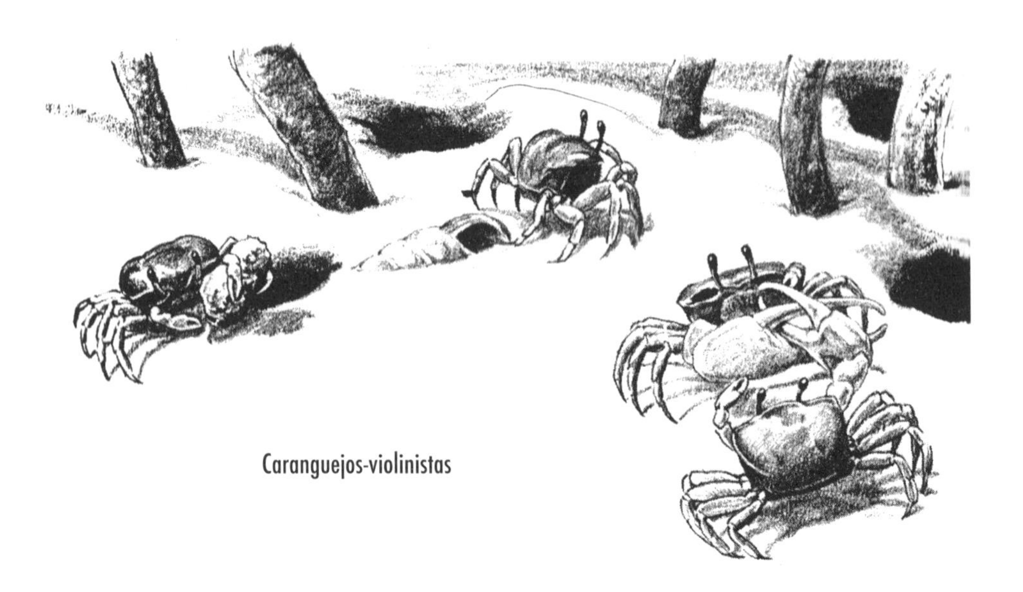

Caranguejos-violinistas

Depois de um longo período que se estendeu por sucessivas gerações humanas, hoje se pode ver – nos locais onde várias ilhotas coalesceram, fundindo-se numa única ilha, ou onde a terra ergueu-se além da superfície do mar, formando uma ilha – o mar convertendo-se em terra quase diante de nossos olhos.

Qual será o futuro dessa costa de manguezais? Uma vez que sua história está escrita no passado recente, podemos até fazer previsões: acontecerá o desenvolvimento de uma vasta área de terra nos lugares onde atualmente vemos ilhas esparsas. Mas nós, que vivemos no tempo presente, só podemos imaginar o que irá acontecer; o mar, cujo nível está subindo, poderá escrever uma história diferente.

Por sua vez, os manguezais continuam a se impor e expandir, espalhando suas florestas silenciosas, quilômetro após quilômetro, sob os céus tropicais, emitindo em direção ao solo as suas raízes-escoras e fazendo despencar, uma após outra, suas plântulas migrantes, as quais ficarão à deriva nas marés, para serem enviadas a distantes locais.

No mar distante da costa, sob a superfície das águas em que o luar incide com feixes descontínuos de luz prateada, sob as correntes da maré que fluem em direção à costa, a vibração da vida agita-se no recife. Assim como todos os bilhões de animais da região coralífera retiram do mar seus meios de subsistência (fazendo uso da presteza de seu metabolismo para converter tecidos de copépodes, larvas de caramujos e de minúsculos vermes em substâncias de seus próprios corpos), os corais crescem, reproduzem-se e ramificam-se, de modo que cada uma das pequenas criaturas adiciona sua própria matéria calcária à estrutura do recife.

maré envia correntes que se chocam contra os pináculos e as cavernas escuras das rochas coralíferas.

Em meu pensamento, todas essas regiões costeiras, com aspectos e habitantes tão distintos, têm um elemento unificador: o toque do mar. As diferenças que percebo nesse instante em particular são meramente distinções momentâneas, determinadas pelo nosso lugar no fluxo do tempo e nos longos ritmos do mar. Numa época passada, essa costa rochosa sob minha janela era uma planície de areia; então, o mar elevou-se e fundou uma nova linha costeira. E outra vez, num futuro nebuloso, a agitação do mar terá triturado essas rochas, transformando-as em areia e devolvendo à costa sua condição anterior. Assim, nos olhos de minha mente, essas paisagens costeiras combinam-se e fundem-se num padrão mutante, caleidoscópico, no qual não há finalidade, nem realidade fixa e definitiva. É a terra, tornando-se fluida como o próprio mar.

Em todas essas zonas costeiras há ecos do passado e do futuro: primeiro, o do fluir do tempo, escondendo e ao mesmo tempo abrigando tudo o que aconteceu antes; segundo, o dos eternos ritmos do mar – as marés, os golpes das ondas, a pressão das correntes que passam como rios – que moldam, alteram e dominam; e terceiro, o do fluxo da vida, que passa tão inexoravelmente quanto qualquer corrente oceânica, vindo do passado e correndo para o futuro. Como a configuração da região costeira altera-se com o passar do tempo, também o padrão da vida muda, nunca é estático, nunca é o mesmo de um ano para o outro. Toda vez que o mar constrói uma nova costa, ondas de criaturas vivas avançam sobre ela, buscando um local para estabelecer-se e, depois, formando colônias. Assim, viemos a perceber a vida como uma força tão tangível quanto qualquer outra das realidades físicas do mar, uma força poderosa e cheia de propósitos, tão impossível de ser esmagada ou desviada de seus objetivos quanto a maré cheia.

Contemplando a exuberância da vida na beira-mar, temos uma desconfortável percepção dos sinais de alguma verdade universal, que jaz além de nosso alcance. Qual é a mensagem sinalizada pelas multidões de diatomáceas, flamejando microscópicos feixes de luz no mar noturno? Qual é a verdade expressa pelas legiões de cracas, embranquecendo as rochas com seus lares, de modo que cada pequena criatura no interior de uma concha tem suas necessidades satisfeitas pelas vagas da agitação do mar? E qual é o significado de um ser tão diminuto quanto a ínfima porção de protoplasma em que se resume uma rendilhada *Membranipora*, a qual existe por uma razão inalcançável a nossa mente, um estímulo que garante a presença de trilhões desses seres entre as rochas e algas da beira-mar? O significado nos assombra e sempre escapa à nossa reflexão. Em sua busca, aproximamo-nos do mistério maior da própria vida.

Apêndice: Classificação[1]

Protófitos e protozoários: plantas e animais unicelulares

As formas mais simples de vida celular são as plantas unicelulares (protófitas) e os animais unicelulares (protozoários). Em ambos os grupos, no entanto, há muitas formas que desafiam as tentativas de situá-los de uma vez por todas em uma ou outra categoria, porque eles apresentam características geralmente consideradas de animais, juntamente com outras comumente assumidas como definitivamente

1 Desde a época em que Carson produziu *Beira-mar*, o entendimento dos caminhos da evolução dos seres vivos e sua classificação passou por mudanças substanciais. O primeiro grande impacto na classificação dos seres vivos foi a proposta do sistema dos Cinco Reinos, que passou a predominar a partir da década de 1970: Monera (bactérias), Protista (basicamente protozoários e algas), Fungi, Plantae e Animalia. Nesse sistema, as algas foram separadas do grupo das plantas, entre as quais elas estiveram situadas desde a época de Lineu. Também na concepção dos Cinco Reinos, as algas azul-esverdeadas foram apartadas do grupo das algas e incluídas entre os Monera, pois, como todos os seres desse reino, as algas azul-esverdeadas não possuem núcleo nem organelas (são seres procariontes). Com os avanços da ciência, no final dos ano 1980 tornou-se possível determinar a sequência de bases dos ácidos nucleicos (RNA e DNA). O progresso da tecnologia fez que aparecessem, no início da década de 1990, os sequenciadores automáticos, ampliando imensamente as possibilidades de sequenciamento de ácidos nucleicos de muitos organismos. Tornou-se possível, então, traçar as relações de afinidades filogenéticas de organismos de todos os principais grupos de seres vivos. Em termos mais amplos, o sistema de classificação atual é a chamada Árvore da Vida, consistindo não de reinos, mas de três domínios: Archaea, Bacteria e Eucharya. Os dois primeiros compreendem bactérias, e o último, os eucariotos, isto é, organismos com núcleo e organelas; incluem-se neste as algas, as plantas terrestres, os fungos e os animais. As algas azul-esverdeadas são classificadas como Bacteria. Na concepção atual, derivada então da filogenia molecular, alguns grupos de algas mostram grande afinidade com as plantas, entre elas as algas verdes, principalmente, e as vermelhas.

organismo contra o calor ou frio excessivos. Elas são bem representadas na "zona negra" acima da linha de maré alta nas costas marítimas rochosas.

Talófitas: algas superiores

As algas verdes, ou clorofíceas, são capazes de suportar luz intensa e crescem na parte alta da zona entremarés. Elas incluem espécies familiares, como a alface-do-mar, cujos indivíduos têm aspecto folhoso, e uma alga filamentosa e cilíndrica, a enteromorfa ("com a forma de intestino"), típica de rochas altas e piscinas naturais. Nos trópicos, algumas das algas verdes mais comuns são espécies de *Penicillus*, com forma de escova e que constituem pequenas touceiras sobre os recifes de coral, e as acetabulárias, pequenas e lindas algas em forma de taça, semelhantes a pequenos cogumelos verdes invertidos. Algumas das algas verdes dos trópicos são importantes na economia do mar como concentradores de cálcio. Embora o grupo seja mais típico de mares mornos tropicais, as algas verdes são encontradas nas águas costeiras onde há intensa luminosidade solar, enquanto outras algas do grupo vivem em água doce.

As algas pardas, ou feofíceas, têm vários pigmentos que mascaram a clorofila, de modo que as suas cores predominantes são o marrom, o amarelado e o verde-oliva. Elas são muito raras em latitudes mais quentes, exceto em águas profundas, visto que são incapazes de suportar o calor e o sol forte. Uma exceção é o sargaço das zonas costeiras tropicais, que é conduzido para o norte pela corrente do Golfo. Nas costas setentrionais, as algas pardas vivem entre as linhas de maré, e as laminárias da linha de maré baixa ficam em profundidades de aproximadamente 15 metros. Embora todas as algas selecionem e concentrem em seus tecidos muitas substâncias diferentes retiradas do mar, as algas pardas e, sobretudo, as laminárias têm um extraordinário estoque de iodo. Antigamente, elas eram bastante utilizadas na produção industrial desse elemento químico. As mesmas algas são agora importantes na produção do carboidrato algina, usado na produção de têxteis resistentes ao fogo, geleias, sorvetes, cosméticos e vários outros processos industriais. A presença de ácido algínico confere às algas uma grande tolerância à forte agitação do mar.

As algas vermelhas, ou rodofíceas, são as algas mais sensíveis à luz. Umas poucas espécies mais tolerantes (incluindo o musgo-irlandês e a dulse) são encontradas na zona entremarés. A maioria dessas algas é representada por espécies graciosas que vivem a maior parte de sua vida abaixo de águas rasas. Algumas vivem em áreas mais profundas do que qualquer outra alga, descendo em regiões escuras a 360 metros ou mais abaixo da superfície. Outras (as coralinas) formam

duras incrustações nas rochas ou em conchas. Ricas em carbonato de magnésio e também em carbonato de cálcio, essas algas parecem ter desempenhado um importante papel geoquímico na história da Terra e talvez tenham colaborado na formação de mármore dolomítico rico em magnésio.

Poríferos: esponjas

As esponjas (*porifera*, "portador de poros") são alguns do mais simples animais que se conhece, constituindo algo um pouco mais complexo do que um agregado de células. Mas elas avançaram um passo além dos protozoários, pois nas esponjas há as camadas interna e externa de células, com algum sinal de especialização de funções celulares – algumas atraem correntes de água, outras retiram o alimento da água, e outras se encarregam da reprodução. Todas essas células cooperam e trabalham em conjunto para conseguir o único objetivo da esponja: passar a água do mar através das malhas de seu próprio corpo. Uma esponja consiste em um elaborado sistema de canais contido numa matriz de substância fibrosa ou mineral, de modo que o conjunto todo apresenta numerosos e pequenos poros para a entrada de água e poros maiores para a saída. As cavidades mais internas são revestidas por células filamentosas que lembram protozoários flagelados. O batimento dos flagelos – fios alongados parecidos com chicotes – cria correntes que levam a água ao interior do animal. Na passagem através da esponja, a água fornece alimento, minerais e oxigênio, e leva embora os dejetos.

Até certo ponto, cada um dos grupos menores do filo das esponjas tem uma aparência física e um hábito de vida que lhe são característicos; no entanto, as esponjas são provavelmente mais adaptáveis ao seu ambiente do que qualquer outro grupo de animais. No mar agitado, praticamente todas as espécies assumem a forma de uma incrustação achatada; em águas profundas e tranquilas, elas são tubulosas e ficam em posição vertical, ou então se ramificam de maneira semelhante a um arbusto. Sua forma, portanto, contribui muito pouco (ou nada) para sua identificação. A classificação das esponjas é baseada principalmente na natureza de seu esqueleto, que é uma malha frouxa de estruturas rígidas chamadas espículas. Em algumas

Sargaço

Dulse

esponjas, as espículas são calcárias. Em outras, são silíceas, embora a água do mar contenha apenas traços de sílica, motivo pelo qual a esponja precisa filtrar quantidades prodigiosas de água para obter matéria-prima para suas espículas. A função de extrair sílica da água do mar é exclusiva das formas primitivas de vida e não acontece entre os animais de grupos mais complexos que as esponjas. As esponjas comerciais correspondem a um terceiro grupo, que apresenta um esqueleto de fibras córneas; essas esponjas habitam apenas águas tropicais.

Embora tenha demonstrado inicialmente uma tendência à especialização, a natureza parece ter voltado a um recomeço, usando outros materiais. Toda evidência aponta que os celenterados e todos os outros animais mais complexos tiveram origem distinta, deixando as esponjas na condição final de uma linha evolutiva.

Celenterados: anêmonas, corais, medusas, hidroides

Apesar de sua simplicidade, os celenterados prenunciam o plano básico sobre o qual (com posteriores elaborações) todos os animais mais altamente especializados foram formados. Eles possuem duas camadas distintas de células: a ectoderme, externa, e a endoderme, interna. Às vezes, há uma camada mediana indiferenciada, não celular, precursora de uma terceira camada, a mesoderme, presente nos grupos superiores. Cada celenterado é basicamente um tubo oco com parede dupla, fechado numa extremidade e aberto na outra. Variações desse plano resultaram em formas tão diversas quanto as anêmonas-do-mar, os corais, as medusas (águas-vivas) e hidroides.

Todos os celenterados possuem células urticantes, chamadas nematocistos, cada qual um filamento enrolado e pontiagudo, abrigado numa bolsa túrgida contendo um fluido e pronto para ser disparado a fim de espetar ou envolver uma presa que esteja passando. Células urticantes não ocorrem em animais superiores; embora elas tenham sido encontradas em vermes achatados e em lesmas-do-mar, nesses casos elas foram adquiridas secundariamente, por ingestão de celenterados.

Os hidrozoários desempenham mais claramente outra peculiaridade desse grupo, conhecida como *alternância de gerações*. Uma geração fixa, cujos indiví-

Esponja

Espículas de esponja

duos se parecem com planta, produz uma geração medusoide, com indivíduos em forma de pequenas águas-vivas. Esta geração, por seu turno, produz outra geração de seres semelhantes a plantas. Nos hidroides, a geração mais visível é uma colônia ramificada fixada a um substrato, com tentáculos em seus "caules". A maioria desses seres se parece com anêmonas-do-mar e capturam alimento. Outros indivíduos formam brotos que se destacam para constituir a nova geração; são pequenas medusas que (em muitos casos) nadam para longe, amadurecem e depositam ovos ou células espermáticas no mar. Um ovo produzido por uma dessas medusas, quando fertilizado, desenvolve-se e forma outra geração de hidroides parecidos com plantas.

Em outro grupo, o dos cifozoários (ou verdadeiras medusas), a geração parecida com planta é a menos visível, e as medusas são muito desenvolvidas. A medusa varia em tamanho, de pequenas criaturas até a imensa *Cyanea* ártica, que pode assumir um diâmetro extraordinário de 2,4 metros (diâmetros de 30 a 90 centímetros são mais comuns), com tentáculos chegando até 23 metros de comprimento.

Nos antozoários ("animais-flores") a geração medusoide foi completamente perdida. O grupo inclui anêmonas, corais e leques-do-mar. As anêmonas representam o plano básico; todo o resto do grupo são formas coloniais nas quais os pólipos individuais, parecidos com anêmonas, são embutidos num tipo de matriz, que pode ser pétrea, como ocorre com os corais formadores de recife; ou então, a exemplo dos leques-do-mar, pode consistir numa substância córnea de natureza proteica, semelhante à queratina dos pelos, unhas e escamas dos vertebrados.

Ctenóforos

O escritor inglês Barbellion disse uma vez que um ctenóforo à luz solar é a coisa mais linda do mundo. Os tecidos dessa criatura ovoide são quase cristalinos, e quando ela rodopia na água, raios de luz iridescentes propagam-se de seu corpo. Os ctenóforos são às vezes confundidos com as medusas por causa de sua transparência, mas há várias diferenças estruturais entre esse dois grupos, sendo

Hidroide

Medusa (água-viva)

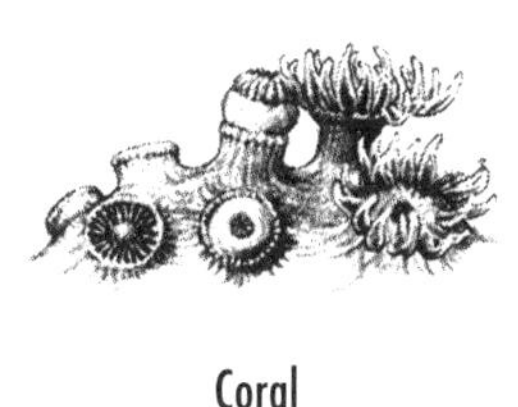
Coral

as lâminas ciliadas características do primeiro. Elas aparecem como oito fileiras na superfície externa. Cada lâmina tem uma conexão articulada e possui cílios ao longo da extremidade livre. A sucessiva movimentação dessas lâminas propele o animal na água, ocasião em que, refletindo a luz do sol, os cílios produzem a cintilação característica.

Assim como algumas medusas, a maioria dos ctenóforos possui longos tentáculos, os quais não são equipados com células urticantes, mas com saliências pegajosas que capturam presas, envolvendo-as. Os ctenóforos comem enormes quantidades de peixes miúdos, entre outros pequenos animais, e vivem principalmente nas águas superficiais.

Os ctenóforos compreendem um pequeno filo, com menos de 100 espécies. Representantes de um de seus grupos têm corpos achatados e não nadam, mas arrastam-se sobre o fundo do mar. Alguns especialistas acreditam que esses ctenóforos rastejantes tenham dado origem aos vermes de corpo achatado.

Platelmintos: vermes achatados

Consideram-se vermes achatados muitas espécies parasitas e de vida livre. Os vermes achatados de vida livre, com corpos finos semelhantes a folhas de planta, fluem como uma lâmina viva sobre as rochas. Às vezes, nadam com pulsações ondulantes, de um modo que lembra as raias. Em termos evolutivos, os platelmintos fizeram avanços substanciais: foram os primeiros animais a apresentar três camadas principais de células, uma característica de todos os animais superiores. Eles também têm um tipo de simetria bilateral (um lado sendo a imagem especular do outro), de modo que uma extremidade em que fica a cabeça sempre lidera o deslocamento do animal. Os vermes achatados têm um sistema nervoso incipiente e olhos que podem ser apenas simples manchas pigmentadas ou, em algumas espécies, órgãos bem desenvolvidos, com lentes. Não há sistema circulatório, e talvez seja por isso que todos os vermes achatados têm corpo delgado, no qual todas as partes comunicam-se facilmente com o exterior, de modo que oxigênio e dióxido de carbono passam das células superficiais para os tecidos subjacentes sem muito esforço.

Anêmona

Ctenóforo

Os vermes achatados são encontrados entre as algas, sobre rochas, e em piscinas naturais; também ficam à espreita no interior de conchas de moluscos mortos. Eles são geralmente carnívoros, alimentando-se de vermes, crustáceos e moluscos pequenos.

Nemertíneos: vermes-fita

Os vermes-fita têm corpos extraordinariamente elásticos, às vezes cilíndricos, às vezes achatados. Um deles, o *Lineus longissimus* das águas britânicas, pode chegar a 27 metros, sendo o mais longo dos invertebrados. O verme americano *Cerebratulus*, de águas costeiras rasas, geralmente tem 6 metros de comprimento e aproximadamente 2 centímetros de largura. A maioria, porém, tem só alguns centímetros de comprimento, predominando os que não ultrapassam os 2 centímetros. Quando perturbados, eles comumente se contraem, enrolando-se ou formando nós.

Todos os vermes-fita são muito musculosos, mas não têm a coordenação dos nervos e dos músculos que os vermes superiores possuem. Há um cérebro que consiste de um único gânglio nervoso. Alguns têm órgãos de audição primitivos; as características fendas ao longo dos lados da cabeça (que sugerem uma boca) parecem conter importantes órgãos sensitivos. Embora haja algumas poucas espécies hermafroditas, na maioria dos vermes-fita os sexos são separados. Há, contudo, uma forte tendência à reprodução assexuada e, associada a ela, o hábito de romper-se em muitos pedaços ao serem manuseados. Os fragmentos então regeneram-se, assumindo a forma de vermes completos. O professor Wesley Coe, da Yale University, descobriu que o corpo de certa espécie de verme-fita poderia ser cortado repetidamente até o ponto de obter-se miniaturas de vermes com menos do que um centésimo de milésimo do volume original. Um adulto pode viver até um ano sem alimento, de acordo com o professor Coe, compensando a falta de comida com a redução de tamanho.

Os vermes-fita são os únicos a possuir uma arma extensível, chamada probóscide, encerrada numa bainha e capaz de ser subitamente virada do avesso,

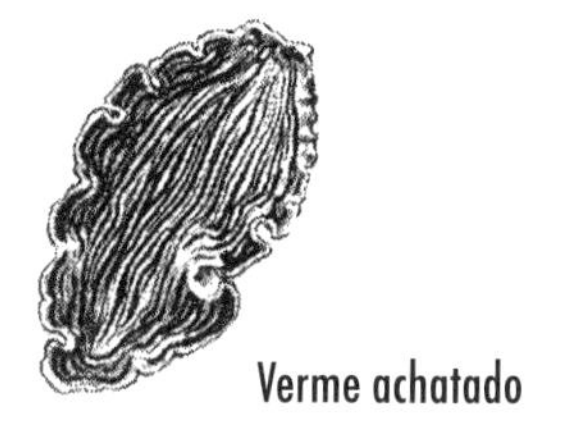
Verme achatado

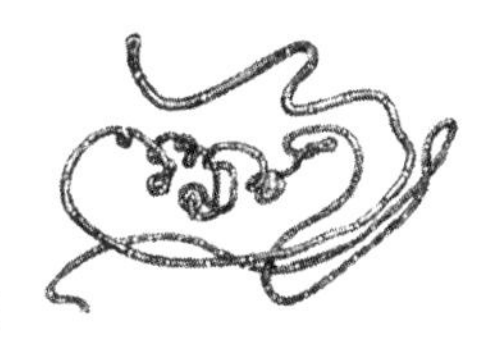
Verme-fita

arremessada e enrolada em torno da presa, que é então puxada em direção à boca. Em muitas espécies, a probóscide é guarnecida com uma lança, ou estilete, que, se forem perdidos, serão rapidamente substituídos por outra, mantida em reserva. Todos os vermes-fita são carnívoros e muitos deles alimentam-se de poliquetos.

Anelídeos: poliquetos

Denominam-se anelídeos (vermes em anéis, ou segmentados) vários grupos animais, um dos quais, o dos poliquetos ("muitas cerdas"), compreende a maioria dos anelídeos marinhos. Muitos dos poliquetos são nadadores ativos que vivem como predadores; outros são mais ou menos sedentários, construindo tubos de vários tipos nos quais vivem, alimentando-se de detritos na areia ou na lama ou de plâncton. Alguns desses vermes estão entre as mais lindas criaturas do mar, com corpos que brilham em esplendor iridescente, ou são adornados com coroas plumosas que envolvem tentáculos de cores belas e delicadas.

Estruturalmente, eles representam um grande avanço em relação aos grupos inferiores de vermes. A maioria possui um sistema circulatório (embora o verme-de-sangue, *Glycera*, usado como isca, não tenha vasos sanguíneos, mas uma cavidade preenchida com sangue entre a pele o canal alimentar) o que os desobriga de possuir corpos tão finos como os dos vermes-fita, pois o sangue transporta alimento e oxigênio a todas as partes do corpo. O sangue é vermelho em algumas espécies e verde em outras. O corpo consiste em uma série de segmentos; na região anterior, vários desses segmentos se fundem para formar a cabeça. Cada segmento possui um par de apêndices não ramificados, não segmentados e semelhantes a remos, usados para o animal arrastar-se ou nadar.

Os poliquetos compreendem formas muito diversas. As nereidas são bastante conhecidas e frequentemente usadas como isca; elas passam a maior parte da vida em fendas entre rochas no fundo do mar, mas emergem para caçar ou para reunir-se em grandes aglomerados durante a desova. Os anelídeos vagarosos vivem sob rochas, em tocas sob a lama ou entre os apressórios de algas. Os vermes serpulídeos constroem tubos calcários com formas variadas, dos quais só as suas

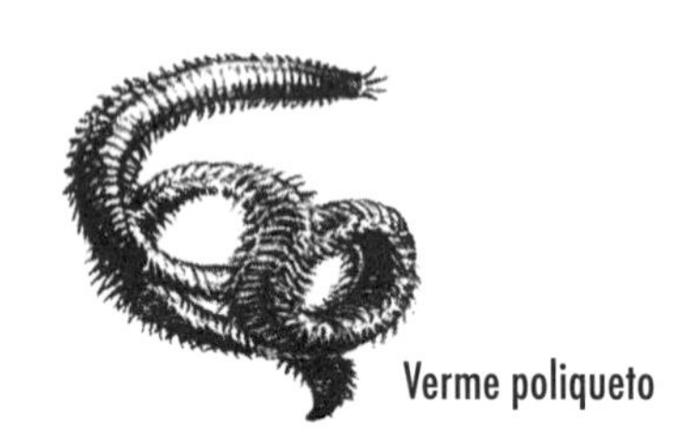

Verme poliqueto

cabeças emergem; outros vermes, como o anfitrite, belissimamente plumado, formam tubos mucosos sob rochas ou crostas de algas coralinas ou habitam fundos de mar lamacentos. Um verme de hábito colonial, *Sabellaria*, usa grãos de areia mais grossos para construir estruturas elaboradas que podem ter mais de 1 metro de diâmetro. Embora repletos de orifícios feitos pelos vermes, essas robustas construções para morada dos vermes são resistentes o suficiente para suportar o peso de um homem.

Artrópodes: lagostas, cracas, anfípodes

O filo dos artrópodes ("pés articulados") constitui um enorme grupo, compreendendo um número de espécies cinco vezes maior do que o total de espécies de todos os filos animais reunidos. Os artrópodes incluem os crustáceos (caranguejos, camarões e lagostas, por exemplo), os insetos, os miriápodes (centopeias e piolhos-de-cobra), os aracnídeos (aranhas, ácaros e caranguejos-ferraduras) e os *Onychophora*, um grupo de animais com aspecto de verme. Todos os artrópodes marinhos pertencem à classe Crustacea, exceto uns poucos insetos, ácaros e aranhas-do-mar, além dos caranguejos-ferraduras.

Enquanto os apêndices pareados dos anelídeos são simples abas, os dos artrópodes possuem juntas múltiplas e são especializados para realizar uma variedade de funções, tais como nadar, andar, manusear alimento e receber impressões sensoriais do ambiente. Enquanto os anelídeos interpõem apenas uma cutícula simples entre os seus órgãos internos e o ambiente, os artrópodes protegem-se por meio de um rígido esqueleto de quitina, impregnado com sais calcários. Esse esqueleto, além de proteger, tem a vantagem de prover um firme suporte para inserção dos músculos. Por outro lado, há a desvantagem de, à medida que o animal cresce, o rígido envoltório externo precisar sofrer muda, de tempos em tempos.

Os crustáceos incluem animais muito conhecidos, como os caranguejos, as lagostas, os camarões e as cracas, além de criaturas menos familiares, como os ostracódeos, os isópodes, os anfípodes e os copépodes, todos muito importantes ou interessantes por uma razão ou outra.

Anfípode

Copépode

Os ostracódeos são artrópodes incomuns pelo fato de não apresentarem segmentos, sendo, em vez disso, envoltos por uma carapaça ou concha, formada de duas partes, achatada de lado a lado. Músculos abrem e fecham a concha, como ocorre com os moluscos. As antenas saem pela carapaça aberta e impulsionam o animal, atuando como remos. Os ostracódeos frequentemente vivem entre algas ou na areia do fundo do mar, ficando comumente quiescentes durante o dia e saindo à noite para alimentar-se. Muitos ostracódeos marinhos são luminosos e emitem pequenos lampejos azulados ao nadar. Eles são uma das principais fontes de fosforescência no mar. Mesmo mortos e secos, eles retêm a capacidade fosforescente em grau espantoso. O professor E. Newton Harvey, da Universidade de Princeton, diz em seu respeitado livro *Bioluminescence* que, durante a Segunda Guerra Mundial, os oficiais do exército japonês usavam pó seco de ostracódeos em posições avançadas, nas quais o uso de lanternas era proibido; adicionando umas gotas de água e um pouco de pó na palma da mão, eles podiam conseguir luz suficiente para ler mensagens.

Os copépodes (animais com pés que atuam como remos) são crustáceos muito pequenos, com corpos arredondados, caudas articuladas e pernas que parecem remos, as quais os impulsionam aos solavancos. Apesar de seu pequeno tamanho (desde dimensões microscópicas até cerca de 1 centímetro), os copépodes formam uma importante população de animais marinhos, servindo de alimento para uma imensa variedade de outros animais. Eles são um elo indispensável na cadeia alimentar pela qual os sais nutrientes do mar tornam-se disponíveis (via plâncton vegetal, plâncton animal e seres carnívoros) aos animais maiores, como peixes e baleias. Os copépodes do gênero *Calanus* dão uma coloração avermelhada a grandes áreas da superfície oceânica e são devorados em números prodigiosos por arenques, cavalas e certas baleias. Aves do alto-mar, tais como petréis e albatrozes, alimentam-se de plâncton e às vezes sobrevivem alimentando-se principalmente de copépodes. Por sua vez, os copépodes alimentam-se de diatomáceas, devorando às vezes uma quantidade de alimento equivalente ao seu próprio peso, num único dia.

Os anfípodes são crustáceos pequenos, achatados de lado a lado, enquanto os isópodes são achatados no sentido da face superior para a inferior. Seus nomes

Isópode

Cracas

são referências científicas aos tipos de apêndices que têm. Os anfípodes têm pés que podem ser usados tanto para nadar como para andar ou rastejar. Os isópodes, ou "animais que têm pés iguais", possuem apêndices que mostram pequena diferença na forma e no tamanho, de uma extremidade a outra do corpo.

Entre os anfípodes encontrados no mar costeiro, incluem-se as pulgas-da--praia, que, ao serem perturbadas, aglomeram-se e emergem aos saltos em meio às algas. Outras vivem em alto-mar entre algas ou sob rochas. Elas alimentam-se de fragmentos e pequenas porções de resíduos orgânicos. Por sua vez, elas são alimento de um grande número de espécies de peixes, aves e outros animais de maior porte. Muitos anfípodes movimentam-se sinuosamente, apoiando-se sobre um dos lados do corpo quando estão fora da água. As pulgas-da-praia usam a cauda e as patas posteriores para pular, movimentando-se aos saltos; algumas espécies nadam.

Os isópodes litorâneos são estreitamente relacionados aos conhecidos tatuzinhos-de-jardim. Entre eles, encontram-se as baratas-da-praia, frequentemente vistas correndo sobre rochas e colunas de cais. Esses isópodes abandonaram a água e raramente retornam a ela. Se ficarem submersos por muito tempo, morrem afogados. Mas há outros isópodes que vivem em alto-mar, muitas vezes sobre algas, com as quais se confundem por sua cor e forma. Outras espécies existem em grande quantidade nas piscinas naturais. Às vezes, eles ferem a pele de pessoas que vagueiam pela praia, produzindo uma sensação de formigamento ou coceira. A maioria tem hábitos carniceiros; outros são parasitas; alguns formam associações de comensalismo com um animal de um grupo que não tem parentesco com os isópodes.

Tanto os anfípodes quanto os isópodes carregam seus jovens descendentes em câmaras chocadeiras, em vez de liberar os ovos no mar. Esse hábito tem ajudado algumas espécies desses grupos a viver em locais elevados da costa, além de ser uma condição preliminar para a existência fora da água.

As cracas pertencem à ordem Cirripedia (do latim *cirrus,* "pequeno anel ou espiral"), assim chamada provavelmente por causa dos apêndices curvos graciosamente plumosos. Os estágios larvais têm vida livre e lembram as larvas de muitos outros crustáceos, mas os adultos vivem fixos a um substrato, no interior de uma concha de material calcário. Elas ficam fixadas a rochas ou a outros materiais rígidos. As lepas vivem presas por uma haste coriácea e são frequentemente oceânicas, fixando-se a cascos de navios e a objetos flutuantes de todos os tipos. Em geral, as cracas-das-rochas prendem-se diretamente às pedras, mas há as que crescem sobre a pele de baleias ou sobre cascos de tartarugas-do-mar.

Os crustáceos maiores – camarões, caranguejos e lagostas – não são apenas muito familiares como também apresentam claramente a organização do corpo típica dos artrópodes. As regiões torácica e da cabeça são geralmente fundidas e cobertas por uma concha rígida, ou carapaça; somente os apêndices indicam a divisão em segmentos. O abdômen flexível ou "cauda", por outro lado, é dividido em segmentos e geralmente é um recurso importante para a natação. Os caranguejos, no entanto, mantêm os segmentos da cauda fundidos sob o corpo.

A carapaça de um artrópode precisa passar por muda periodicamente enquanto o animal cresce. Ele liberta-se da carapaça velha por meio de uma fenda que se abre geralmente no dorso. Embaixo, já existe uma nova carapaça, tenra e com muitas dobras e rugas. Após a muda, o crustáceo pode passar dias em reclusão, escondendo-se de inimigos, até que seu escudo esteja enrijecido.

A classe dos aracnídeos compreende, num grupo, os caranguejos-ferraduras, e noutro grupo, uma grande diversidade de aranhas e ácaros. Poucas espécies são marinhas. Os caranguejos-ferraduras têm uma distribuição peculiar: são muito abundantes na costa atlântica norte-americana, ausentes na Europa, e representados por três espécies na costa asiática, da Índia ao Japão. Suas fases larvais lembram bastante os trilobitas das épocas do Cambriano; sendo um remanescente dessa antiga era geológica, ele é frequentemente referido como um fóssil vivo. São animais abundantes ao longo da orla de baías e outros locais de águas relativamente tranquilas, onde se alimentam de mexilhões, vermes e outros pequenos animais. No início do verão, eles depositam seus ovos em depressões escavadas na areia.

Briozoários: animais-musgo, seres incrustantes

Os briozoários são um grupo de classificação e relacionamentos incertos, incluindo espécies com considerável diversidade de formas. Eles podem aparecer como macias formações parecidas com plantas, frequentemente confundidas com algas, especialmente quando encontradas secas na praia. Outras formas assumidas por esses animais são duras incrustações sobre algas ou rochas, com aspecto rendado. Há ainda os briozoários que crescem verticalmente e se ramificam, apresentando textura

Caranguejo

Caranguejo-ferradura

gelatinosa. Todas essas formas são coloniais ou associações de muitos pólipos individuais, que vivem em celas adjacentes, ou encaixados numa matriz unificante.

Os briozoários incrustantes são lindos mosaicos de compartimentos estreitamente agregados, cada um deles habitado por uma pequena criatura dotada de tentáculos que superficialmente se assemelham a pólipos hidroides, mas que possuem sistema digestório completo, cavidade corpórea, sistema nervoso simples e muitas outras características de animais superiores. Os indivíduos de uma colônia de briozoários são, em grande parte, independentes uns dos outros, ao invés de serem conectados como os hidroides.

Os briozoários são um grupo antigo, que remonta ao Cambriano. Eram considerados algas por antigos zoólogos, mas depois foram incluídos entre os hidroides. Há aproximadamente 3 mil espécies marinhas e apenas cerca de 35 espécies de água doce.

Equinodermos: estrelas-do-mar, ouriços-do-mar, estrelas-serpentes, pepinos-do-mar

De todos os invertebrados, os equinodermos são os mais verdadeiramente marinhos, pois entre as suas quase 5 mil espécies nenhuma vive em água doce ou é terrestre. Eles formam um grupo antigo, originado no Cambriano, mas desde então, ao longo de centenas de milhões de anos, nenhuma de suas espécies tentou fazer a transição para uma existência terrestre.

Os primeiros equinodermos foram os crinoides, ou lírios-do-mar, formas pedunculadas que viveram presas no fundo dos mares do Paleozoico. Cerca de 2.100 espécies fósseis de crinoides são conhecidas, em contraste com as oitocentas espécies, aproximadamente, que existem hoje. Atualmente, a maioria dos crinoides vive nas águas das Índias Orientais; poucas espécies ocorrem na região do Caribe, chegando até o norte do cabo Hatteras, mas não há nenhuma nas águas rasas da Nova Inglaterra.

Os equinodermos comuns do mar costeiro constituem as quatro classes restantes do filo: as estrelas-do-mar, as estrelas-serpentes, os ouriços-do-mar, as

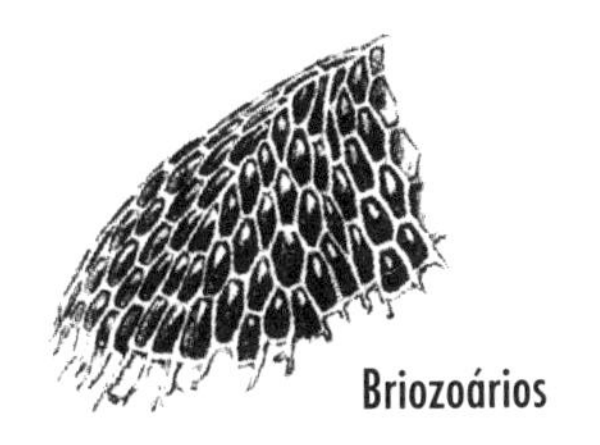

Briozoários

Bolacha-da-praia

bolachas-da-praia e as holotúrias, ou pepinos-do-mar. Em todos os representantes do grupo, há a insistência recorrente do número cinco, de modo que muitas das estruturas ocorrem em número de cinco ou múltiplos de cinco, o que torna esse número quase um símbolo do grupo.

As estrelas-do-mar têm corpos achatados, muitos na forma convencional de cinco pontas, embora o número de braços possa variar. A superfície é áspera, devido a duras placas calcárias das quais crescem curtos espinhos. Em muitas espécies, a pele também apresenta estruturas como pequenas pinças, chamadas pedicelários; com elas, o animal mantém a superfície limpa de grãos de areia e também afasta larvas de animais sedentários que tentam ali se fixar. Isso é necessário, pois os órgãos para respiração – que consistem em tenras rosetas de tecido – também se exteriorizam através da pele.

Como todos os demais equinodermos, a estrela-do-mar possui o chamado sistema vascular aquífero, importante para a locomoção e, secundariamente, para outras funções. Trata-se de uma série de tubos cheios de água que percorrem todo o corpo. Nesse animal, o influxo de água do mar ocorre através de uma nítida placa perfurada, a madreporita ("mãe dos poros"), na superfície superior. O fluido passa pelos canais aquíferos e acabam chegando aos numerosos tubos curtos flexíveis (patas tubulares), que ocupam os longos sulcos na superfície inferior dos braços. Cada tubo possui uma ventosa na extremidade. Os pés tubulares podem distender-se ou contrair-se por meio de mudanças na pressão hidrostática; quando elas se distendem, as ventosas agarram-se à rocha subjacente ou outra superfície rígida, e o animal se lança para a frente. As patas tubulares também são usadas para prender conchas de mexilhões ou outros moluscos bivalves que são alimento para a estrela-do-mar. Esta, ao se mover, qualquer de seus vários braços pode estender-se para frente e assim servir como "cabeça" temporária.

Nas delgadas e graciosas estrelas-serpentes, os braços não têm sulcos e os pés tubulares são reduzidos. No entanto, esses animais avançam rapidamente por meio de contorções dos braços. Eles são ativos predadores e alimentam-se de uma grande variedade de pequenos animais. Às vezes, vivem em "leitos"

Estrela-do-mar

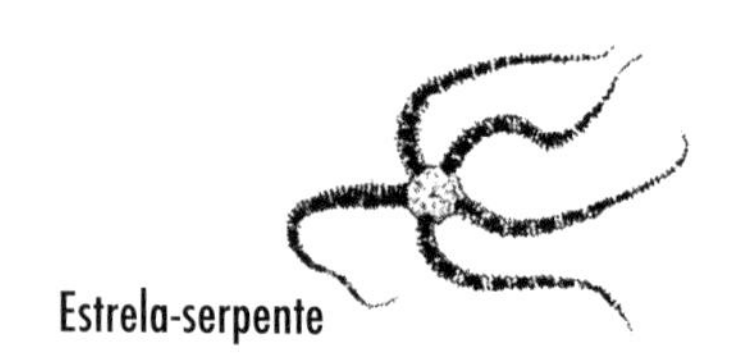

Estrela-serpente

compostos por muitas centenas de animais no fundo oceânico em alto-mar – uma rede viva dificilmente atravessada por pequenas criaturas que tentam chegar ao fundo em segurança.

Nos ouriços-do-mar, os pés tubulares são distribuídos em cinco fileiras que correm do ápice superior ao ápice inferior do corpo, exatamente como os meridianos do globo terrestre, do polo norte ao polo sul. As placas do esqueleto dos ouriços-do-mar são articuladas rigidamente, formando uma carapaça globosa. As únicas estruturas móveis são os pés tubulares (que se projetam para fora através de perfurações na carapaça), os pedicelários e os espinhos, que são inseridos em protuberâncias sobre as placas. Os pés tubulares ficam retraídos quando o animal está fora da água, mas, quando submerso, eles podem estender-se além dos espinhos para agarrar-se ao substrato ou capturar uma presa. Eles podem exercer também algumas funções sensoriais. Nas várias espécies, os espinhos diferem muito em comprimento e espessura.

A boca situa-se na superfície inferior, envolta por cinco dentes usados para raspar algas das rochas e auxiliar na locomoção. (Embora outros invertebrados – os anelídeos, por exemplo – tenham mandíbulas para morder, os ouriços-do-mar são os primeiros na evolução a possuir órgãos para moer e mascar.) Os dentes são controlados por um dispositivo interno formado por bastões calcários e músculos conhecidos pelos zoólogos como "lanterna de Aristóteles". Na superfície superior, o trato digestório abre-se para o exterior por meio de um poro anal central. Em torno dele, há cinco placas parecidas com pétalas, cada uma com um poro que serve para descarregar ovos ou esperma. Os órgãos reprodutores são arranjados em cinco grupos, imediatamente abaixo da superfície superior ou dorsal. Eles são praticamente as únicas partes moles que o animal possui, e é por causa dessas partes moles que os ouriços-do-mar são procurados para servir de alimento humano, especialmente nos países do Mediterrâneo. As gaivotas caçam os ouriços por um propósito semelhante, frequentemente deixando-os cair sobre as rochas para que as placas de revestimento se quebrem, de modo que possam comer as partes moles internas.

Ouriço-do-mar

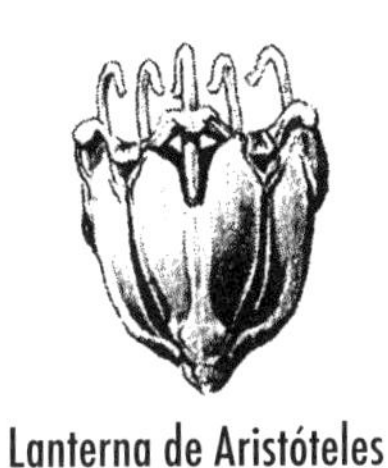
Lanterna de Aristóteles

Pepino-do-mar

Ovos de ouriço-do-mar têm sido muito usados em estudos biológicos sobre a natureza da célula. Jacques Loeb, em 1899, usou-os numa histórica demonstração de partenogênese artificial, conseguindo que um ovo não fertilizado se desenvolvesse mediante tratamento com diversas substâncias ou por estímulo mecânico.

As holotúrias, ou pepinos-do-mar, são equinodermos curiosos com corpos alongados e moles. Eles arrastam-se sobre uma superfície usando principalmente a extremidade bucal. Assim, eles desenvolveram secundariamente uma simetria bilateral funcional, a partir da simetria radial característica do filo. Os pés tubulares, quando presentes, são confinados em três fileiras na superfície funcional inferior do corpo. Algumas holotúrias são formas escavadoras e usam pequenas espículas inseridas na superfície do corpo para agarrar-se à lama ou à areia dos arredores e, então, locomover-se. As formas dessas espículas variam com a espécie e, em geral, devem ser estudadas microscopicamente para que se obtenha uma correta identificação. As holotúrias são grandes e abundantes nos mares tropicais (elas são o tripango, ou bicho-do-mar, vendidos no comércio); nas águas setentrionais, elas são representadas por espécies menores, que vivem no fundo do alto-mar ou entre rochas entremarés e algas.

Moluscos: mexilhões, caramujos, lulas, quítons

Devido às suas conchas, infinitamente variadas, frequentemente complexas e ornadas com esplendor, alguns moluscos provavelmente são mais conhecidos do que qualquer outro animal do mar costeiro. Como grupo, eles possuem características distintas de todos os outros invertebrados, embora seus membros mais primitivos e a natureza de suas larvas sugiram que seus ancestrais remotos possam ter se parecido com os vermes achatados. Eles têm corpos moles, não segmentados, tipicamente protegidos por uma dura concha. Uma das estruturas mais notáveis e características dos moluscos é o manto, um tecido parecido com uma capa, que envolve o corpo, secreta a concha e é responsável por sua complexa estrutura e ornamentação.

Os moluscos mais familiares são os gastrópodes, como os caramujos, e os mexilhões bivalves. Os moluscos mais primitivos são os rasteiros e preguiçosos

Caramujo

Mexilhões

quítons, com sua carapaça semelhante à uma cota de malha. Os menos conhecidos são os escafópodes, e a classe mais desenvolvida é a dos cefalópodes, representados pelas lulas.

As conchas dos gastrópodes são univalves, ou seja, feitas de uma só peça, e enroladas em uma ou mais espirais. Quase todos os caramujos são "destros", isto é, a abertura da concha fica à direita de quem a observa.[1] Uma das exceções é o "molusco canhoto", um dos gastrópodes mais comuns das praias da Flórida. Ocasionalmente, um indivíduo canhoto ocorre numa espécie de concha normalmente destra. Alguns gastrópodes reduziram a concha a um remanescente interno, como é o caso das lebres-do-mar, ou a perderam completamente, como ocorreu com as lesmas marinhas ou nudibrânquios (o embrião desses moluscos, porém, apresenta uma concha).

Em sua maioria, os caramujos são animais ativos, tanto os herbívoros, que se movem para lá e para cá, raspando algas sobre as rochas, quanto os carnívoros, que capturam e devoram presas animais. Os caramujos sedentários do gênero *Crepidula* são exceções; eles fixam-se sobre conchas ou no fundo do mar e vivem de diatomáceas retiradas da água, de modo semelhante a ostras, mexilhões e outros bivalves. A maioria dos caramujos desliza sobre um "pé" muscular achatado, ou usa esse mesmo órgão para escavar a areia. Se forem perturbados ou estiverem na zona de maré baixa, eles recolhem-se para dentro de suas conchas, cuja abertura é fechada por uma placa calcária ou córnea, chamada opérculo. A forma e a estrutura do opérculo variam muito nas diferentes espécies, e às vezes é útil na identificação do animal. Os gastrópodes têm como característica comum com outros moluscos (exceto os bivalves) uma fita toda denteada, a rádula, na base da faringe, ou, em algumas espécies, na extremidade de uma longa probóscide. A rádula é usada para raspar as algas ou para abrir buracos na concha da presa.

Com poucas exceções, os bivalves são sedentários. Alguns (como a ostra, por exemplo) fixam-se permanentemente a uma superfície dura. Os mexilhões e alguns outros bivalves ancoram-se por meio de filamentos de bisso sedosos. Os pectinídeos são exemplos dos poucos bivalves que têm a capacidade de nadar. Os mexilhões *Siliqua patula* têm um pé delgado e pontiagudo, por meio do qual escavam areia ou lama profundamente e com incrível rapidez.

Os bivalves que escavam profundamente o substrato são capazes de fazê-lo porque possuem um longo tubo respiratório, ou sifão, através do qual eles su-

1 Nessas conchas, a espiral gira em sentido horário. (NT)

gam água e, assim, recebem oxigênio e alimento. Embora a maioria se alimente de material trazido pela água, filtrando e comendo organismos muito pequenos; alguns moluscos, como os mexilhões *Nitidotellina* e *Donax*, vivem de detritos que se acumulam no fundo do mar. Não há bivalves carnívoros.

As conchas dos gastrópodes e bivalves são secretadas pelo manto. O material químico básico das conchas dos moluscos é o carbonato de cálcio, o qual forma a camada externa de calcita e a camada interna de aragonita, que é uma substância mais pesada e mais dura, embora tenha a mesma composição química. Fosfato e carbonato de magnésio também estão presentes nas conchas dos moluscos. Os materiais calcários são depositados numa matriz orgânica de conchiolina, uma substância quimicamente relacionada à quitina. O manto contém células formadoras de pigmentos e células secretoras de concha. O ritmo de atividade desses dois tipos de células resulta na maravilhosa combinação de escultura e padrões de cores das conchas dos moluscos. Embora a formação da concha seja afetada por muitos fatores do ambiente e da fisiologia do próprio animal, o padrão hereditário básico é tão fortemente determinado que cada espécie de molusco tem uma concha característica, por meio da qual pode ser identificada.

A terceira classe do filo dos moluscos consiste nos cefalópodes, tão distintos dos caramujos e mexilhões que superficialmente é difícil reconhecer o vínculo que há entre eles. Embora os antigos mares fossem dominados por cefalópodes com conchas, todos eles, exceto um (o náutilo, possuidor de câmara), agora não têm a concha externa, mas apenas um remanescente interno inaparente. Um grande grupo é o dos decápodes, que têm corpos cilíndricos com dez braços; eles são representados por lulas, *Spirula* e sépias. Outro grupo, o dos octópodes, tem corpos parecidos com bolsas e oito braços; exemplos são os polvos e o argonauta.

As lulas são fortes e ágeis; em distâncias curtas, provavelmente são os animais mais rápidos do mar. Elas nadam expelindo um jato de água através do sifão e, para controlar a direção do movimento, apontam o sifão para a frente ou para trás. Algumas dentre as menores espécies nadam em cardumes. Todas as lulas são carnívoras, alimentando-se de peixes, crustáceos e vários invertebrados pequenos.

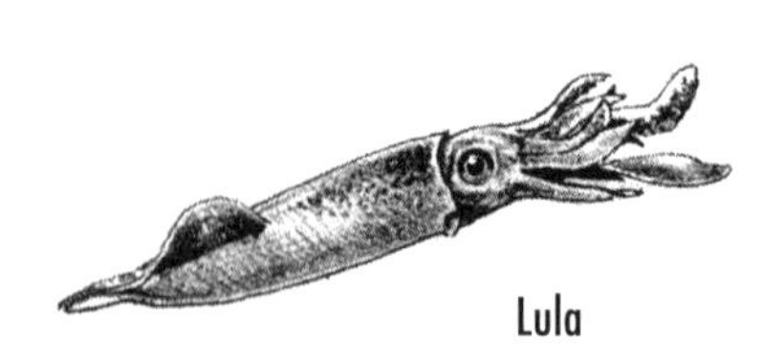

Lula

Quíton

Elas são perseguidas pelo bacalhau, pela cavala e por outros peixes grandes; também são as iscas mais frequentemente usadas. A lula gigante é o maior de todos os invertebrados. O espécime de tamanho recorde, achado nos Grandes Bancos de Newfoundland, media aproximadamente 16 metros, incluindo os braços.

Os polvos são animais noturnos e, de acordo com as pessoas mais familiarizadas com os seus hábitos, são tímidos e retraídos. Vivem em buracos ou entre rochas, alimentando-se de caranguejos, moluscos e pequenos peixes. Algumas vezes, a localização de um abrigo de polvo pode ser descoberta pela pilha de conchas vazias perto da entrada.

Os quítons pertencem a uma ordem primitiva de moluscos, os *Amphineura*. A maioria deles apresenta uma concha formada por oito placas transversais com uma rígida e estreita cinta nas bordas. Esses animais deslizam vagarosamente, raspando algas sobre as rochas. Quando em repouso, eles ficam numa depressão, confundindo-se tão bem com o ambiente ao redor que se pode facilmente passar pelo local sem percebê-los. Eles são procurados como alimento por nativos do Caribe.

A quinta classe de moluscos é representada pelos pouco conhecidos escafópodes, formadores de conchas que lembram uma presa de elefante, com comprimento de dois a oito centímetros, aberta nas duas extremidades. Eles escavam nos fundos arenosos dos mares, usando um pequeno pé pontiagudo. Alguns especialistas acreditam que sua estrutura seja semelhante às dos moluscos ancestrais. No entanto, esse é um campo de especulações, uma vez que as principais classes de moluscos foram definidas no início do Cambriano, e vestígios sobre a natureza das formas ancestrais são extremamente vagos. O número de espécies de escafópodes gira em torno de duzentos; elas são amplamente distribuídas em todos os mares. Nenhuma, porém, na zona entremarés.

Cordados: subfilo Tunicados

As seringas-do-mar, ou ascídias, são os representantes mais comuns nas zonas costeiras do interessante grupo dos antigos cordados, os Tunicados. Como antecedentes dos vertebrados, ou seja, dos animais com coluna vertebral, todos os cordados têm em alguma fase da vida um bastão rígido de material cartilagino-

Seringas-do-mar

so, um prenúncio evolutivo da coluna vertebral, que todos os animais superiores viriam a ter. A seringa-do-mar adulta paradoxalmente lembra uma criatura com organização inferior e simples, com uma fisiologia um tanto semelhante à das ostras ou dos mexilhões. É apenas nas larvas que as características de cordados são claras. Embora diminuta, a larva lembra muito o girino de uma rã, com notocorda e cauda, nadando ativamente. No final do período larval, ela se estabelece e se fixa, metamorfoseando-se para a forma adulta, muito mais simples, na qual as características de cordado são perdidas. Esse curioso fenômeno de evolução parece-se muito mais com uma degeneração do que com um progresso, visto que a larva possui aspectos mais elaborados do que o adulto.

A seringa-do-mar adulta tem a forma de uma bolsa, com duas aberturas tubulares ou sifões para entrada e saída de água, além de uma faringe perfurada com muitas fendas, através das quais a água é puxada. O nome comum refere-se ao fato de o animal contrair-se fortemente quando perturbado, expelindo jatos de água através dos sifões. As chamadas ascídias simples vivem como indivíduos separados, cada um encerrado numa cobertura dura ou numa concha de material quimicamente semelhante à celulose. Areia e resíduos comumente se aderem à concha, formando uma cobertura sob a qual a verdadeira forma do animal quase nunca é aparente. Desse modo, elas costumam crescer profusamente sobre pilares de cais, material flutuante e saliências de rochas. No tipo colonial de ascídias, muitos indivíduos vivem juntos, imersos numa dura substância gelatinosa. Diferentemente de um grupo de seringas-do-mar individuais, os vários indivíduos de uma colônia são derivados de um brotamento assexuado, partindo de um indivíduo, o fundador da colônia. Uma das mais comuns seringas-do-mar coloniais é a *Amaroucium*.[2] Elas podem formar finos tapetes na superfície inferior da rocha, ou constituir, no alto-mar, espessas placas que podem romper-se e ser levadas para a costa. Os indivíduos que compõem a colônia não são facilmente visíveis, mas, sob lente de aumento, pontuações aparecem na superfície, cada uma correspondendo à abertura através da qual um indivíduo de seringa-do-mar comunica-se com o mundo exterior. Na linda seringa-do-mar colonial *Botrylus*, porém, os indivíduos formam densos agrupamentos parecidos com flores, nitidamente visíveis.

2 Também nomeado *Aplidium*. (NT)

Índice remissivo

Leia também:

PRIMAVERA SILENCIOSA

Raramente um único livro altera o curso da história, mas *Primavera silenciosa*, de Rachel Carson, fez exatamente isso. O clamor que se seguiu à sua publicação em 1962 forçou a proibição do DDT e instigou mudanças revolucionárias nas leis que dizem respeito ao nosso ar, terra e água. A preocupação apaixonada de Carson com o futuro de nosso planeta reverberou poderosamente por todo o mundo, e seu livro eloquente foi determinante para o lançamento do movimento ambientalista. Este notável trabalho de Rachel Carson foi considerado em 2000, pela Escola de Jornalismo de Nova York, uma das maiores reportagens investigativas do século XX.

Esta edição inclui um posfácio do escritor e cientista Edward O. Wilson. A introdução, da aclamada biógrafa Linda Lear, conta a história da forma corajosa como Carson defendeu suas verdades diante do ataque impiedoso da indústria química logo após a publicação de *Primavera silenciosa* e antes de sua morte prematura.

EDWARD O. WILSON é autor de dois livros que receberam o prêmio Pulitzer, *Da natureza humana* e *The ants* [As formigas]. Seu livro mais recente é *A criação*: como salvar a vida na Terra.

LINDA LEAR é a autora de *Rachel Carson, witness for nature* [Rachel Carson, testemunha da natureza].

O MAR QUE NOS CERCA

Este livro um é minucioso estudo do oceano no estilo que ficou conhecido como Rachel Carson, ciência em forma de romance. Em um ano vendeu mais de 200 mil exemplares só nos Estados Unidos; ficou 86 semanas na lista dos mais vendidos (39 delas em primeiro lugar) e foi traduzido para trinta idiomas. Por ele a autora recebeu as medalhas de ouro John Burroughs, da *New York Zoological Society* e da Sociedade Geográfica da Filadélfia. Foi publicado em capítulos nas revistas *Science Digest* e *The New Yorker* e, transformado em documentário por Irwin Allen, recebeu o Oscar em 1953.

Ao ser agraciada com o *National Book Award* (Prêmio Nacional do Livro, 1951) por *O mar que nos cerca*, Rachel Carson afirmou: "Os ventos, o mar e as marés em movimento são o que são. Se há encanto, beleza e majestade neles, a ciência descobrirá essas qualidades. Se eles não as têm, a ciência não as pode criar. Se há poesia em meu livro sobre o mar, não é porque eu deliberadamente a coloquei ali, e sim porque ninguém poderia fidedignamente escrever sobre o mar e ignorar a poesia.".

Para Ann H. Zwinger, que assina a Introdução desta edição, *O mar que nos cerca* tem "uma riqueza adicional e um significado pessoal. Ele continua a nos alertar para os perigos de usar os oceanos e, por extensão, o ambiente de modo imprudente. Ainda nos norteia como uma estrela-guia, expressando do modo mais preciso e em prosa lírica seu comprometimento com o mundo natural. Acima de tudo, *O mar que nos cerca* continua sendo prazeroso, não apenas pela beleza de suas palavras, mas também pela contemplação daquela vasta matriz líquida que circunda nossos continentes e unifica a nossa Terra".

Histórias do mar

O Museu Marítimo Nacional nos Estados Unidos é o maior do mundo em seu gênero. Para comemorar o 70º aniversário de sua inauguração, a instituição produziu uma coletânea de novos contos, inspirados por uma das grandes musas literárias. Dos remotos e selvagens cenários da costa de Orkney e da face oeste da Irlanda aos mistérios situados no litoral mediterrâneo, dos contos inspirados pela malfadada expedição de John Franklin em busca da Passagem Norte-Oeste a um navio de cruzeiro da década de 1970 repleto de adolescentes a bordo, aqui estão histórias que nos fazem embarcar na viagem, desafiando, assim, nossa maneira de ver o mar. A coletânea reúne textos de Desmond Barry, Chris Cleave, Margaret Elphinstone, Niall Griffiths, Tessa Hadley, Roger Hubank, Charles Lambert, Sam Llewellyn, Robert Minhinnick, Nick Parker, Jim Perrin, James Scudamore, Martin Stephen, Erica Wagner, John Williams e Evie Wyld.

GRÁFICA PAYM
Tel. (011) 4392-3344
paym@terra.com.br